戦車大百科

World Tank Episodes Collection

SHIN UEDA
上田 信

大日本絵画

はじめに

World Tank Episodes Collection

本書『戦車大百科』は『月刊アーマーモデリング』において連載された同名の記事を単行本としてまとめたものです。


連載の始まったきっかけは、その年、2010年のはじめに、昔馴染みのミリタリー仲間の集まりにおいて、

「1960年代の戦記ブームのころの少年誌は、絵もタイトルコピーも強烈でおもしろかったよね」

という話になったこと。


たしかにその当時は実車写真もデータも今から比べるとはるかに少なく、現在の目で見れば考証的に誤っているところも多少ありますが、

「これが世界一の戦車隊」

「世界にほこった日本の水陸両用車」

「動く要塞戦車のひみつ」

「陸戦の王者・戦車」

などなどの作品に思わずじっくり見入ってしまったものです。


そこで新連載は、私がミリタリー少年だったころに見ていたような図解百科にしてみたいと考え、迫力あるイラストを中心に、派手な見出しで戦車の魅力を存分に引き出していきたいと思ってはじめたものでした。

それではこれよりみなさんを、戦車小僧が胸躍らせた世界にお誘いいたしたいと思います。

どうぞよろしく。

上田 信

▶連載開始にあたり掲載された著者自画像。案内役のキャラクターをどうするかで迷っていたようだが……。どうなったのかは本文ページで確認されたい

目次

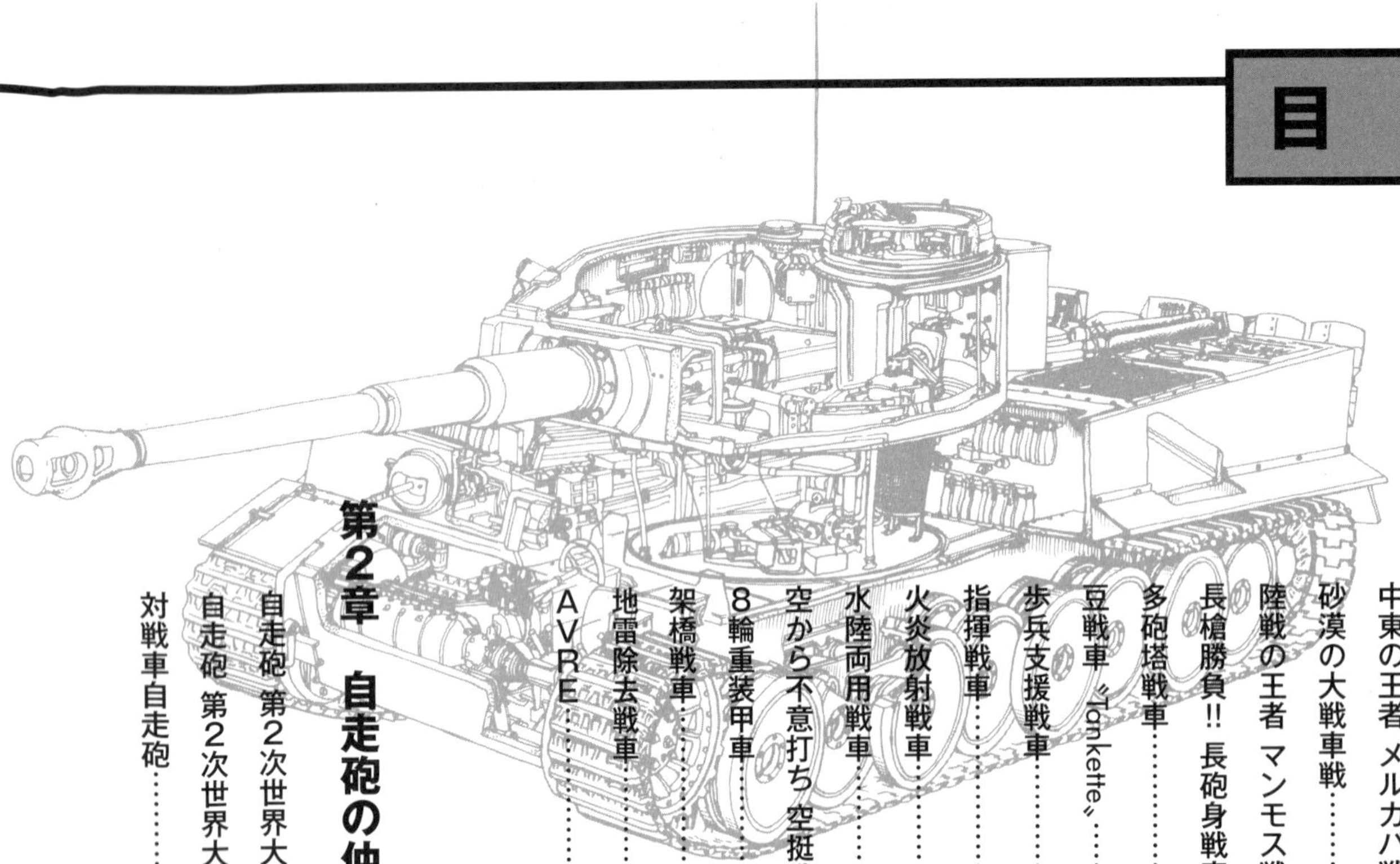

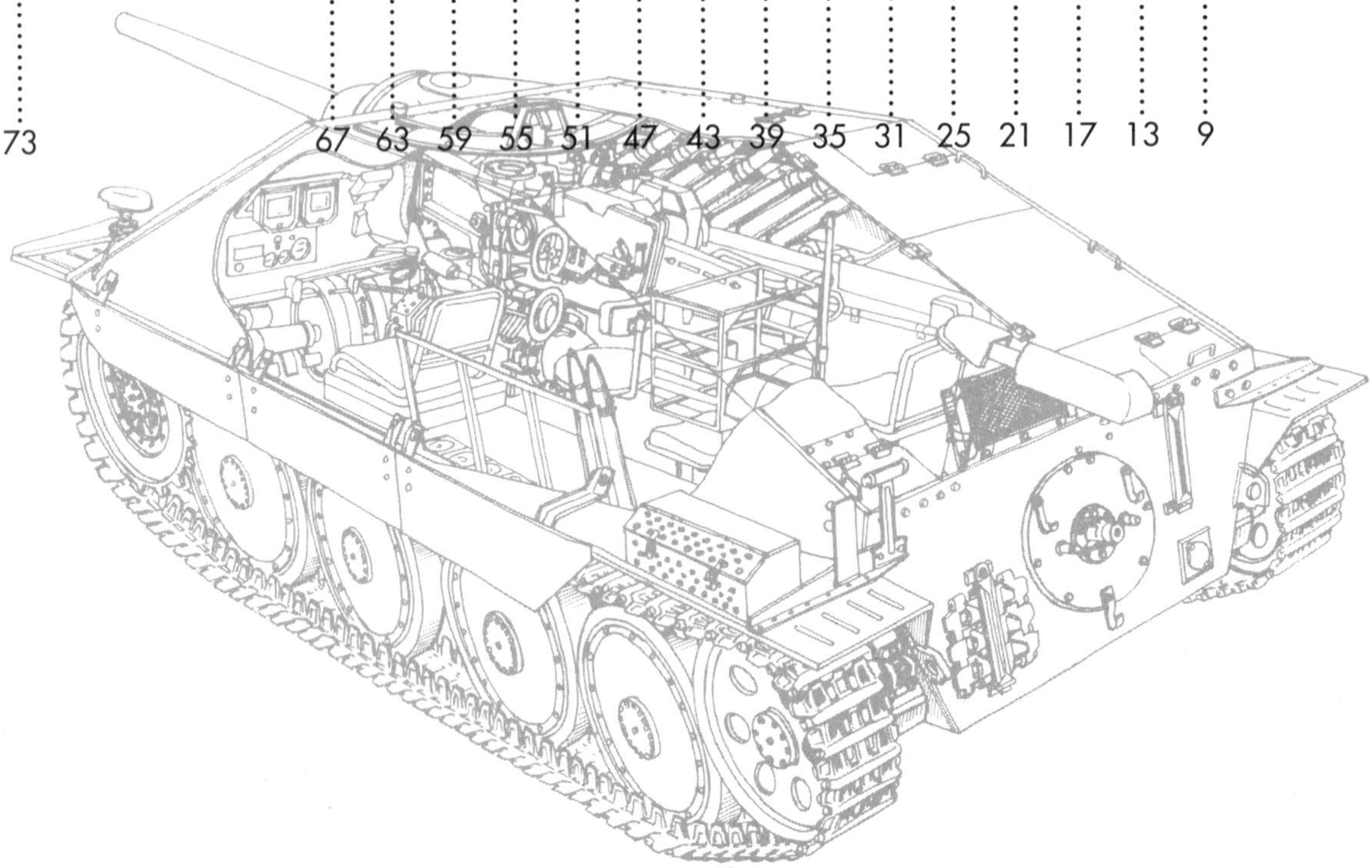

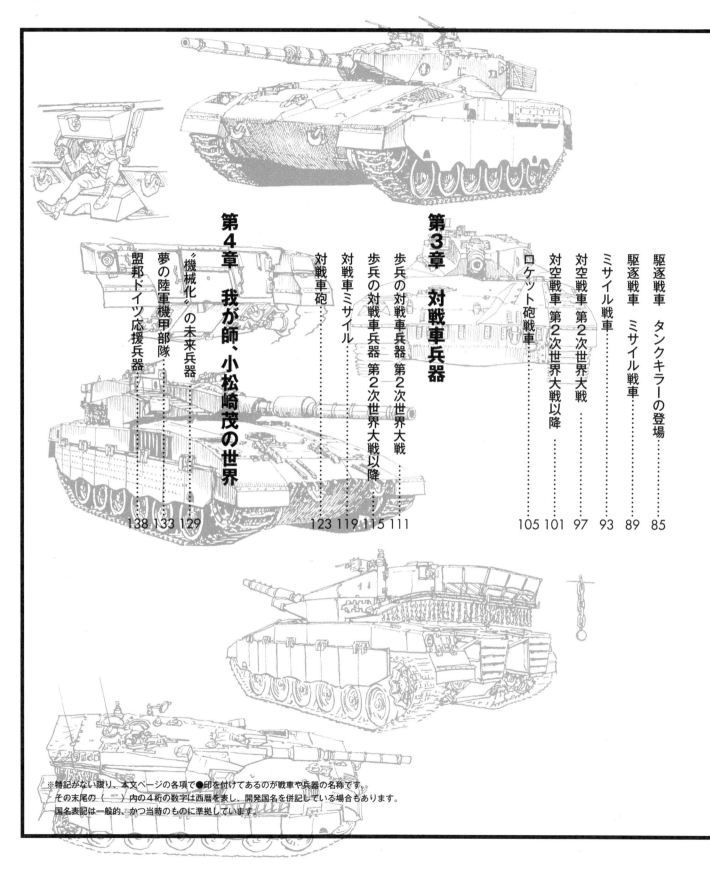

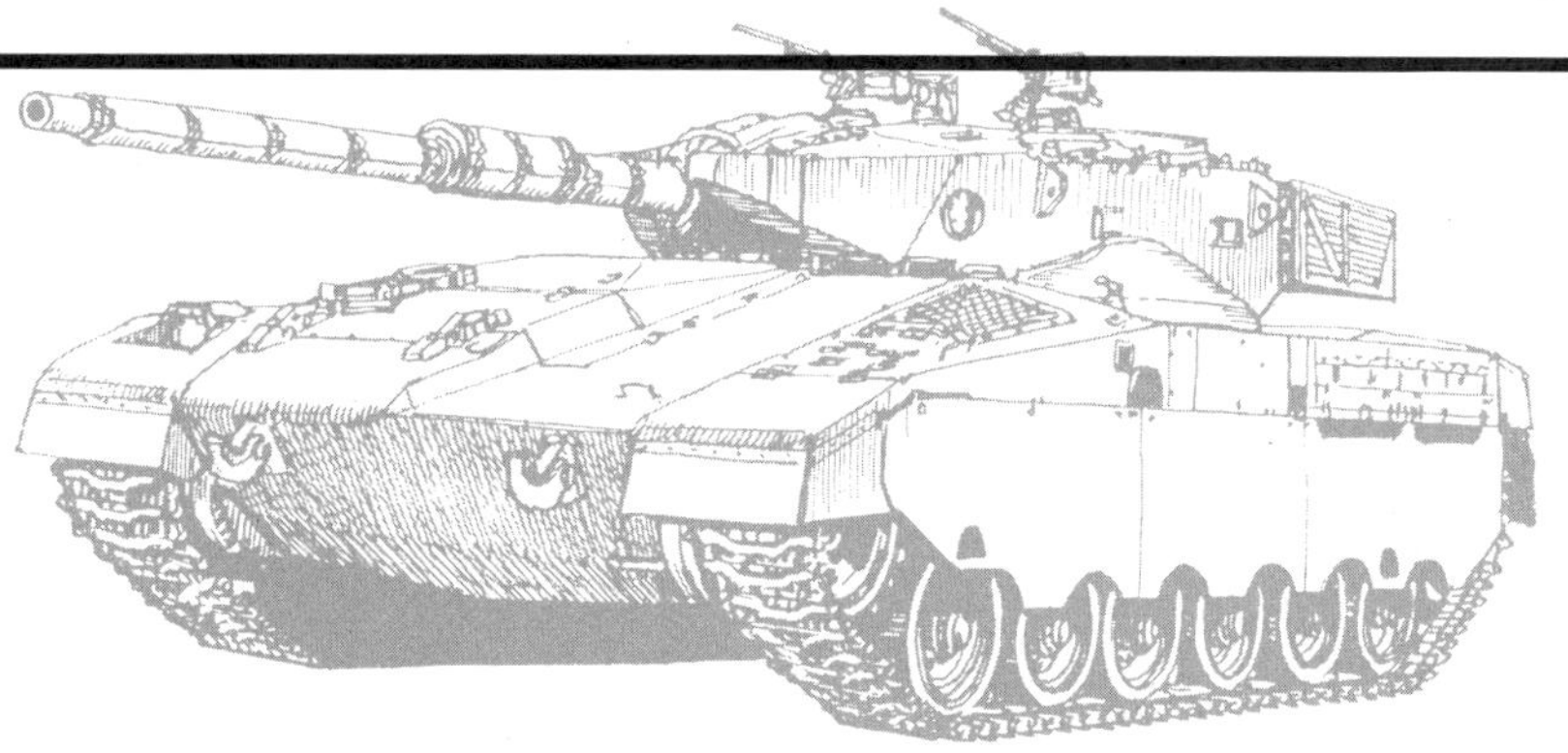

第３章　対戦車兵器

第４章　我が師、小松崎茂の世界

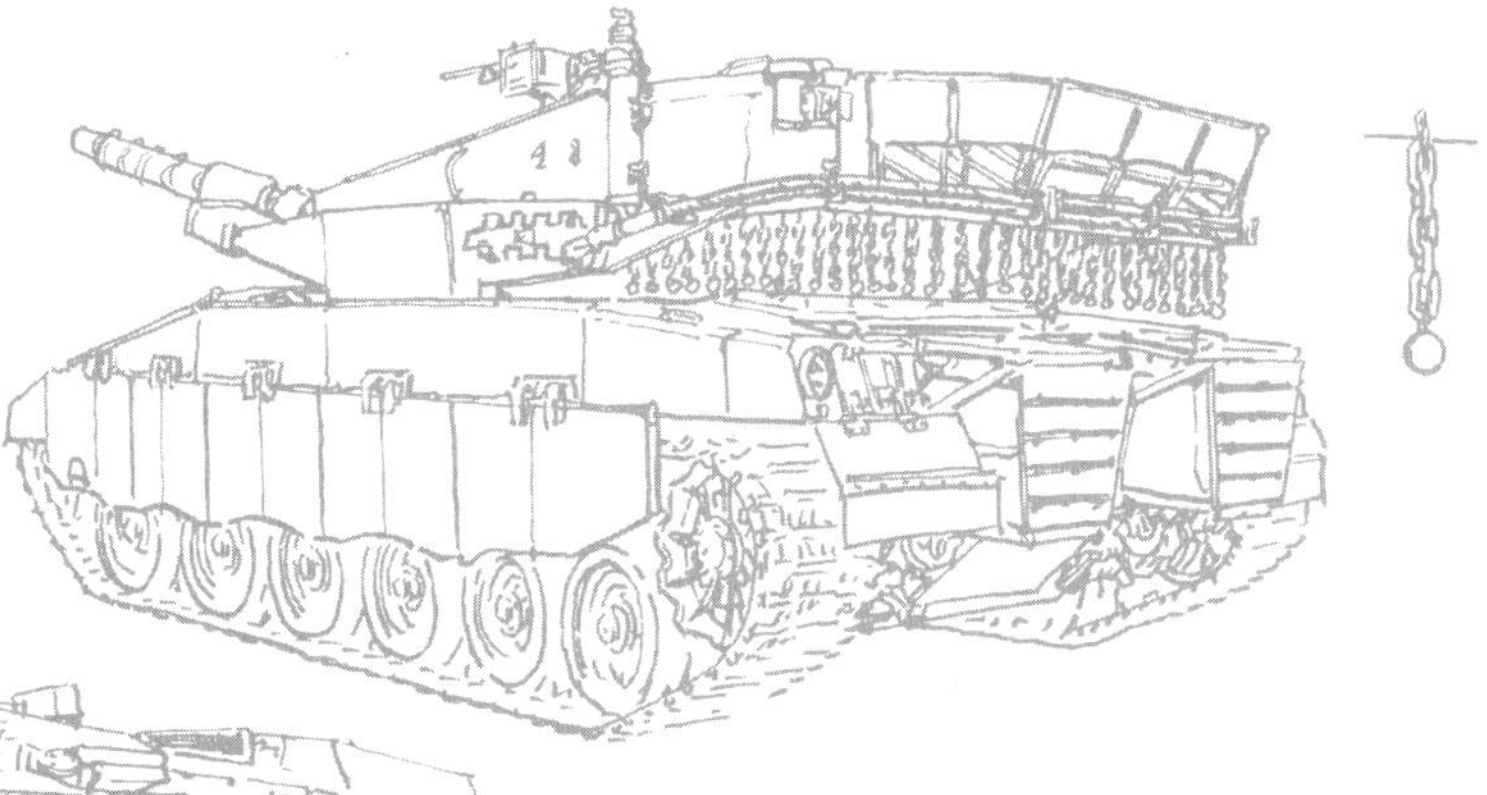

※特記がない限り、本文ページの各項で●印を付けてあるのが戦車や兵器の名称です。
その末尾の（　　）内の４桁の数字は西暦を表し、開発国名を併記している場合もあります。

国名表記は一般的、かつ当時のものに準拠しています。

初出一覧

■月刊アーマーモデリング

2010年６月号（Vol.128）	第１回	火炎放射戦車
2010年８月号（Vol.130）	第２回	空から不意打ち 空挺戦車
2010年10月号（Vol.132）	第３回	大あばれマンモス戦車 ドイツ編（本書未収録）
2010年12月号（Vol.134）	第４回	陸戦の王者マンモス戦車 各国編
2011年２月号（Vol.136）	第５回	水陸両用戦車
2011年４月号（Vol.138）	第６回	中東の王者 メルカバ戦車
2011年６月号（Vol.140）	第７回	長槍勝負!!
2011年８月号（Vol.142）	第８回	架橋戦車
2011年10月号（Vol.144）	第９回	地雷除去戦車
2011年12月号（Vol.146）	第９回*	ミサイル戦車
2012年２月号（Vol.148）	第10回	砂漠の戦車戦
2012年４月号（Vol.150）	第11回	対空戦車第2次大戦編
2012年６月号（Vol.152）	第12回	対空戦車現用編
2012年８月号（Vol.154）	第13回	8輪重装甲車
2012年12月号（Vol.158）	第14回	多砲塔戦車
2013年２月号（Vol.160）	第15回	豆戦車（タンケッテ）
2013年４月号（Vol.162）	第16回	歩兵支援戦車
2013年６月号（Vol.164）	第17回	ロケット砲戦車
2013年８月号（Vol.166）	第18回	対戦車自走砲
2013年10月号（Vol.168）	第19回	駆逐戦車　タンクキラーの登場
2013年12月号（Vol.170）	第20回	駆逐戦車（ミサイル戦車）
2014年２月号（Vol.172）	第21回	AVRE
2014年４月号（Vol.174）	第22回	指揮戦車
2014年８月号（Vol.178）	第23回	機械科の未来兵器
2014年10月号（Vol.180）	第24回	小松崎ワールド第二弾
2014年12月号（Vol.182）	第24回*	小松崎ワールド第三弾　盟邦ドイツ応援兵器
2015年４月号（Vol.186）	第25回	歩兵対戦車兵器
2015年６月号（Vol.188）	第26回	歩兵対戦車兵器 第2次大戦後
2015年８月号（Vol.190）	第27回	対戦車ミサイル イスラエル軍第14機甲旅団殲滅
2015年10月号（Vol.192）	第28回	対戦車砲　陸の王者 戦車への刺客
2015年12月号（Vol.194）	第29回	忍者の新兵器（本書未収録）
2016年２月号（Vol.196）	第30回	自走砲
2016年６月号（Vol.200）	第31回	自走砲　第2次大戦後編

※月刊アーマーモデリング連載中に第9回と第24回が重複していました。
この場を借りてお詫び申し上げます。

第1章

さまざまな戦車たち

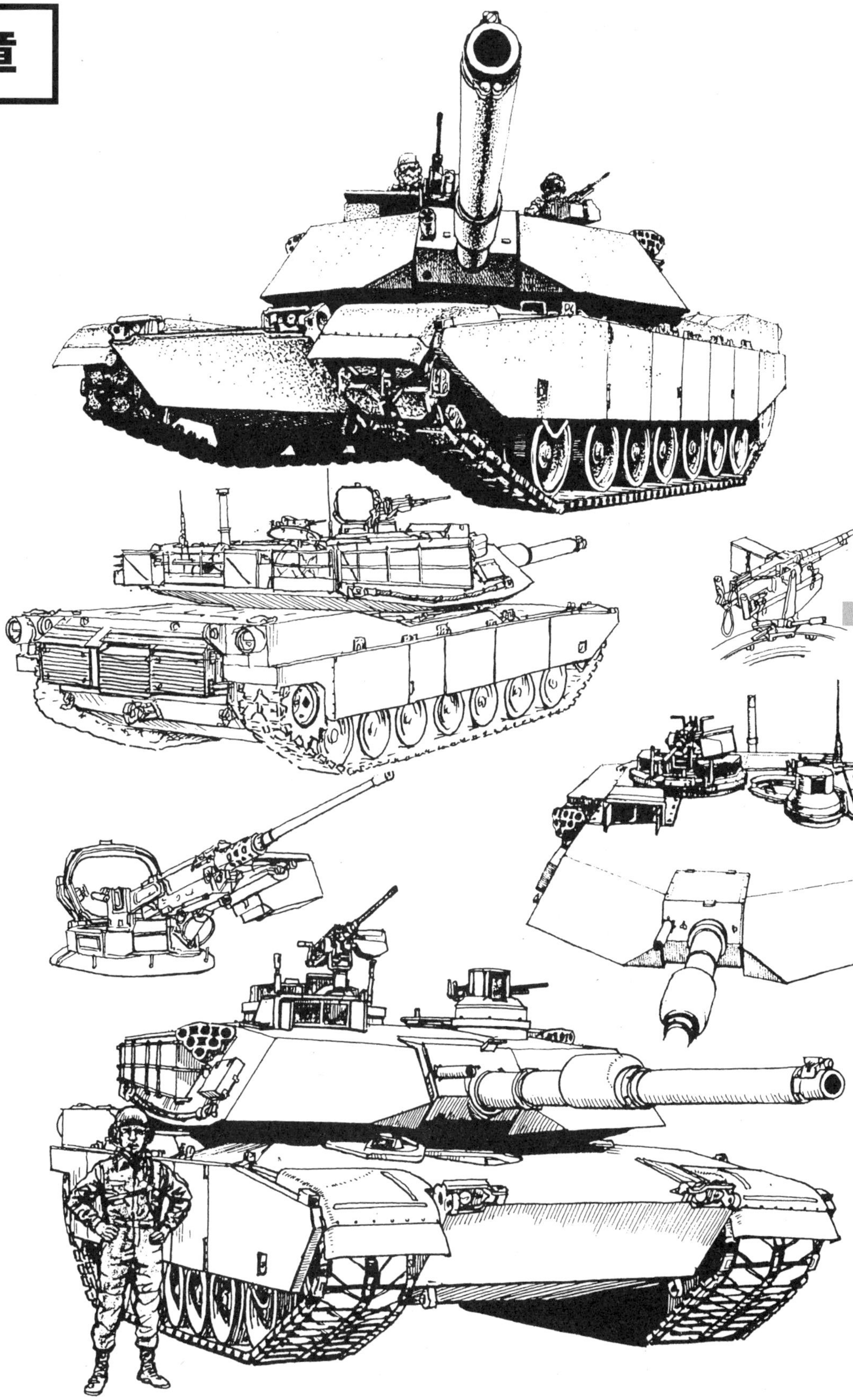

World Tank Episodes Collection

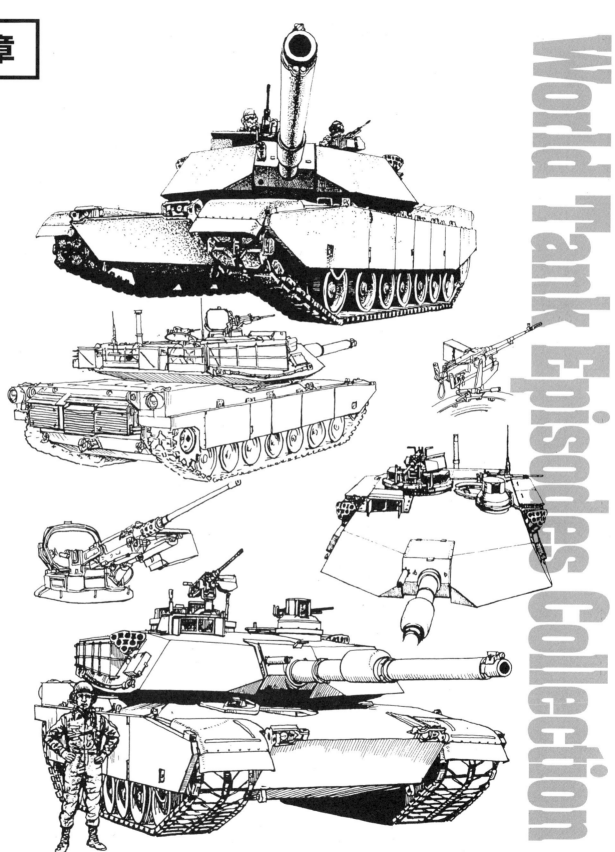

さまざまな戦車たち

第1次世界大戦で初めて実用化された戦車は、どれも重量でいえば20t台半ばから30tを少し超えるものでした。これが第2次世界大戦の勃発時となると、戦車部隊の主力として機動的に運用される車両の重量は10t未満から10t台までが主流となっていました。これは戦間期の軍縮の影響によるもので、その一方ではこれらに対する支援戦車として、より大きな火力や厚い装甲を備えた「重戦車」が開発され、重量は40tから50tを超えるものとなりました。

この頃になると戦車の発達によって旧式化したり、偵察や警戒のために作られた小型の戦車は「軽戦車」と呼称されるようになり、大雑把に3クラスに分類することができます。第2次世界大戦の終わりには、主力となる戦車（国によっては「中戦車」と呼称）の重量は概ね30tから40t台に収斂《しゅうれん》し、重戦車は60tから70tを超えるものが実戦投入されています。

第2次世界大戦後は、それまでの中戦車が発展するかたちで新型戦車が開発されます。重量は30t台半ばから50tといったところですが、口径90～100㎜の戦車砲（ライフル砲）を搭載するなどで重戦車の役割も兼ねることになり、「主力戦車（MBT=Main Battle Tank）」という用語が現れるのとひき替えに、重戦車というカテゴリーを失わせることにもなりました。

イギリスのセンチュリオン、アメリカのM46/M47パットン、ソ連のT-54などが戦後（第2次世界大戦後の意）第1世代と呼ばれます。実用化の時期はその次の世代に近いのですが、日本の61式戦車もここに属します。

イギリスのロイヤル・オードナンス105㎜ライフル砲L7が契機となり、第1世代戦車を更新するために作られた西側戦車は、少ない例外を除いて105㎜砲を搭載することになりました。一方、ソ連は115㎜滑腔砲《かっこうほう》を実用化し、東側（ソ連）戦車の標準装備となります。また、対戦車ミサイルの実用化により、直接的な耐弾性よりも、高い機動性や低姿勢による間接的な防護力が重視され、とくに鋳造砲塔には避弾経始《ひだんけいし》（装甲を傾斜させて命中弾を逸らせる概念）が徹底されました。赤外線投光器（アクティブ式暗視装置）による夜間戦闘能力も付加されています。

ドイツのレオパルト1、アメリカのM60パットン、フランスのAMX-30、スウェーデンのStrv.103（通称・Sタンク）、ソ連のT-62／T-64などが該当し、戦後第2世代戦車と呼ばれています。やや遅れて日本の74式戦車やイスラエルのメルカバ戦車もこのグループに加わりました。

ソ連のT-72が125㎜滑腔砲と複合装甲を備えて登場すると、これに対抗すべく西側戦車も第3世代へと移行します。主砲には挙《こぞ》ってドイツのラインメタル120㎜滑腔砲が採用され、複合装甲を適用して重くなった車体は50tから60tと、かつての重戦車クラスに匹敵するようになります。これを高速・機敏に動かすため、エンジンには出力1500馬力クラスが搭載されました。

第2世代では攻撃力が防護力を圧倒していましたが、複合装甲はそれを拮抗させ、対戦車ミサイルに対しては逆転させるだけの大転換をもたらしました。従来の鋳造による曲面から、平面の組み合わせになった砲塔デザインも第3世代戦車を象徴します。レーザ測遠機（測距儀）やパッシブ式暗視装置などにより、主砲の命中精度も劇的に向上しました。

ドイツのレオパルト2、アメリカのM1A1エイブラムス、イギリスのチャレンジャー1、ソ連のT-80、イタリアのC1アリエテなどがこれに相当します。日本の90式戦車とフランスのルクレール、中国の99式戦車などもあとからここへ加わり、前2者は、砲弾の自動装填装置や目標の自動追尾機能など、先進的な装備を備えています。

さて、かつて戦車の使用期間は20～30年と見られ、新規採用から10～15年経ったところで新型に更新することで、つねに半数程度はその当時の最新型を保つという整備方針が取られることが一般的でした。

ところが湾岸戦争を最後に、戦車の大部隊同士が激突する戦争は姿を消し、非正規戦や低烈度紛争などが増加します。これに対処するため、全周に対する防護など、防護力に関する発想の転換が促されるとともに、従来の戦車更新サイクルが崩れ、既存戦車の改造やリビルドによって延命や機能向上が図られるようになっています。

とはいえ、柔軟な運用に支障が出るほどの重量過多を見直し、戦車や部隊間のネットワーク化といった新しいコンセプトを導入するための新規開発も行なわれています。日本の10式戦車やロシアのT-14アルマータなどがそれに当たりますが、第4世代戦車といわれる前提条件は確立していないのが現状です。

第1章では、新旧さまざまな戦車や、機能や目的別に特化した戦車のバリエーション車両、戦車の車台を利用して工兵用器材を搭載したものなどをご紹介します。

（文／浪江俊明）

中東の王者 メルカバ戦車

第2次世界大戦後に建国されたイスラエルが、中東での度重なる実戦を経て開発したのがメルカバだ。人命尊重を重視し、防御力に重点を置いた本車は時代に合わせてその性能を改変している。

メルカバは
1982年のレバノン侵攻
ガラリヤ作戦が
実戦デビュー

メルカバの特徴はなんといっても
その防御能力に重点を置いた設計と
いえます。
　乗員がいる戦闘室は車体後方に
あり、
装甲と装置機材はこれを護るように
配置されています。
　エンジンと変速操向機は
乗員の盾として車体前部に配置。
　懸架装置を左右に、
NBC防護装置やバッテリー、
弾薬庫は車体後部に配して
すべて二重装甲で護られています。

でっかい!!図体と
シャーク
ヘッドと
言われた
攻撃的な
頭を持って
頼もしい
感じ♡

またユニークな設計として、
メルカバは最後尾にドアがあって
ここから戦闘室へ出入りでき、
その通路の左右に
不燃性コンテナに収納された
主砲弾を搭載しています。
　この弾薬搭載数を減らせば、
空いたスペースに
兵員や負傷者を乗せることが
できるのです。

リモコン式12.7㎜機銃
●ナメラ装甲兵員輸送型
乗員3名のほかに歩兵8名が搭乗可能
車内にはトイレもあり
長時間車内に留まって戦闘ができる

これが世界最強戦車メルカバファミリーだ!!

■メルカバ戦車の移り変わり

イスラエル国産戦車の開発は1970年から始まり、最初の試作戦車は1974年に完成。1979年より機甲師団へ配備された

●Mk.1 (1977)

ユニークなスタイルとコンセプトで世界の注目を浴びて登場

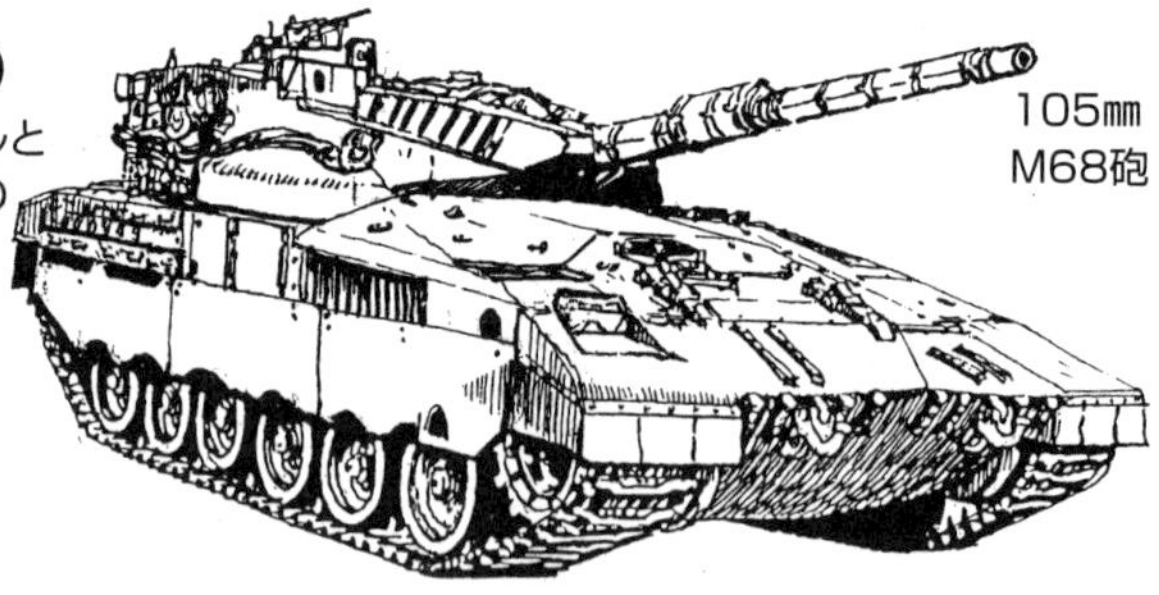
105㎜
M68砲

●Mk.2 (1983)

レバノン侵攻の戦訓により機動力と防御力を向上

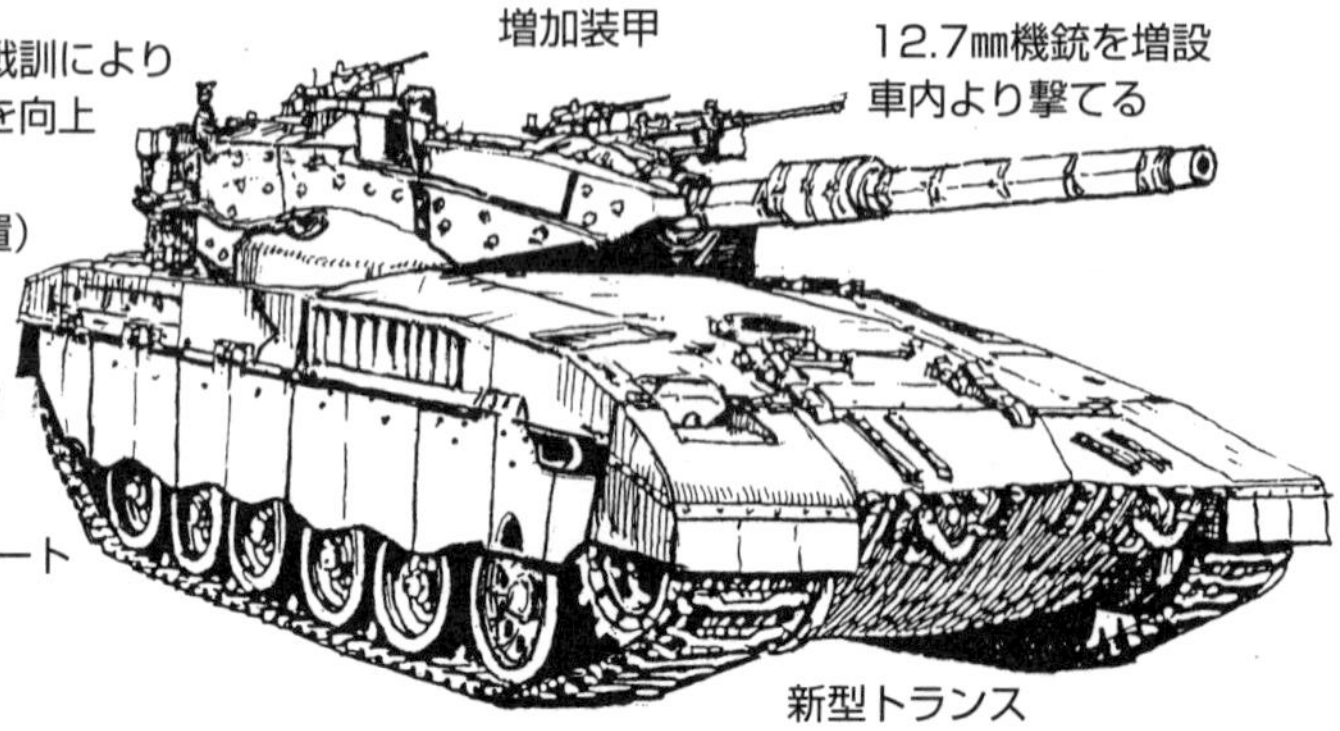
増加装甲
12.7㎜機銃を増設
車内より撃てる
新型FCS（射撃統制装置）
搭載
迫撃砲を砲塔内に装備
新型サイドスカート
新型トランス
ミッション

●Mk.2B

FCSを改め、熱線暗視装置も搭載

●Mk.3 (1990)

走、攻、守、すべてを向上させた新設計の車体だ

FCSの一新
発煙弾発射器
モジュール
装甲採用
IMI製の120㎜滑
腔砲
懸架装置の改良
エンジン換装で機動力アップ

●Mk.3バズ

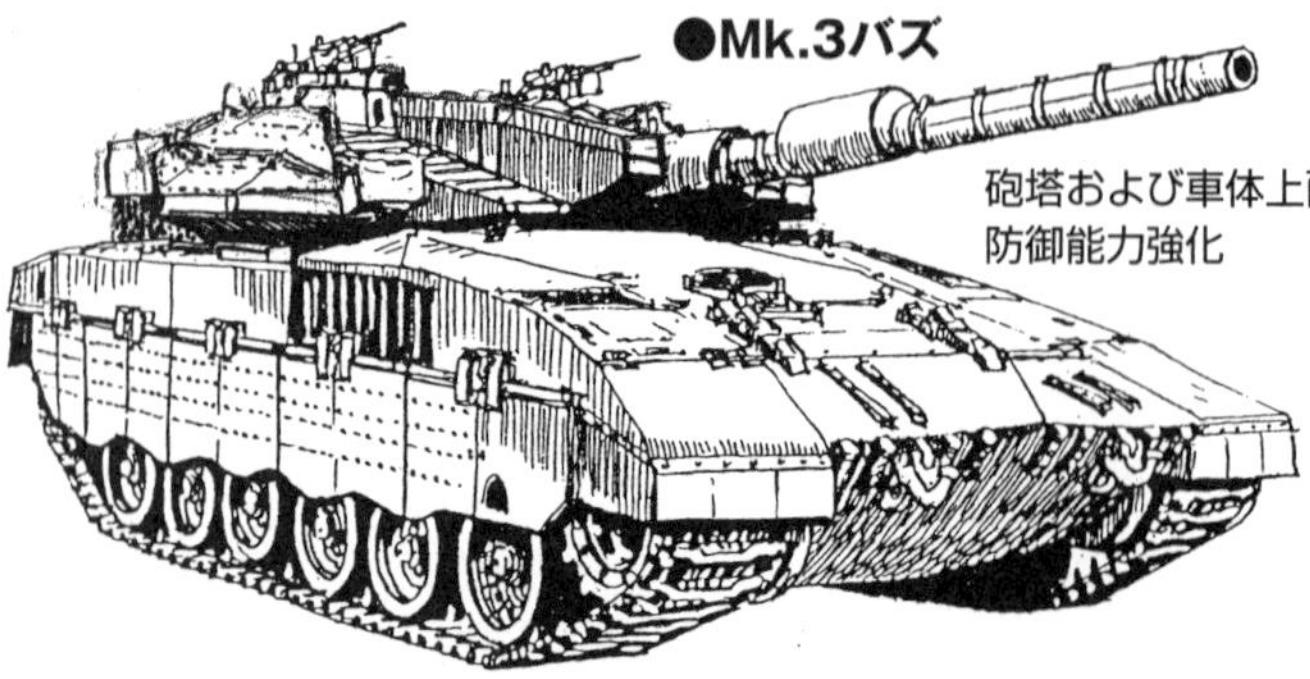
砲塔および車体上面の
防御能力強化

●Mk.2 BATSH

防御力をさらに強化

腔内発射式ミサイル「LAHAT」
を発射できる
砲塔上面装甲の追加
発煙弾発射器装備

■メルカバMk.2の内部図

Mk.4も基本的にはおなじだ

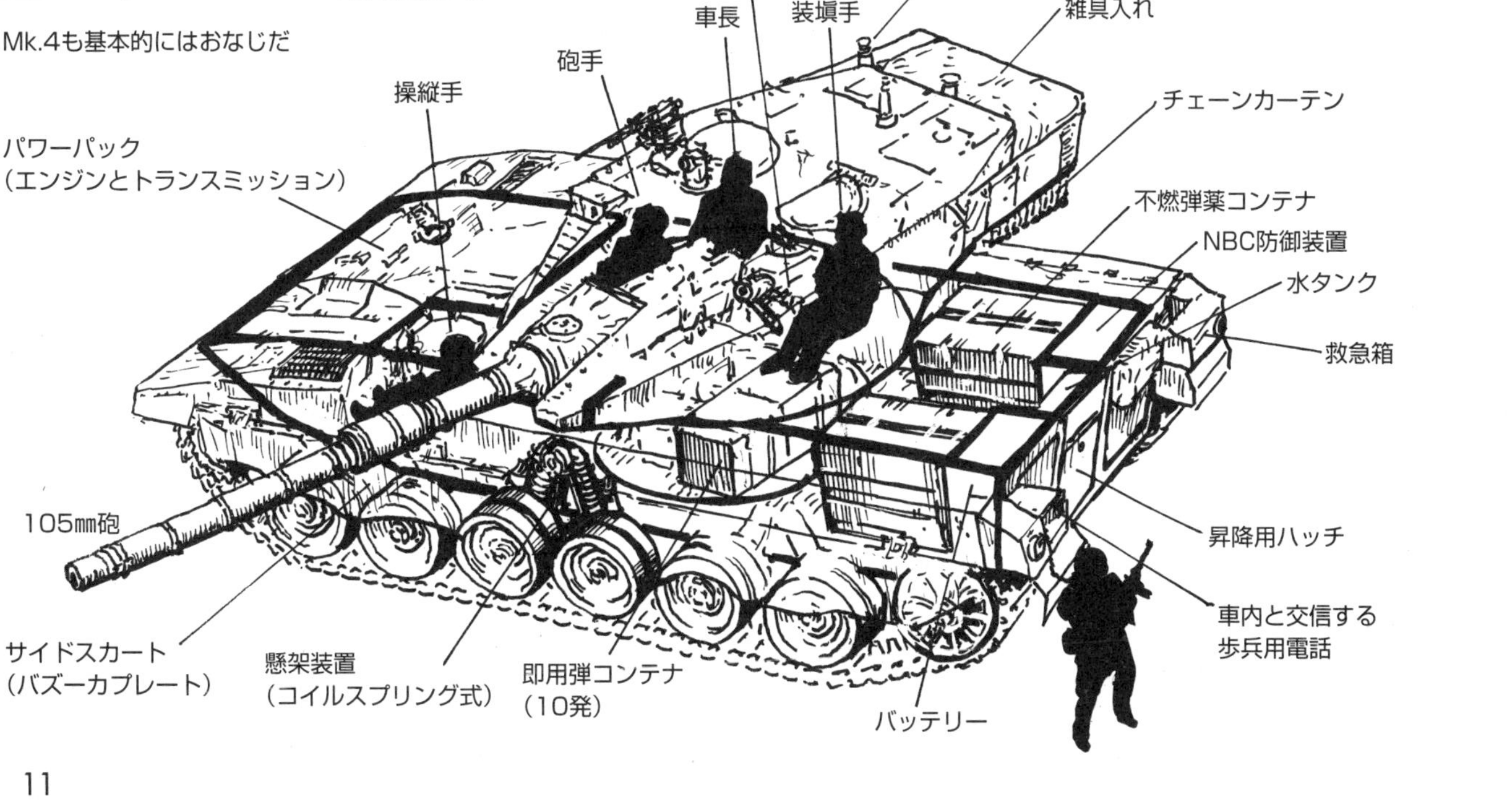

■市街戦用にさらに進化したMk.4

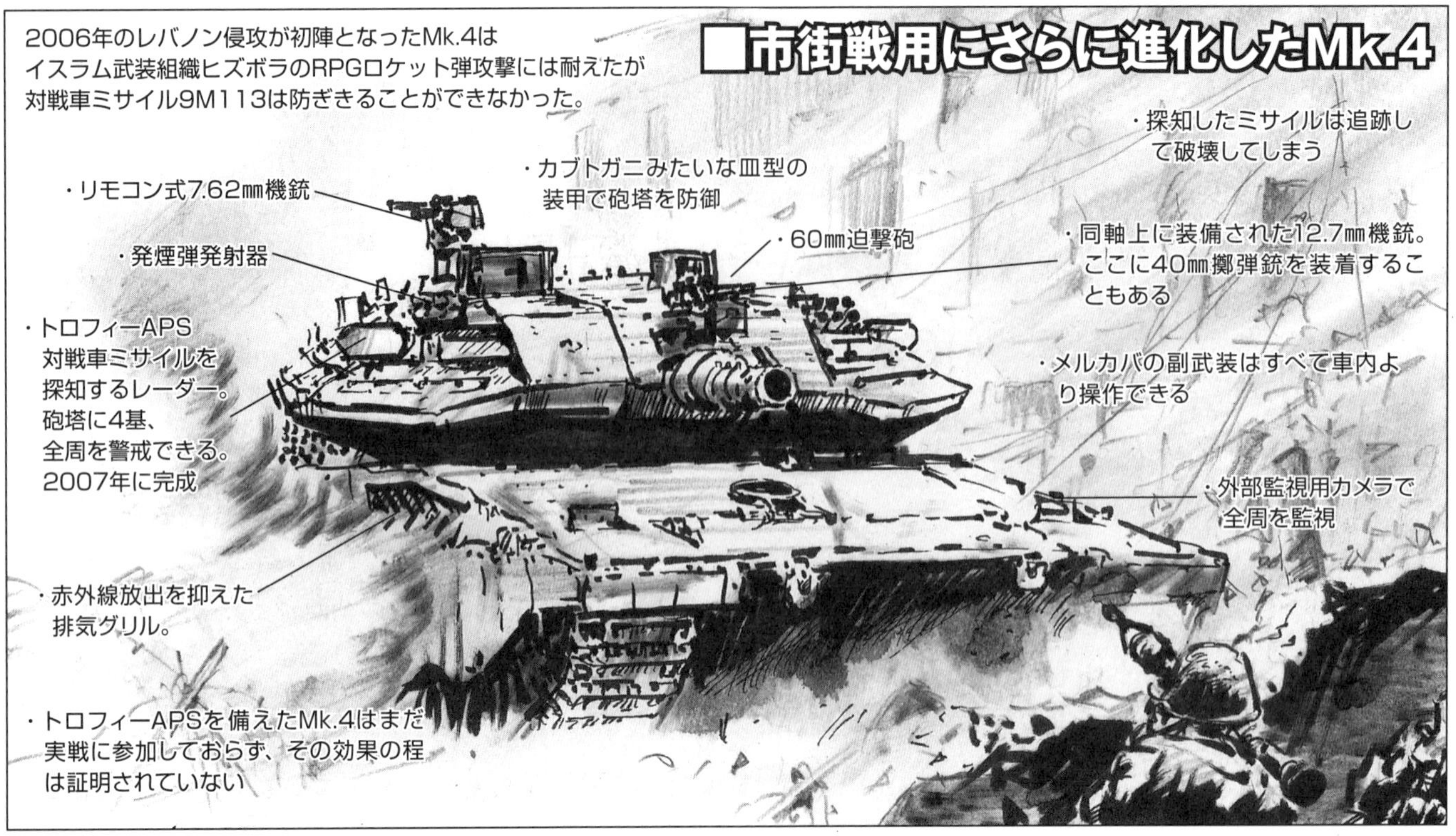
2006年のレバノン侵攻が初陣となったMk.4は
イスラム武装組織ヒズボラのRPGロケット弾攻撃には耐えたが
対戦車ミサイル9M113は防ぎきることができなかった。
・リモコン式7.62㎜機銃
・カブトガニみたいな皿型の装甲で砲塔を防御
・探知したミサイルは追跡して破壊してしまう
・発煙弾発射器
・60㎜迫撃砲
・同軸上に装備された12.7㎜機銃。ここに40㎜擲弾銃を装着することもある
・トロフィーAPS 対戦車ミサイルを探知するレーダー。砲塔に4基、全周を警戒できる。2007年に完成
・メルカバの副武装はすべて車内より操作できる
・外部監視用カメラで全周を監視
・赤外線放出を抑えた排気グリル。
・トロフィーAPSを備えたMk.4はまだ実戦に参加しておらず、その効果の程は証明されていない

※2011年3月、パレスチナ武装勢力からの対戦車ミサイル攻撃に対しトロフィーAPSが作動、実戦での迎撃に初成功した。

■メルカバの敵

メルカバはこのT-72と対戦したあとはほとんど対戦車戦をやっておらず、もっぱら市街地で歩兵戦車と化しております。

◎攻撃ヘリ

ガゼルやハインドなど。
いちばん怖い敵だが
我がメルカバには
イスラエル空軍ありき

●T-72

125㎜滑腔砲

1982年ガラリヤ平和作戦で
シリア軍のT-72とMk.1が交戦

●RPG-7

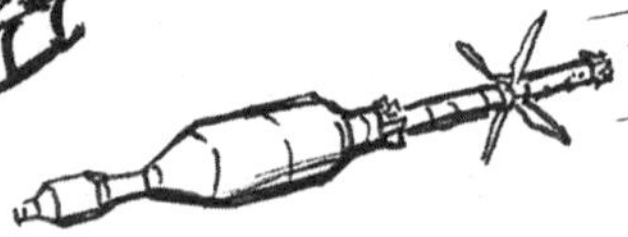

貫徹能力250㎜～300㎜

●RPG-29

タンデム弾頭
貫徹能力400㎜

コマンド部隊のRPGによる集中攻撃は、メルカバにとって侮れない

●チャレンジャー1（イギリス製）

ヨルダン軍

120㎜砲

◎対戦車ミサイル

●9MK111 ファゴット

貫徹能力400～460㎜
1977年にMk.2を撃破しており、これにより
イスラエルはMk.2バズを急ぎ開発している

●M1A2（アメリカ製）

エジプト軍

120㎜滑腔砲

●IED 仕掛け爆弾

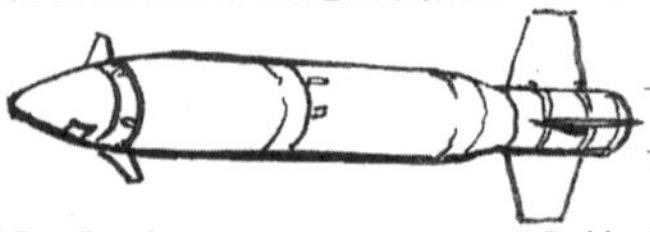

●9MK113 コンクールス

このミサイルはMk.4でも当たりどころによっては被害が出ている。
貫徹能力750～800㎜

砂漠の大戦車戦

アメリカ陸軍のM1エイブラムスはドイツのレオパルトやイスラエルのメルカバに比べて人気が今ひとつだった。しかし、湾岸戦争においてイラク軍の装備するロシア戦車を圧倒してからその評価が一変する。

湾岸戦争ではイラク軍対多国籍軍を合わせて7000両の戦車が激突した

■無敗戦車M1A1の証明①

ユーフラテス河畔を進撃していた1両のM1A1が泥穴にはまり込み行動不能となって戦車回収車を待っているときに、イラク軍の戦車小隊(T-72・3両)の攻撃を受けて、身動きできない状態で砲撃戦となったが、敵弾を3発食らいながら3両とも返り討ちにしたのだった。

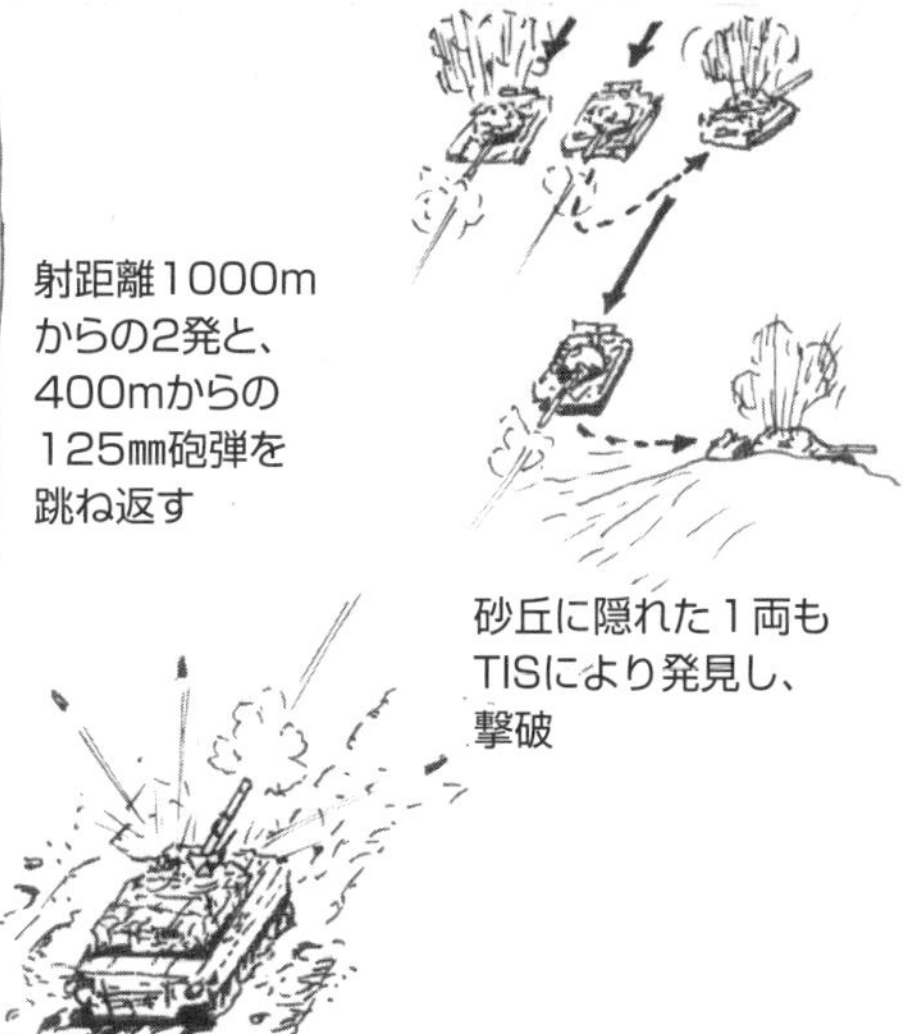
射距離1000mからの2発と、400mからの125㎜砲弾を跳ね返す
砂丘に隠れた1両もTISにより発見し、撃破

このエピソードには続きがあり回収不能とわかったこの戦車を味方のM1A1が破壊しようと攻撃したが、正面装甲では跳ね返され、砲塔後部もブローオフ・パネルや自動消化システムの作動で完全破壊できず、結局はこの不死身の戦車をなんとか回収砲塔を交換して戦場に復帰させたそうです。

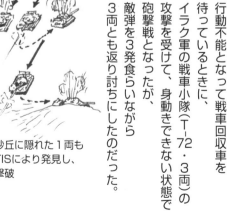

遠距離より一方的に砲撃破されたT-72だが
なかには熱源のエンジンを切り手動で砲塔を回してM1A1の発砲炎めがけて反撃している。が、次々と撃ちとられてしまった。
戦場の視界を奪う砂埃や黒煙
湾岸戦争の戦車戦はイラク軍戦車が掩体に車体を入れていた待ち伏せ布陣で、アメリカ軍を迎え撃った戦闘だった。
やはり起きていた同士討ち
あまりに同時にイラク軍車両を破壊したため、燃える炎で一時サーマル・サイトが盲目に陥ることもあった
T-72は砲塔下部に弾薬庫があったので被弾誘爆で砲塔が吹き飛んだ
サーマル・サイト（熱線映像照準装置）のないT-72は、夜間戦闘ではM1A1に一方的にアウトレンジ攻撃をされてしまった。

2月27日 PM12：17～1：00

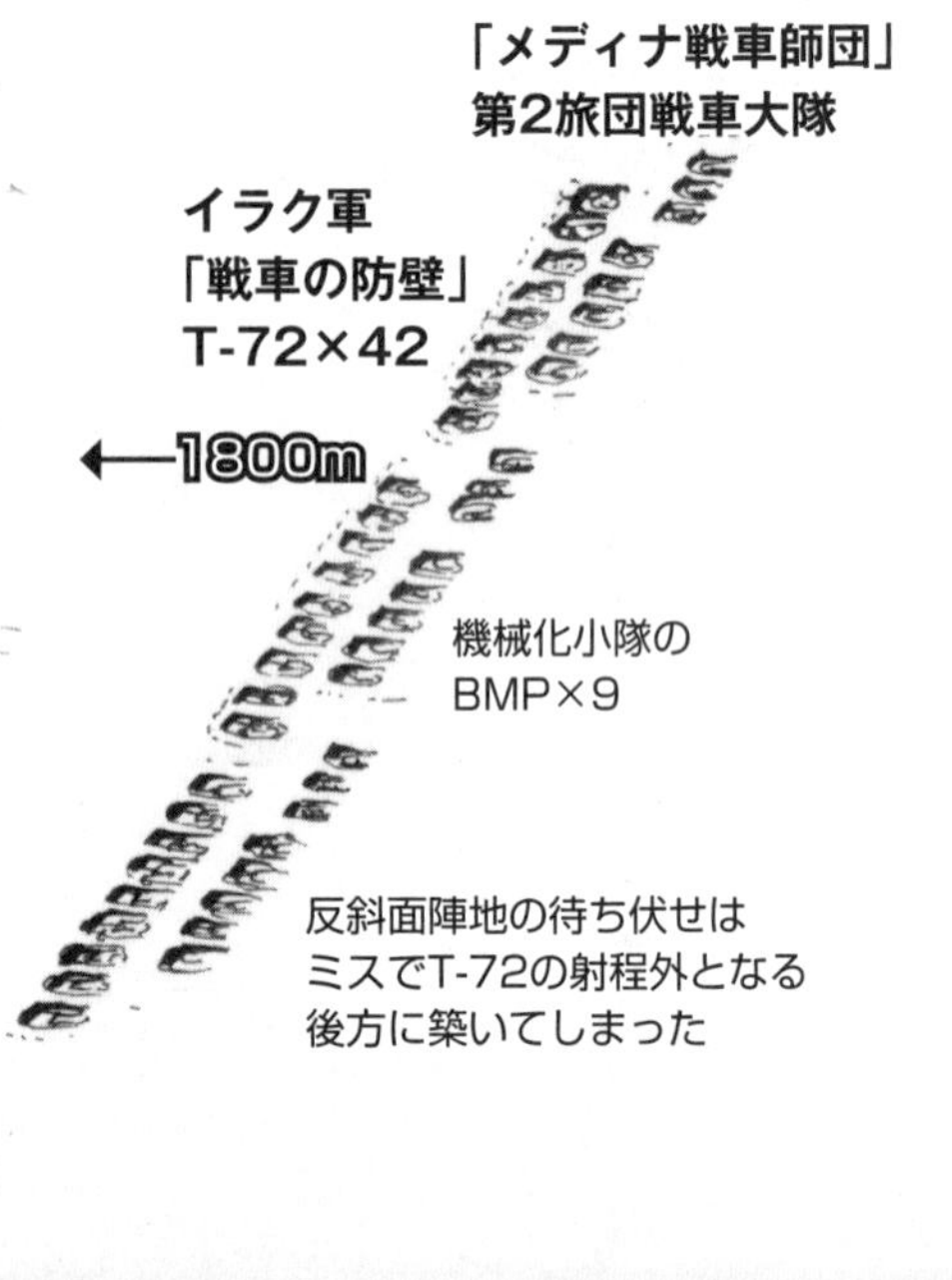
「メディナ戦車師団」
第2旅団戦車大隊
イラク軍
「戦車の防壁」
T-72×42
←1800m
機械化小隊の
BMP×9
反斜面陣地の待ち伏せは
ミスでT-72の射程外となる
後方に築いてしまった

■M1A1戦車とT-72戦車の戦闘能力

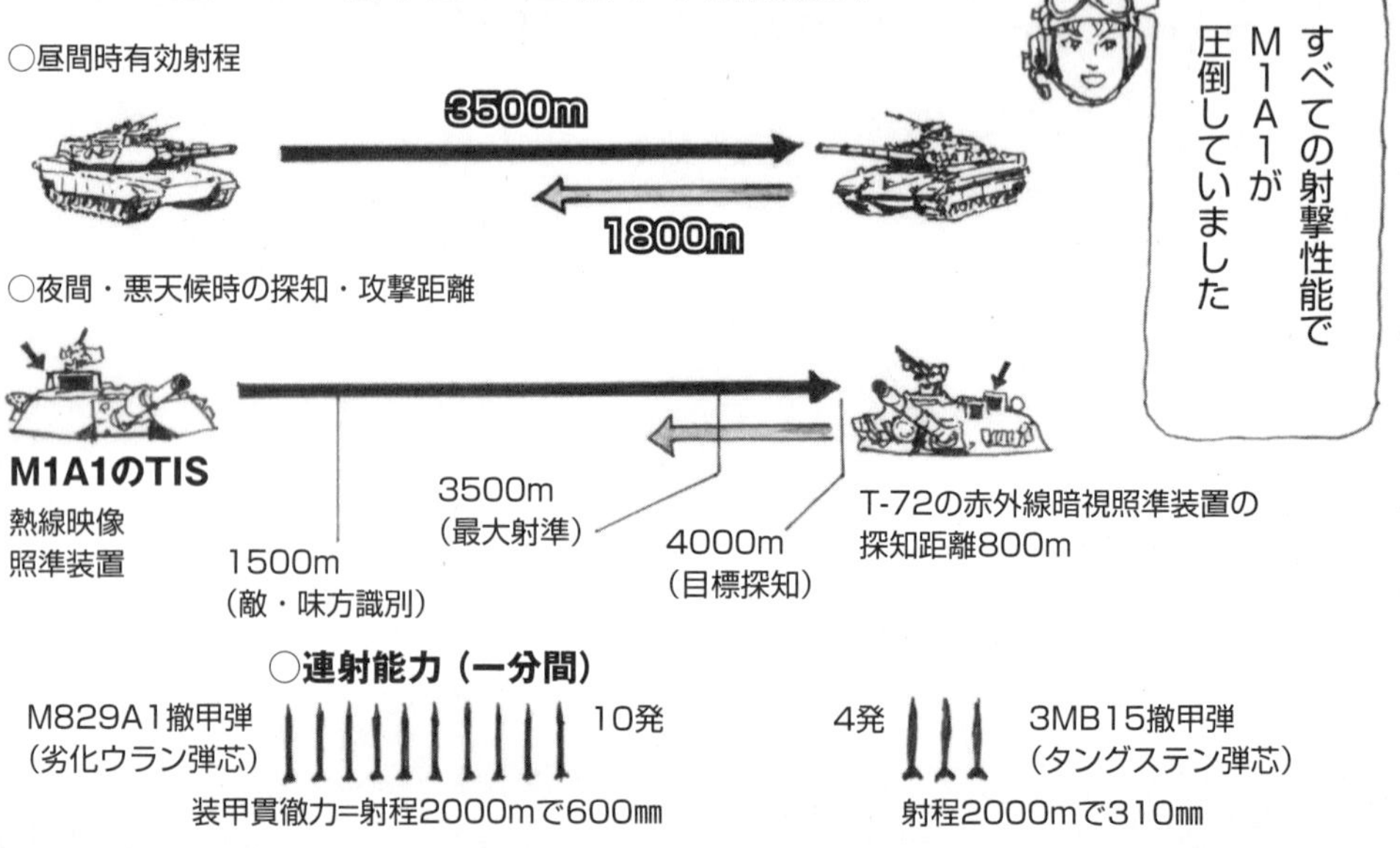
○昼間時有効射程
3500m
1800m
○夜間・悪天候時の探知・攻撃距離
M1A1のTIS
熱線映像
照準装置
1500m
（敵・味方識別）
3500m
（最大射準）
4000m
（目標探知）
T-72の赤外線暗視照準装置の
探知距離800m
○連射能力（一分間）
M829A1撤甲弾
（劣化ウラン弾芯）
10発
装甲貫徹力=射程2000mで600㎜
4発
3MB15撤甲弾
（タングステン弾芯）
射程2000mで310㎜
すべての射撃性能でM1A1が圧倒していました

イラク軍の反射面防御戦術は、アメリカ軍がこの尾根を越え
斜面を下るときを狙ったものだった
アパッチ攻撃ヘリ
高度9m以下の超低空で
地上攻撃
M1A1は時速5～10㎞で
前進しながら、精密射撃した
M2ブラッドレー歩兵戦闘車
戦車隊の援護
歩兵バンカーの攻撃
搭載するTOWはイラク軍戦車を
撃破できる
戦車長は周囲を
確認するため
頭を出したりする
イラク軍歩兵も降伏すると見せかけて果敢にRPGで反撃してきたが、
サーマル・サイトで発見され、同軸機銃で排除されてしまう

湾岸戦争での戦車

2両が夜間待ち伏せで背後から撃たれ損害を受ける
ただし戦死者なし

T-72
T-62
T-55

イラク軍は開戦時、クェートに3475両の戦車を配備していたが、空爆で40%が破壊されていた

湾岸戦争に投入されたＭ１Ａ１は２３７６両、Ｍ１が８３５両で合わせて３２１１両だった

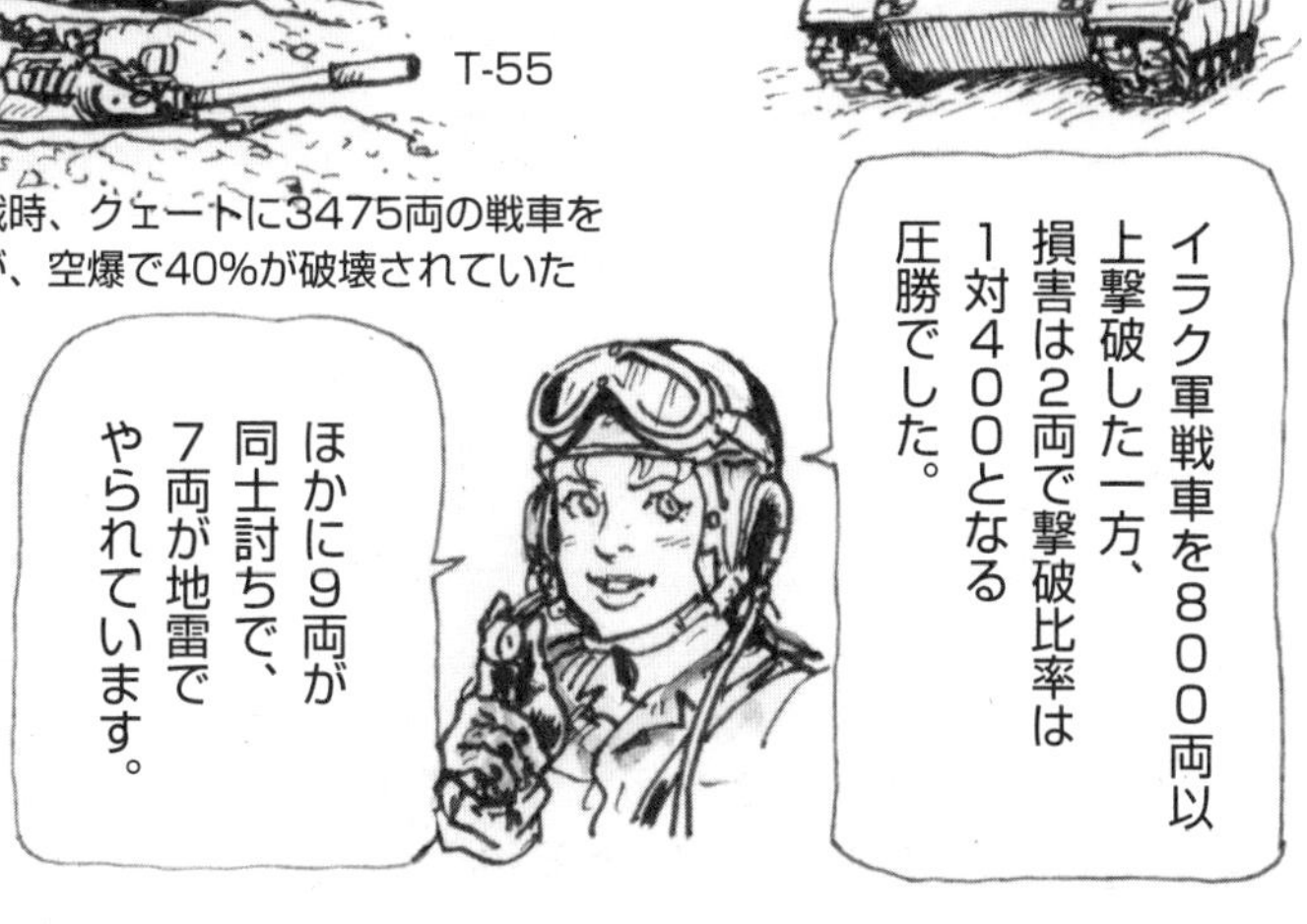

イラク軍戦車を８００両以上撃破した一方、損害は２両で撃破比率は１対４００となる圧勝でした。
ほかに９両が同士討ちで、７両が地雷でやられています。

■無敵戦車Ｍ１Ａ１の証明②

●「メディナ尾根の戦い」 1991年

第1機甲師団「第2アイアン旅団」2/70機甲支隊

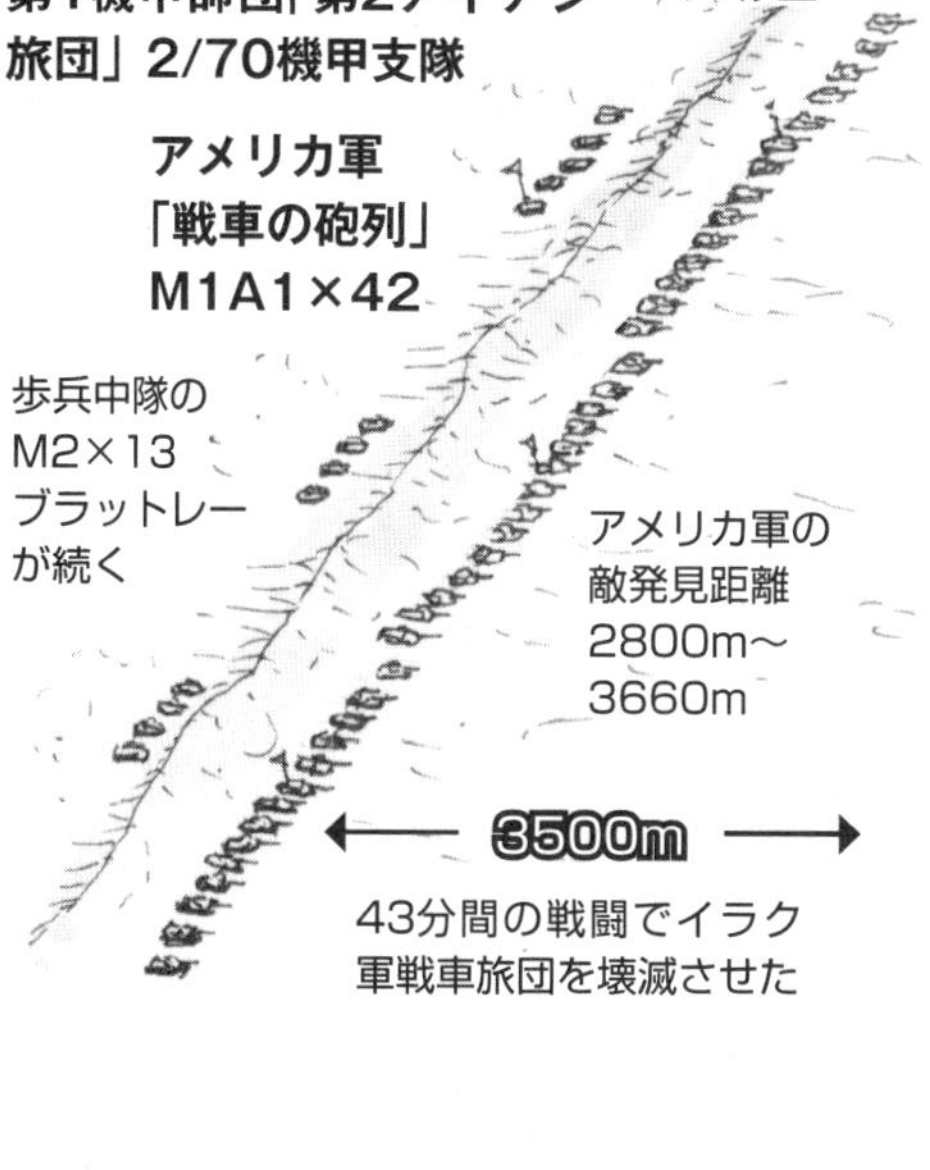

砂丘
アメリカ軍
「戦車の砲列」
M1A1×42
歩兵中隊の
M2×13
ブラットレー
が続く
アメリカ軍の
敵発見距離
2800m～
3660m
3500m
43分間の戦闘でイラク
軍戦車旅団を壊滅させた

■イラク軍の防衛戦突破・討伐作戦

参考文献：『湾岸戦争大戦車戦』河津幸英著／イカロス出版刊

陸戦の王者 マンモス戦車

第1次世界大戦に登場して以降、戦車は陸上戦艦〝ラウンドシップ〟たるべくより強固なものにと大型化していく。

だが、実用性以上に大きくなった車両は兵器として結実することなく、のきなみ計画倒れとなっていった。

陸戦の王者 マンモス戦車
●試製100t戦車「オイ車」
日本陸軍が計画した超重戦車。
重量100t 乗員11名
105㎜砲×1、47㎜砲×2
7.7㎜機銃×3
大きくて頼もしいが日本の地形で活躍できたかな？

来るなら 来てみろ！ ニミッツ マッカーサー！ 我に オイ戦車あり!!

ノモンハン戦の戦訓でソ連戦車に負けない戦車ということで研究され、試作車も作られたというぞ
●九七式中戦車
日本陸軍の主力戦車
イラストは新砲塔チハ
ここでは実戦で活躍した重戦車ティーガーⅡ（69t）より大きい戦車を超重戦車マンモスとして取り上げました。
世界各国では多くのマンモス戦車の開発が企画されましたが、ほとんどは計画倒れとなっています。
ここでも計画戦車が多くなっていることを御了承ください。

●メンデレーエフ超重戦車（ロシア・1915）

計画のみに終わる
重量170t
120㎜砲×1 機関銃×1

●フライング・エレファント（イギリス・1916）

重量100t 乗員8名
57㎜砲×1 機関銃×6
完成直前に製造中止
Mk.Ⅰ戦車の活躍で
費用のかさむ重戦車は
いらない、となった

小型のキャタピラをつけて
底部がつかえないように
なっている

●K戦車（ドイツ・1918）

2両が完成直前に戦争が終了し
出番なし
重量150t
乗員22名
77㎜砲×4、機関銃×7
最大速度7.5㎞／h

●2C戦車
（フランス・1923）

10両造られ第二次大戦に出動
しかし貨車での輸送中に
破壊されてしまう

重量70t
乗員13名
75㎜砲×1
機関銃×4

※右端のTOGは
The Old Gang 、
訳して「古い仲間たち」の意
マックを新設した技術者たちが
設計したのにちなんだ頭文字

■イギリス

●TOG（1941）

大戦初期にジークフリート線
突破用に開発。試作車のみ
いかにも急造の
ハリボテっぽいデザインですね

重量81.3t
乗員6名
75㎜砲×1
40㎜砲×1
最大速度
14㎞／h

●A39トータス（1947）

重量79.3t 乗員7名
最大装甲230㎜
32ポンド(94㎜)砲×1
7.92㎜機銃×3
最大速度20㎞／h

トータスはイギリス最大最強の対戦車砲を持ち、
ドイツの88㎜砲をはじき飛ばす至高の歩兵戦車だ!!
6両の試作車が完成

■アメリカ

●T28／T95（1945）

難攻不落と大宣伝された
ドイツ軍要塞地帯を
突破するために
アメリカ軍が
開発した重戦車で、
2両造られた。
重量85.5t
乗員8名
最大装甲300㎜
105㎜砲×1
2.7㎜機銃×1
最大速度13㎞／h

キャタピラが複列となっていて
フェンダー上のクレーンで
外側のキャタピラを脱着し
良路と悪路を走り分けられた

動く要塞 マンモス戦車のいろいろ

■ソ連

●T-39超重戦車（1938）
重量90t
152㎜砲×1
45㎜砲×3
7.62㎜機銃×4

キーロフ工場で計画された
動く要塞
模型製作で中止

●TG-5／T-42重戦車（1931）
重量100t
対空用
45㎜砲×1
107㎜砲×1
76.2㎜砲×1
7.62㎜機銃×5

ドイツ人技師の設計した
陸上軍艦
設計段階で中止

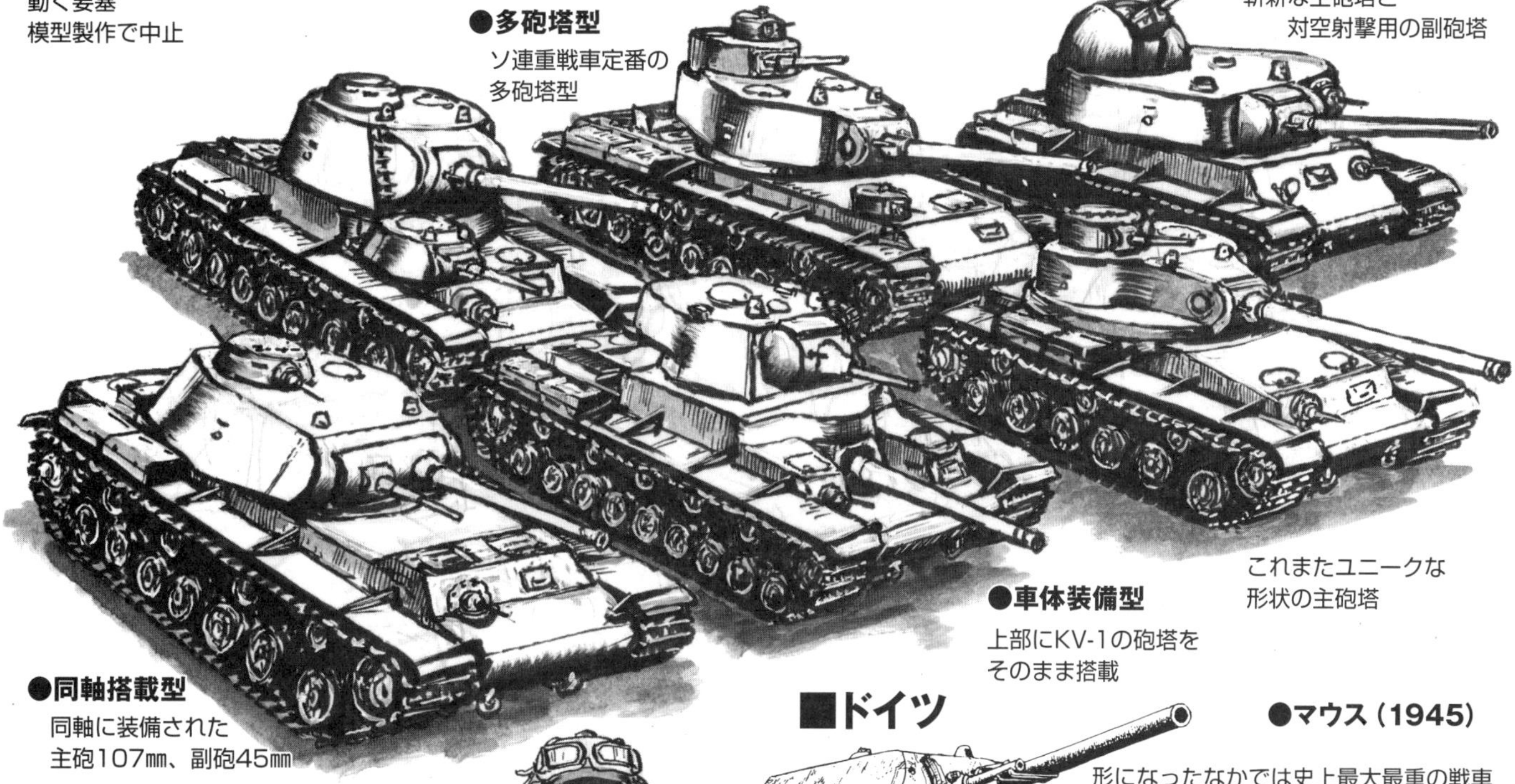

●多砲塔型
ソ連重戦車定番の
多砲塔型

●3段砲塔型
斬新な主砲塔と
対空射撃用の副砲塔

●車体装備型
上部にKV-1の砲塔を
そのまま搭載

これまたユニークな
形状の主砲塔

●同軸搭載型
同軸に装備された
主砲107㎜、副砲45㎜

◎計画重戦車KV-4（1941）

多数計画された重量90tクラスの
KV戦車の超重戦車プラン
設計段階で中止になったが
ユニークな車体もあった
上にいくつかの例を
紹介する

■ドイツ

●マウス（1945）
形になったなかでは史上最大最重の戦車
ポルシェ博士の設計でエンジン発電の電動
試作2両
重量188t、乗員5名
最大装甲240㎜
128㎜砲×1
75㎜砲×1、
7.92㎜機銃×1
最大速度35㎞／h

●E100（1945）
マウスの
1年後に開発着手
試作1両（未完成）
重量140t
最大装甲240㎜
150㎜砲×1
75㎜砲×1、7.92㎜機銃×1
最大速度40㎞／h

これはスゴイぞ!! まだまだあった ドイツマンモス戦車

見ただけで腰を抜かすような異様な戦車? たち
もちろん計画だけ

長槍勝負!! 長砲身戦車

歩兵支援兵器として登場した戦車は次第に敵戦車の撃破を狙う〝対戦車兵器〟となり、長砲身砲を搭載するようになっていった。ここでは第二次世界大戦のドイツが誇る長槍戦車キングタイガーに挑んだ連合軍長槍戦車たちを紹介しよう。

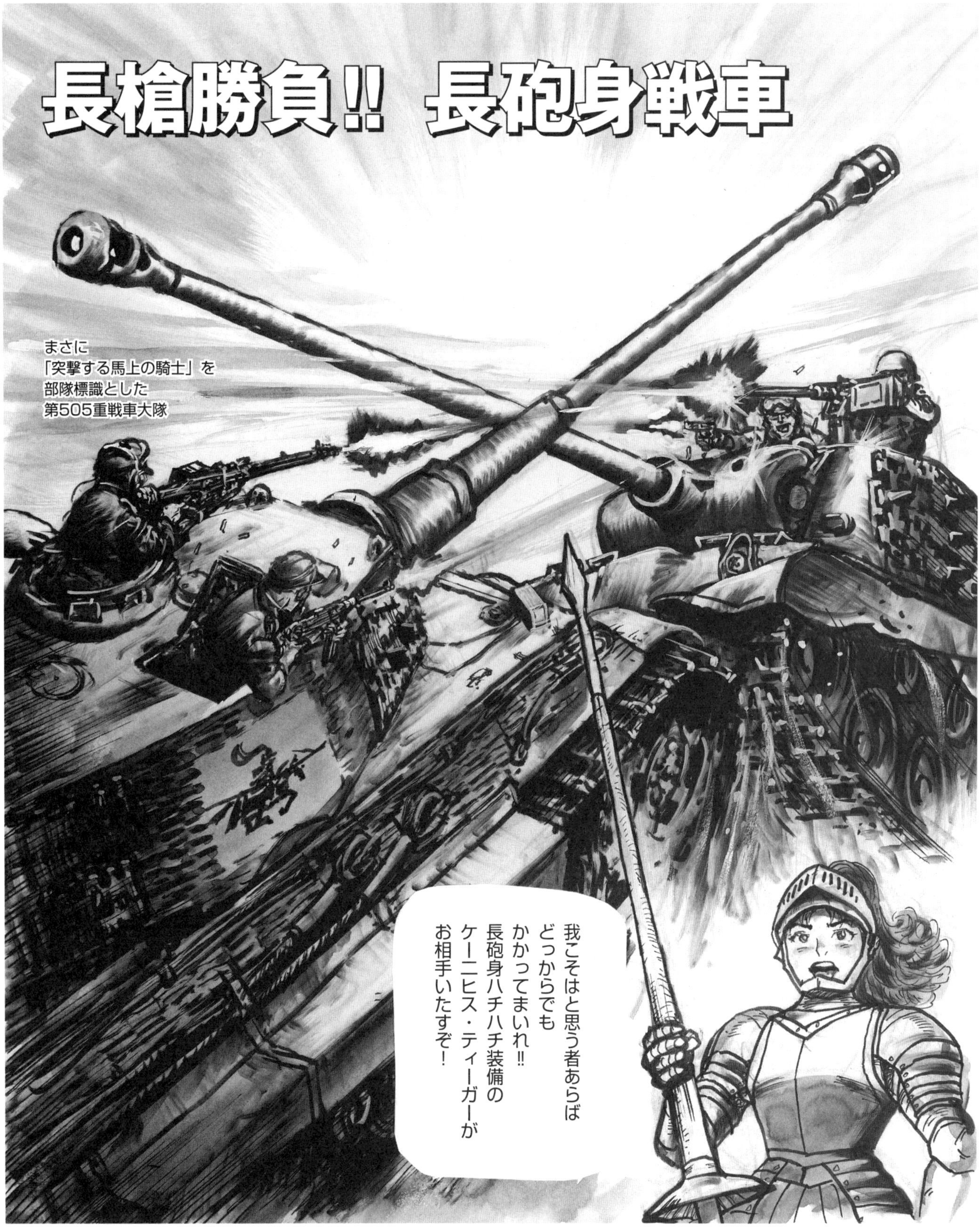
まさに
「突撃する馬上の騎士」を
部隊標識とした
第505重戦車大隊
我こそはと思う者あらば どっからでも かかってまいれ‼ 長砲身ハチハチ装備の ケーニヒス・ティーガーが お相手いたすぞ!

太くて長いほうが強い!!
例えば71口径88㎜砲では
砲身の長さが88㎜の71倍
(6248㎜)
ということなので、
口径が大きいと弾丸の威力があり
砲身が長いと
弾丸の速度が速いので
貫通力が大きいということに
なります。

●T-34/57
70口径 57㎜砲を装備。
駆逐戦車として少数が実戦投入された。

●シャーマン・ファイアフライ
58.3口径 76.2㎜砲
イギリスの最優秀戦車砲17ポンド砲を
搭載し、88㎜砲と充分対決できた

●T-34/100
56口径 100㎜砲
バランスが悪く採用されず
この砲はSU-100に使用された

●M6A2E1
67口径 105㎜砲
とりあえずドイツ軍重戦車用に試作される

●T26E4
70口径 90㎜砲
アメリカ軍のティーガーII対抗馬
大量生産が決定したところで
終戦となった

●T-32
78口径 90㎜砲
爆撃機防空用に開発された高射砲を改良した
最長砲身の戦車砲を装備

激突！ 馬上槍対決
ランスのド突き合いだ‼

ランス（長槍）ということで、ここでは55口径以上の槍を持った
戦車に登場してもらいました（試作、計画戦車もあり）。
なお、T-34/85は54.6口径 85㎜砲、
シャーマン76㎜砲は52口径なので落選としました

●Ⅳ号戦車
70口径 75㎜砲
搭載型
●パンターF
70口径 75㎜砲
●E-75
55口径 128㎜砲
ヤークトティーガーの
主砲を装備
●E - 50
71口径 88㎜砲
●パンターⅡ
71口径 88㎜砲
●ティーガーⅡ
71口径 88㎜砲
第二次大戦中最高の威力をもつ
戦車砲を搭載
これに撃ち勝つ戦車砲を装備しようと
連合軍はがんばったわけだ
●T-29
67口径 105㎜砲
T-26シリーズの後継重戦車で
この後に開発されたT-30は41口径
155㎜砲を装備していた

●JS・3重戦車（ソ連・1945）

46.3口径122㎜砲
ティーガーⅡに対処するために開発され
ベルリンの
戦勝パレードに登場

●M103重戦車（アメリカ・1953）

60口径120㎜砲
アメリカ最後の重戦車

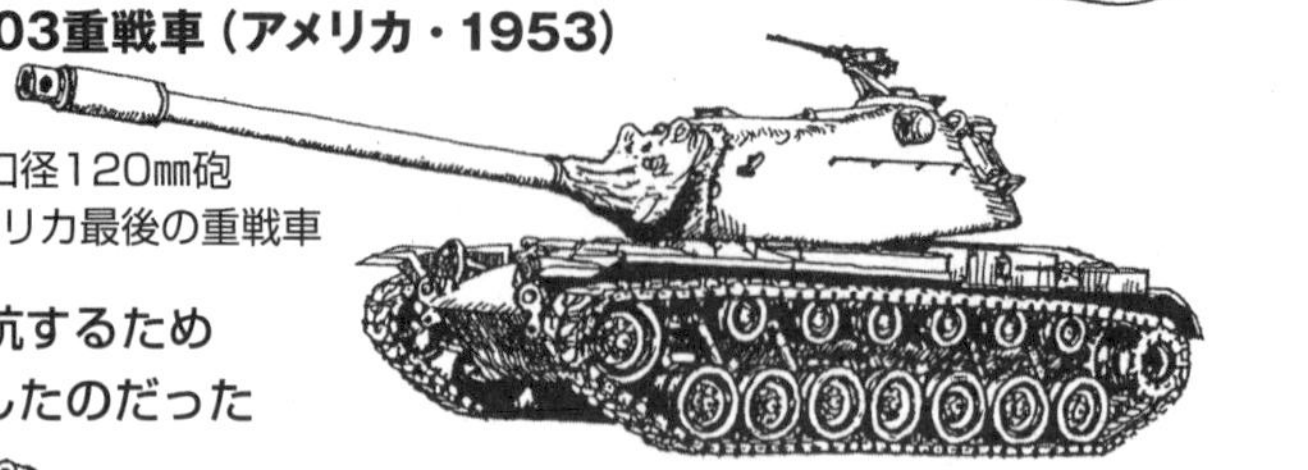

米英関係者はこのJS-3に対抗するため
M103とコンカラーを開発したのだった

●T-10重戦車（ソ連・1957）

55口径122㎜砲

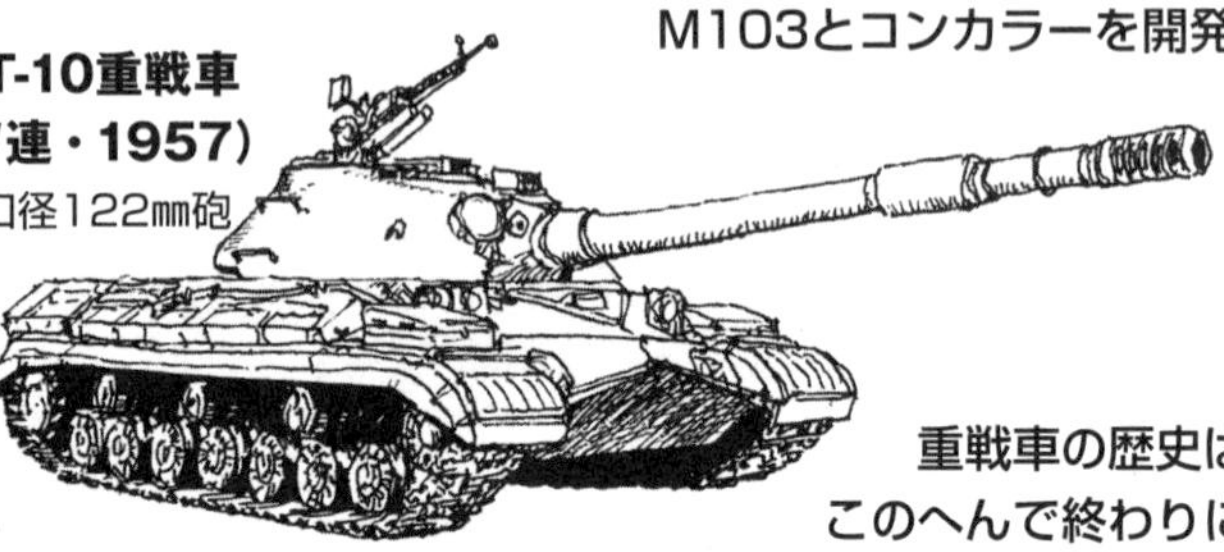

●コンカラー重戦車（イギリス・1956）

51口径120㎜砲

重戦車の歴史は
このへんで終わりになり
その後は主力戦車という名称で対決は続く

●T-62戦車（ソ連・1957）

55口径115㎜砲

●T95E6中戦車（アメリカ・1958）

60口径120㎜ T123E6砲
ソ連のT-54シリーズに
対抗するために試作された
T95シリーズの重武装型

●T-72戦車（ソ連・1971）

62口径 125㎜
滑腔砲改良型は主砲発射式
ミサイルも発射できる

●チーフテン戦車（イギリス・1962）

55口径 120㎜砲

機動力を犠牲とした重装甲で
105㎜砲が標準だった当時の世界の戦車のなかで120㎜砲は最強といえた

ソ連邦解体後のロシア戦車はいまのところ
125㎜滑腔砲が長槍となっている

●レオパルト2A6（ドイツ・2000）

1978年に完成したレオパルト2の改良型
最大の特徴は44口径120㎜滑腔砲を
長砲身の55口径120㎜滑腔砲としたことだ
現代の長槍誕生だ！

多砲塔戦車

多砲塔戦車は、主砲塔に強力な火砲を持つだけでなく、四周に機銃塔を装備した走る要塞だ！
それは近代戦車の先進国であったイギリスで考案されたものであり、各国もこれに追随して開発していった。

●試製九一式重戦車（1932）
三砲塔式
70㎜砲×1
7.7㎜機銃×3
国産第一号車は重すぎたため、九八式中戦車が開発される
第一号車は重戦車として研究されて試製九一式重戦車となり
さらに九五式重戦車となった
他国と同じく歩兵支援を目的とされ
敵陣突破を狙った多砲塔戦車となっている

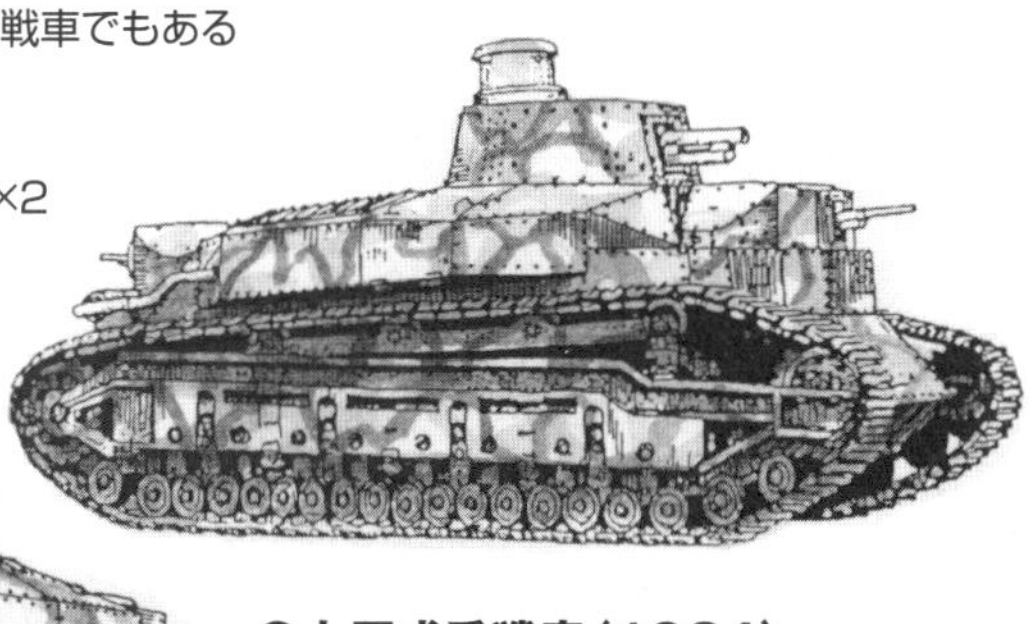

●試製第一号戦車（1927）
国産第一号戦車でもある
三砲塔式
57㎜砲×1
7.7㎜機銃×2

●九五式重戦車（1934）
三砲塔式
70㎜砲×1
37㎜砲×1
7.7㎜機銃×2

◎日本陸軍の多砲塔戦車

多砲塔戦車を最初に開発したのはイギリスでした。それは実戦投入した菱型戦車の武装方式では射界が限定され、周囲の射撃や防御に問題ありとされたためです。

　これらの解決のためイギリス陸軍では主武装の大砲と、あらゆる方向の敵に対応するための独立した機銃塔をふたつ以上装備する重戦車を考案したのでした。

　ちょうど日本陸軍が戦車を国産に、と決めた時期にイギリスが多砲塔戦車の開発に熱心だったので、それを参考とした日本の国産第一号戦車も多砲塔式となったのです。

■ソ連
●SMK重戦車（1938）
二砲塔式
76.2㎜砲×1
45㎜砲×1
7.62㎜機銃×2
1両だけ造られフィンランド戦争で使用された
●T-100重戦車（1938）
二砲塔式
76.2㎜砲×1、45㎜砲×1
7.62㎜機銃×3
イギリスの多砲塔戦車を参考に装甲火力支援車両として開発
SMKとともにフィンランド戦争へ投入されるも両車とも活躍できずに損傷
●T-29中戦車（1934）
T-28の快速型として開発2両が造られただけ
三砲塔式
76.2㎜砲×1
7.62㎜機銃×5
●T-28中戦車（1933）
三砲塔式
76.2㎜砲×1
7.62㎜機銃×5
503両が造られ、フィンランド戦や独ソ戦初期に使用された
●T-35重戦車（1933）
五砲塔式
76.2㎜砲×1
45㎜砲×2
7.62㎜機銃×5
約60両造られたソ連自慢の「陸上戦艦」だが鈍重で弱装甲。独ソ戦初期に全滅した
●T-26（1931）
二砲塔式
37㎜砲×1
7.62㎜機銃×1
ビッカース6t戦車のライセンス生産型
■ポーランド
●7TP軽戦車（1934）
ビッカース6t戦車の発展型
二砲塔式
7.92㎜機銃×2

多砲塔戦車！　前進！　突破！　蹂躙せよ!!

■イギリス
●A6E2中戦車（1928）
インディペンデントの改良型
三砲塔式
3ポンド砲×1
7.7㎜機銃×5
小砲塔の
機銃は連装
●インディペンデント重戦車（1926）
五砲塔式
3ポンド（47㎜）砲×1
7.7㎜機銃×5
あらゆる方向へ攻撃できる
「陸上軍艦」としてイギリス軍が開発
コスト高もあり1両が造られた
だけに終わる
●巡航戦車Mk.VI
クルセーダー（1939）
クルセーダーI
二砲塔式
2ポンド砲×1
7.92㎜×2
●Mk.III中戦車（1930）
A6シリーズの改良型
三砲塔式
3ポンド砲×1
7.7㎜機銃×3
●巡航戦車Mk.I（1936）
三砲塔式
2ポンド砲×1
7.7㎜機銃×2
●ビッカース6t戦車
A型（1928）
二砲塔式
7.7㎜機銃×2
海外販売用に生産され
ソ連のT26や
ポーランドの7TPシリーズ等が
ライセンス生産されている

撃ちまくれ"ガンマン戦車"

■フランス

●シャール2C(1923)

二砲塔式
75㎜砲×1
8㎜機銃×4

フランス待望の重戦車だったが、戦争には間に合わず第2次世界大戦に投入された6両は空襲で破壊された

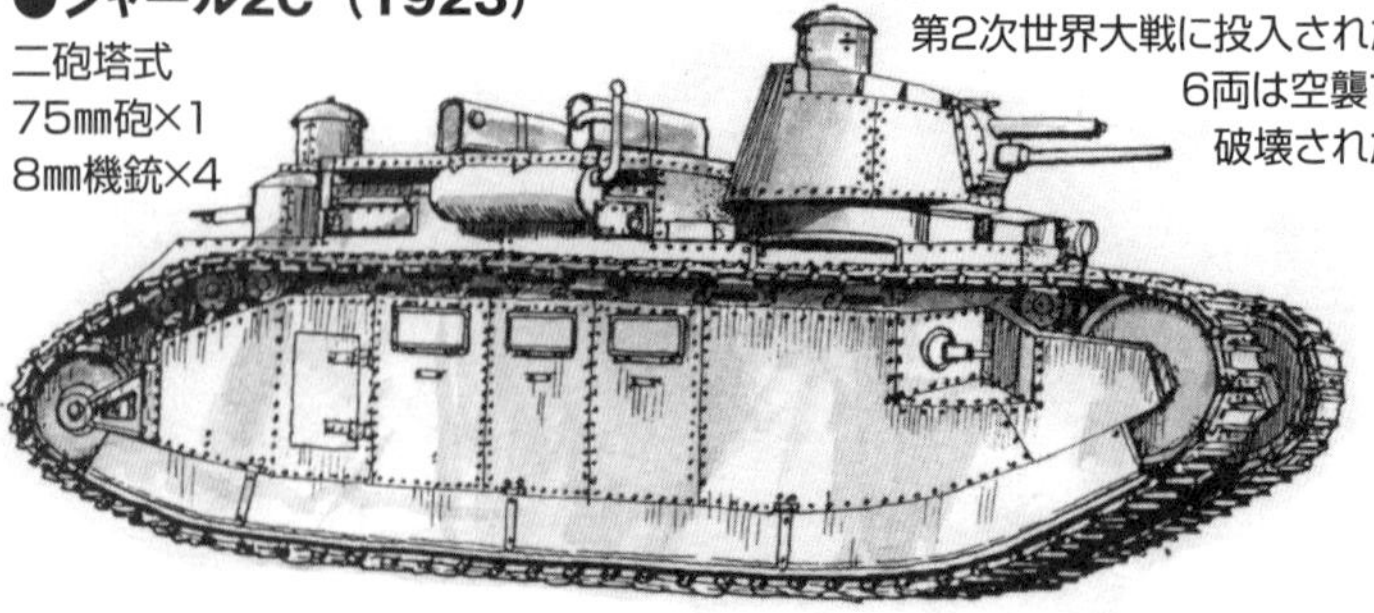

■ドイツ

●NbFZ(1933)

三砲塔式
75㎜砲×1
37㎜砲×1
7.92㎜機銃×3

インディペンデントに刺激され開発。8両が製造されノルウェー侵攻に使われたが、活躍はできなかった

ちょっとブレイク【信ちゃんの雑学スコープ】

■戦車の名称拝見

世界各国の戦車の名称は
はじめは採用した年代順に
つけられていました。
　ところが、しだいに種類が
多くなってくると名前が
あったほうがわかりやすい
ということで
イギリスがつけるようになり、
レンドリースでもらった
アメリカ戦車にも
つけてしまい、
それが米英軍や敵にまで
一般化してしまいました。
　ドイツ軍もそれにならい
強そうな動物の名を戦車に
つけるように
なったわけです。

●ドイツ

作られた順番がローマ数字でつけられ、Ⅰ号、Ⅱ号～
だったが、Ⅴ号より動物の名前がつけられた。

[戦車]
・パンター（豹）
・ティーガー（虎）
・レオパルト（豹）
・エレファント（象）
・マウス（ネズミ）
・ルクス（山猫）

[自走砲]
・マーダー（てん）
・ナスホルン（さい）
・ブルムベアー（灰色熊）
・グリーレ（こおろぎ）
・ホルニッセ（熊蜂）
・ホイシュレッケ（ばった）
・ヘッツァー
（勢子、猟の駆り立て役）

[対空戦車]
・メーベルヴァーゲン（家具用荷車）
・ヴィルベルヴィント（旋風）
・オストヴィント（東風）
・クーゲルブリッツ（球電光）

ほかに、
・装甲車プーマ（アメリカライオン）
・無線操縦車ゴリアテ（巨人）
・モールティア（ラバ）

みんなそれらしい名前をつけていて、
ドイツ軍はセンスがいいですね。
超重戦車が「ねずみ」で
リモコン戦車が「巨人」など、
シャレも忘れておりません。
でもメーベルヴァーゲンだけは
見た目でつけられたようで
ちょっとかわいそう……。

ソ連軍のSU-152は「猛獣殺し」と
呼ばれていたそうですから、
ソ連軍もドイツ戦車の名前はすべて
知っていたのかな。

●ソ連軍　最初は開発した順につけていたが、そのうち制式化年度制になり、名前はない。
例外としてレニングラードの設計局は要人の名前をつけている。

「ジューコフ」、「ボルガ」
などはタミヤさんがつけた
名前です。
ほかにSU-85「ファーマー」、
ヤークトパンター「ロンメル」、
Ⅲ号突撃砲「ハーケンクロイツ」
などもタミヤさんが名付けたもので、
ぴったりハマっていますね。
T-34/76「ロジーナ」も
メーカーがつけたもの。

SMK（セルゲイ・ミロノビッチ・キーロフ）レニングラード書記長、
KV（クリメント・ヴォロシーロフ）国防大臣、
JS（ヨセフ・スターリン）最高指導者

●日本

旧軍では制式化された年代順につけているが、
邦暦（皇紀）となっているのが特徴だ。
八九式中戦車の場合は、昭和4年（西暦1929年）
――（皇紀2589年）制式化なので「八九式」となる。
現在の陸上自衛隊では年号は西暦となった。
61式戦車は昭和36年（1961年）制式化だ。

◎最近は陸上自衛隊の車両にもニックネームがつきました。これです！
90式戦車（キュウマル）、74式戦車（ナナヨン）そのままやんか。
89式装甲戦闘車（ライトタイガー）、87式偵察警戒車（ブラックアイ）、
99式自走155㎜榴弾砲（ロングノーズ）、87式自走高射機関砲（スカイシューター）、96式自走120㎜迫撃砲（ゴッドハンマー）、81式短SAM（ショートアロー）、203㎜自走榴弾砲（サンダーボルト）などそれらしいのがついてます。
でも91式戦車橋（タンクブリッジ）、多連装ロケットシステム（マルス）、化学防護車（化防車）……う～ん、いまいちのもありますね。

●イタリア　イタリアは制式順で、軽戦車は「L」、
中戦車は「M」、重戦車は「P」が最初につく。

●フランス　フランスは通常、生産会社名プラス年号だが、
戦後はすべて戦闘車両開発の頭文字「AMX」
がつくようになった。

●アメリカ

Military Supply
(軍需品)の頭文字
「M」のあとに
制式化した年号をつける。

アメコミの『The HAUNTED TANK』は、
南軍のスチュアート将軍が
守護天使で、
一時北軍のシャーマンが
おれがやると出てきたが、
結局スチュアートに戻っている。
騎兵は南軍が強かったためか?

パットンの愛称はM46、M47、M48と
三代続けてつけられ、M60は
スーパーパットンと呼ばれていた。
アメリカ人はパットンみたいな将軍が
好きだっちゅうことだね。

アメリカ戦車の愛称は、南北戦争以来の
名将の名がつけられているが、これを名付けたのは
供与を受けたイギリスで、制式名称ではなかった。

南北戦争
・スチュアート(兵士たちからは別にハニーとも呼ばれた)
・リー　南軍
・グラント　南軍
・シャーマン　北軍
・シェリダン　北軍

WWI
・チャフィー
・パーシング

WWII
・パットン
・ブラッドレー
・エイブラムス

・ウォーカー・ブルドッグ
(ブルドッグはウォーカー将軍の
ニックネーム。朝鮮戦争で死亡)

イギリス人ならだれでも
名付けたがるクロムウェルは
戦車の決定版として
あとのほうにとって
おいたのだが、
結局イギリス戦車の
決定版はセンチュリオン
となった。

●イギリス

制式年代順にMk.ナンバーが
つけられているが、1940年中頃から
名前がつけられるようになった。

◎巡航戦車:Mk.Ⅲ以降、
「C」ではじまる歴史上の人名などがつけられた。
・カヴェナンター(17世紀スコットランドのプロテスタント長老派)
・クルセーダー(11〜13世紀の十字軍)
・カヴァリアー(17世紀チャールズ一世時代の王党派)
・セントー(ギリシャ神話の半人半馬の部族)
・クロムウェル(17世紀イギリス共和制を擁護した軍人)
・チャレンジャー(馬上槍試合などを名乗り上げる騎士)
・コメット(彗星)
・ファイアフライ(蛍)
・センチュリオン(ローマ軍の百卒隊長)
・チーフテン(族長)
・コンカラー(征服者)
・チェレンジャー(挑戦者)

※第2次世界大戦後のイギリスでは、採用したMBTの名称を
すべて「C」のイニシャルで統一した。

◎歩兵戦車:これも人名だ
・マチルダ
(当時の人気マンガ『マチルダ・ザ・ダック』より)
・バレンタイン
(本車の仕様がバレンタインデーに提出されたから)
・チャーチル(当時の首相)
・ブラックプリンス(百年戦争時のエドワード黒太子)
・ヴァリアント(勇敢なひと)
◎重突撃戦車
・トータス(陸亀)
◎軽戦車
・テトラーク(長槍方陣(ファランクス)の指揮者)
・ハリー・ホプキンス
(アメリカの商務長官、レンドリース法の実行責任者)
◎自走砲:英国教会の役職名
・ビショップ(主教)
・ディーコン(助祭)
・プリースト(司祭)
・セクストン(寺男)
◎対戦車自走砲:「A」ではじまる名前
・アキリーズ(足に弱点のあった不死身の勇士)
・アーチャー(長弓隊)
・アヴェンジャー(復讐者)
・アクトー(復讐の女神)

第1次世界大戦に新兵器として登場した戦車だったが、戦後は各国とも軍縮ムードとなり、軍備予算削減のなか、価格の安い小型戦車を多数装備しようと発想し、豆戦車が競って作られた。

豆戦車“Tankette《タンケッテ》”

●九四式軽装甲車(1933)
重量3.45t、乗員2名、速度40㎞/h
7.7㎜機銃×1

最前線の指揮連絡
弾薬運搬用に造られたが
実際には小型戦車として広く使われ
日本軍では豆戦車として知られる
当時の中国軍は戦車も対戦車兵器も
なかったのが幸いしています

●九七式軽装甲車(1937)
九四式の発展型
37㎜砲
重量4.75t
乗員2名
速度40㎞/h
機銃搭載型と
砲搭載型があり
豆戦車の
最終型だ

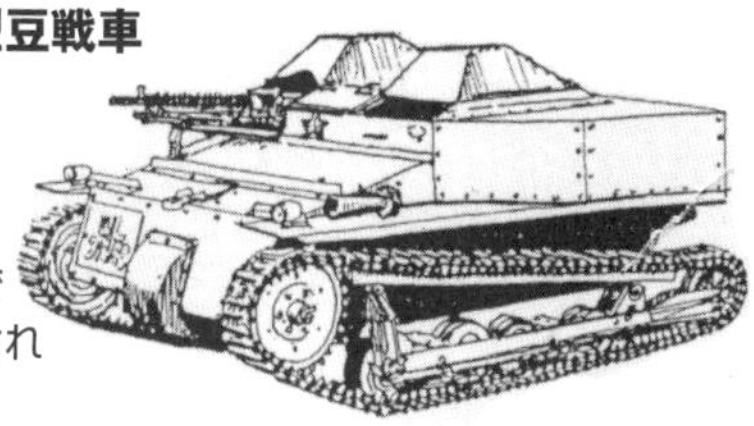

●カーデン・ロイドMkVI型豆戦車
(1930輸入)
イギリスよりの調査車両
乗員の頭上に帽蓋があるタイプで
豆戦車と呼ばれたが威力不足とされ
九四式軽装甲車が開発される

日本陸軍では戦車の種類を
一、超軽戦車(豆戦車)　5トン以下
二、軽戦車　6トン〜9トン
三、中型戦車　10トン〜29トン
四、重戦車　30トン〜50トン
五、超重戦車　50トン以上
と重さで5つに分類していました。
豆戦車は五トン以下の二人乗りで、
小型快速をもって、
偵察や部隊間の連絡、
歩兵や騎兵を助けるもの、とあります。
日本の豆戦車である
九四式は、正式には
軽装甲車なのですが
装甲兵力の少ない
日本軍は中国戦線で
これを歩兵直協戦車
として使用し、
期待以上の
活躍をした
のでした。
我家の
庭に
かざる
べぇ〜
コンパクトな
豆戦車は
米兵にとって
手軽な戦利品に
なってしまった

■世界の豆戦車（大戦間の流行）

■イギリス

●カーデン・ロイド2名乗車豆戦車（1926）

1名乗車が
不的確とわかり
開発された

●カーデン・ロイド豆戦車（1925）

マーテルの豆戦車の実験に
刺激されて製作

●モーリス・マーテル豆戦車（1925）

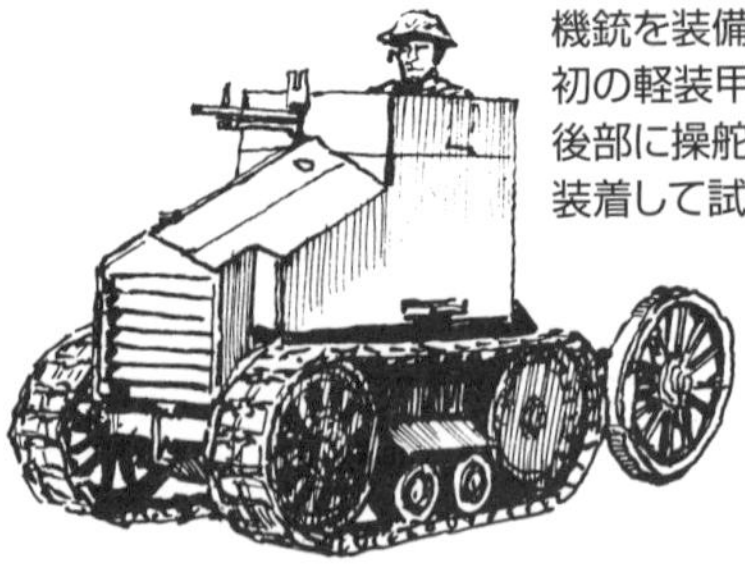

機銃を装備した
初の軽装甲装軌車両
後部に操舵輪を1輪
装着して試験された

重量2t強
乗員1名
速度9.65km/h
7.7mm機銃×1

●カーデン・ロイドMk.I

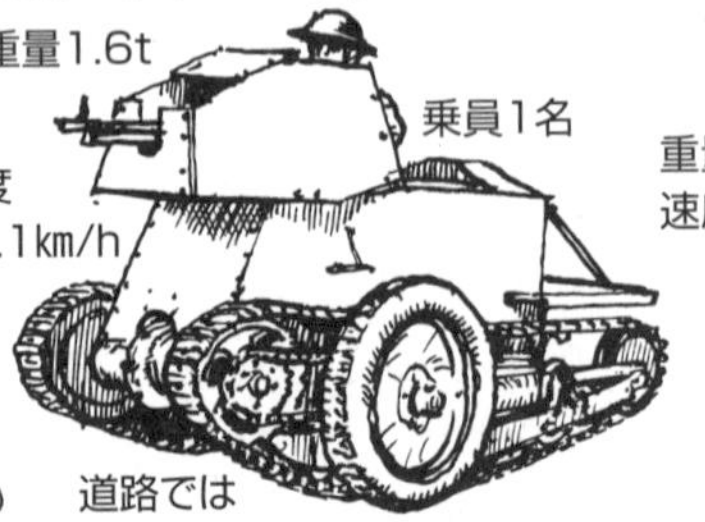

重量1.6t
乗員1名
速度
24.1km/h
道路では
車輪を下げて走れる。49.8km/h

●モーリス・マーテル2名乗車豆戦車（1926）

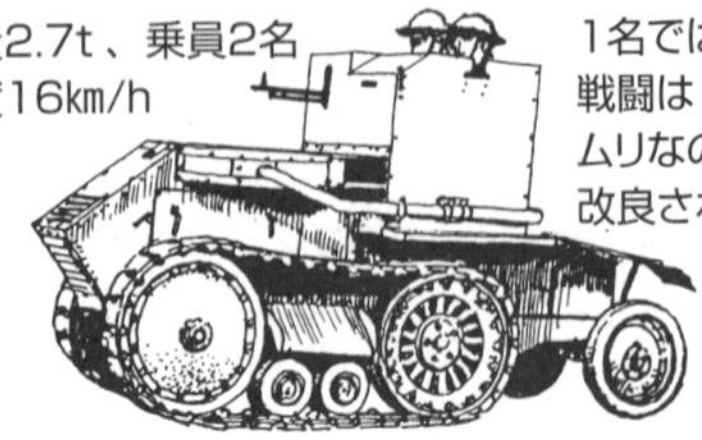

重量2.7t、乗員2名
速度16km/h
1名では
戦闘は
ムリなので
改良された

●カーデン・ロイドMk.VI（1928）

重量1.5t、乗員2名、速度45km/h

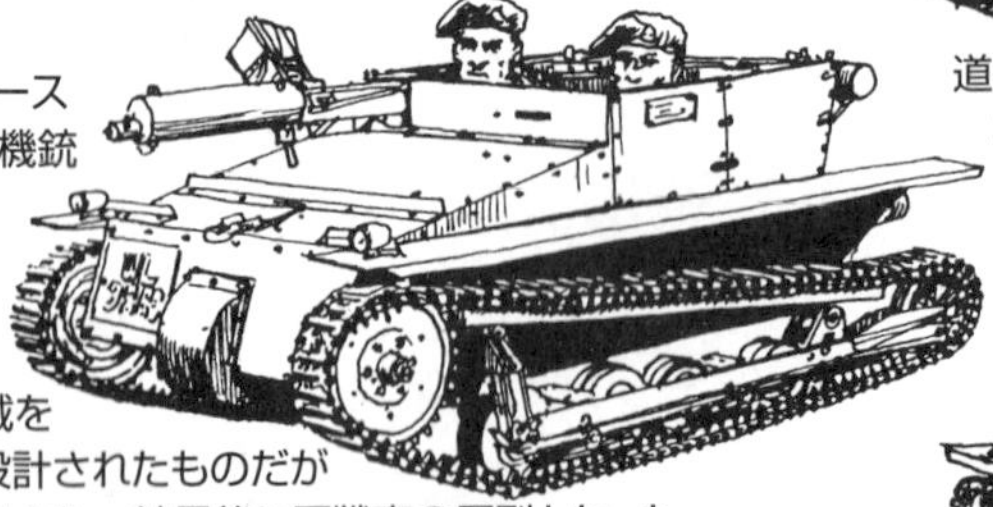

ビッカース
7.7mm機銃

機関銃搭載を
主目的に設計されたものだが
各国に輸出され、結果的に豆戦車の原型となった

●Mk.I哨戒戦車（1932）

重量2t、乗員2名
速度48.2km/h
7.7mm機銃×1
Mk.VIに砲塔を搭載

●A4E11軽水陸両用戦車

重量2,17t、乗員2名
速度43km/h、7.7mm機銃×1
イギリス陸軍では採用されず
中国、ソ連などへ販売された

●ブレンガン・キャリアー（1934）

Mk.VIの後継として
開発
イギリス陸軍に
大量配備された

重量3.8t、乗員2〜3名
速度48km/h、7.7mm機銃×1

■イタリア

●カルロ・ベローチェ 29豆戦車（1929）

原型は購入したカーデン・ロイド
重量1.7t、乗員2名、速度40km/h
6.5mm機銃×1

●カルロ・ベーチェ 33豆戦車（1933）

CV29の改良版
重量3.15t、乗員2名、速度42km/h、8mm機銃×2
1935年に細部が改良されL3/35と名称が変わった

■チェコスロバキア

●S-1（MV-4）豆戦車（1931）

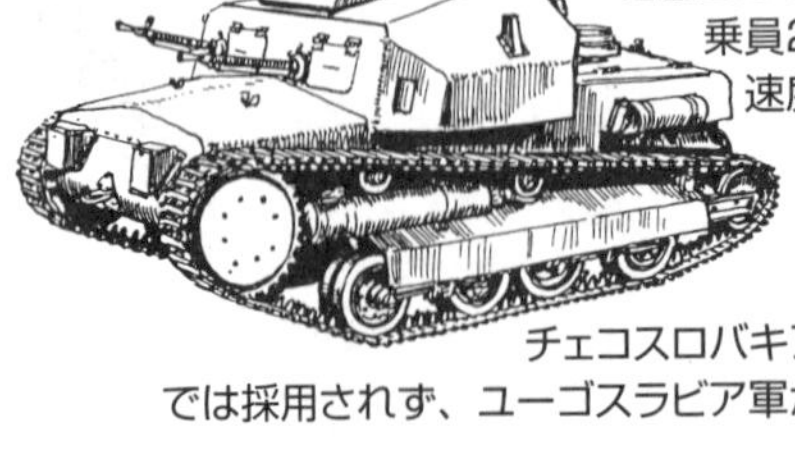

7.62mm機銃×2

重量2.3t
乗員2名
速度45km/h

チェコスロバキア陸軍
では採用されず、ユーゴスラビア軍が採用

■フランス

●ルノーUEキャリアー（1929）

武装無しの火器運搬車なのだが
カーデン・ロイド型なので載せました
重量2.6t、乗員2名、速度30km/h

■ソビエト・ロシア

一時の流行で作られた豆戦車は
実戦では防禦も火力も不足で、
やがて各国とも
ひと廻り
大きい
軽戦車を装備
するように
なります

●ヴェズジェード戦闘車両（1915）

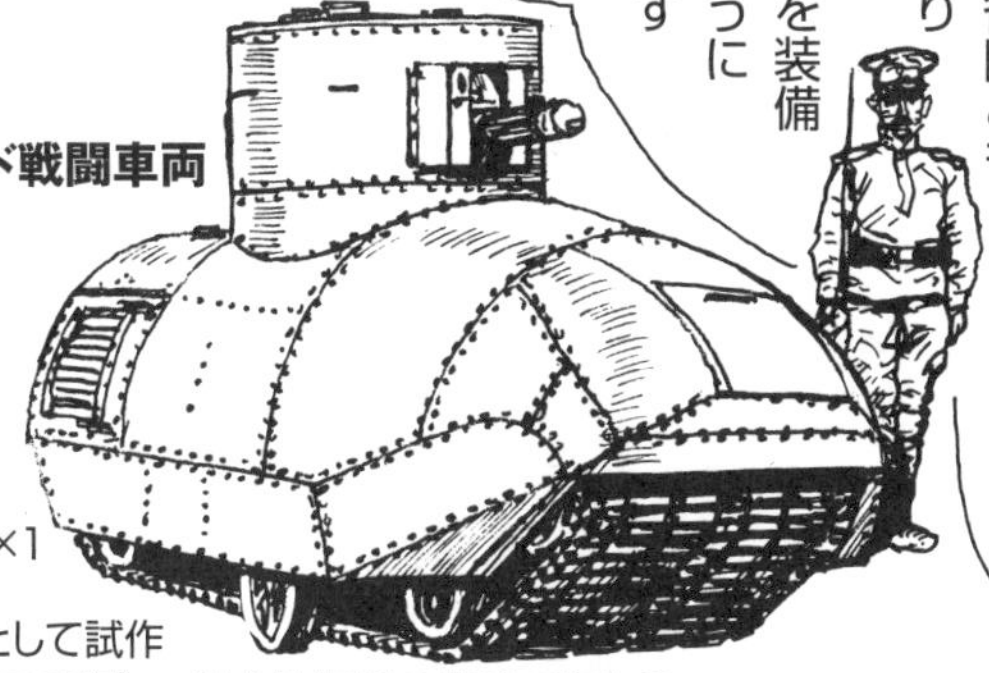

重量4t
乗員2名
速度25㎞/h
7.62㎜機銃×1

歩兵支援装甲車として試作
中央のキャタピラで走行し、操向は両側の車輪で行なう

●T-17「リリプート」豆戦車（1928）

重量2.4t、乗員1名、速度18㎞/h
7.62㎜機銃×1

鋼製
ベルト入り
ゴムキャタピラ

●T-27豆戦車（1931）

重量2.7t、乗員2名
速度42㎞/h
7.62㎜機銃×1

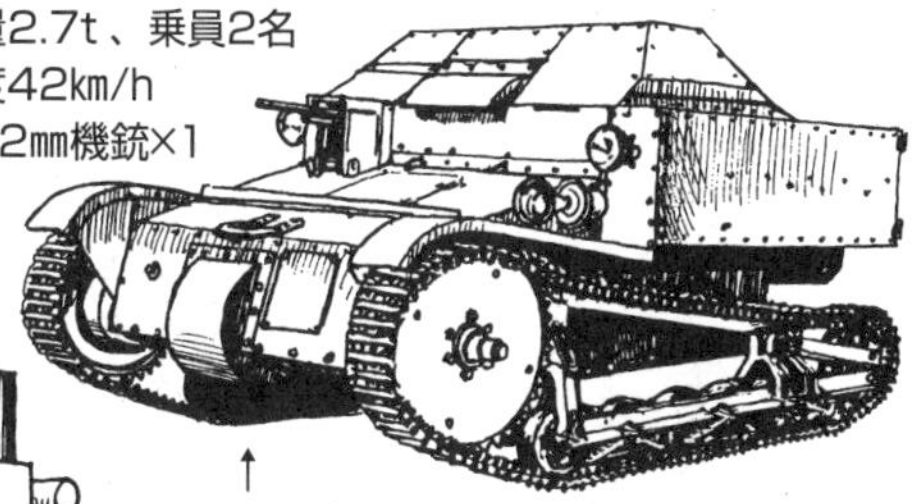

←カーデン・ロイドの国産化

昔の少年誌に
「世界一小さい
戦車」
ソ連で
ためしに
つくられた
一人乗りの
一トン戦車として
紹介されていたが、
現在の資料では
ヴェズジェードの
ことらしい
まぁ、
よくあることです

●T-33小型浮航戦車（1932）

重量3t、乗員2名
速度45㎞/h、7.62㎜機銃×1

●T-27自走砲（1931）

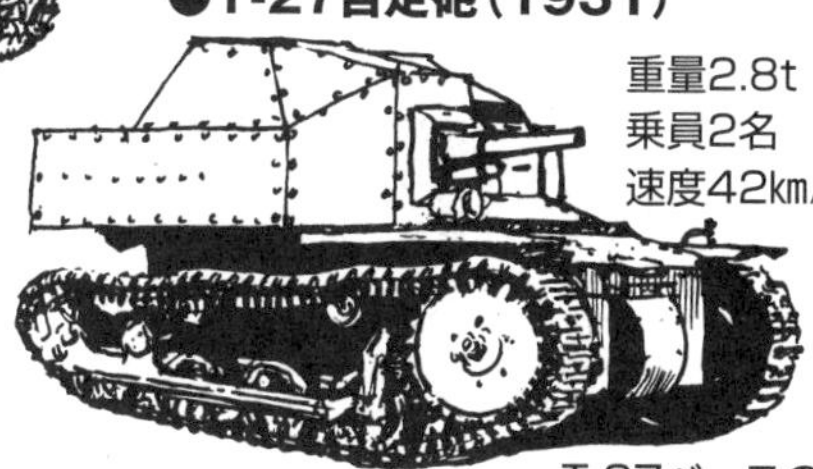

重量2.8t
乗員2名
速度42㎞/h

T-27ベースの
自走砲で37㎜砲を装備

●PPG豆戦車（1940）

重量1.7t、乗員2名
速度18㎞/h
7.62㎜機銃×2
車高86㎝

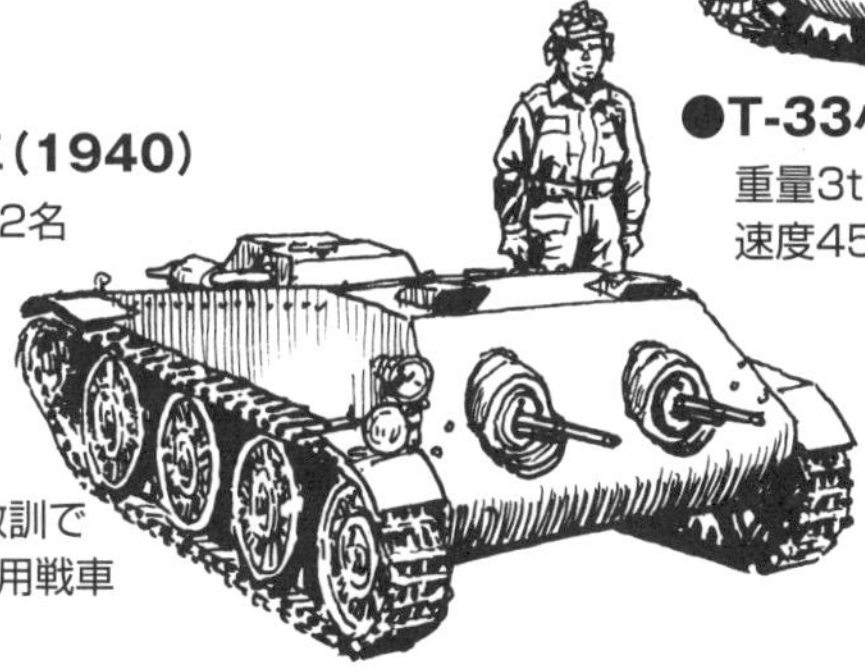

フィンランド戦争の教訓で
試作された陣地攻撃用戦車

■ポーランド

●TK.3豆戦車（1931）

1929年に製造された
カーデン・ロイド型TK.1の
改良型

重量2.4t、乗員2名
速度46㎞/h

7.92㎜
機銃×1

■アメリカ

●フォード3トン戦車（1918）

重量3.1t、乗員2名
速度12.8㎞/h、7.62機銃×1
第一次大戦用に製造されたが
間に合わず、15両だけ完成

●T1キャタピラ開発車台（1928）

重量1.5t
乗員1名
速度31.3㎞/h
7.62㎜機銃×1

鋼鉄製で
鋸式フレキシブルキャタピラ試験用車両

●T3軽戦車（1936）

重量6.4t、乗員2名、速度56.3㎞/h
7.62㎜機銃

T3は、豆戦車とは
言えないのですが
見た目にはそれっ
ぽいので載せました
データ上では一番
強いかもネ

参考資料『ソビエト・ロシア戦車車両大系（上）』ガリレオ出版
『世界の戦車1915～1945』大日本絵画

射撃も操縦も一人でOK 無敵かめのこ戦車!!

1960年代の
少年誌に
載っていた
ヒミツ戦車を紹介
歩兵が歩いて
戦うのはもう古い!!
アメリカで発明された
ワンマンタンク
車体の回りの650発の
銃弾はボタンひとつで
四方に発射される
車体は敵弾を
はね返す鋼鉄製だ

全長約3m
全高約80㎝
7.7㎜機銃×2
対戦車ロケット弾8発

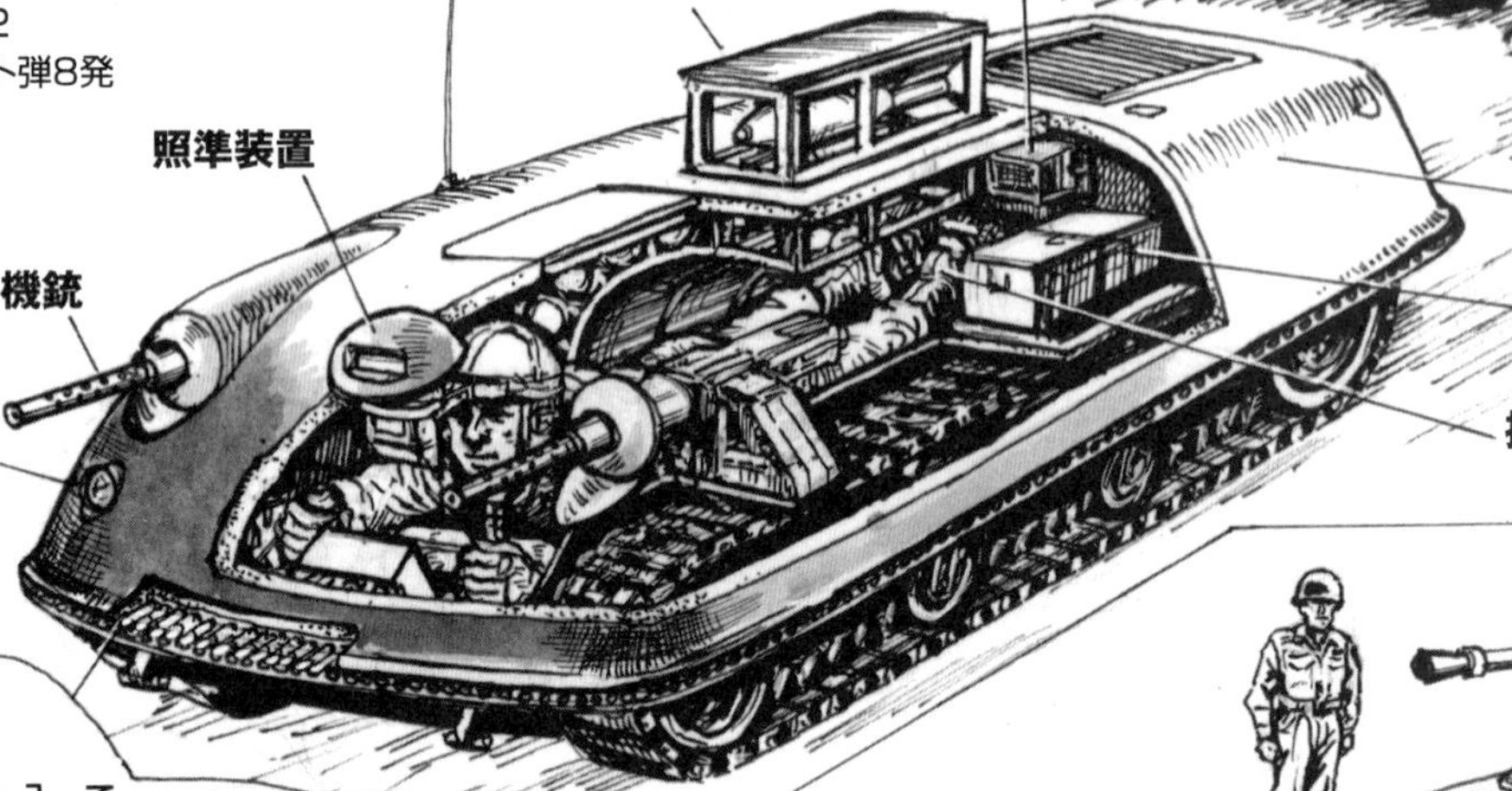
せり上がり式
ロケット発射台
換気装置
照準装置
7.7㎜機銃
ヘッドライト
エンジン
バッテリー
操縦は両足で行なう

兵士は腹ばいに
なり、手と足で
射撃、操縦を
する。
車体の廻りに
650もの
穴があり、
ここに機銃弾が
入っていて
敵に囲まれた時に
発射

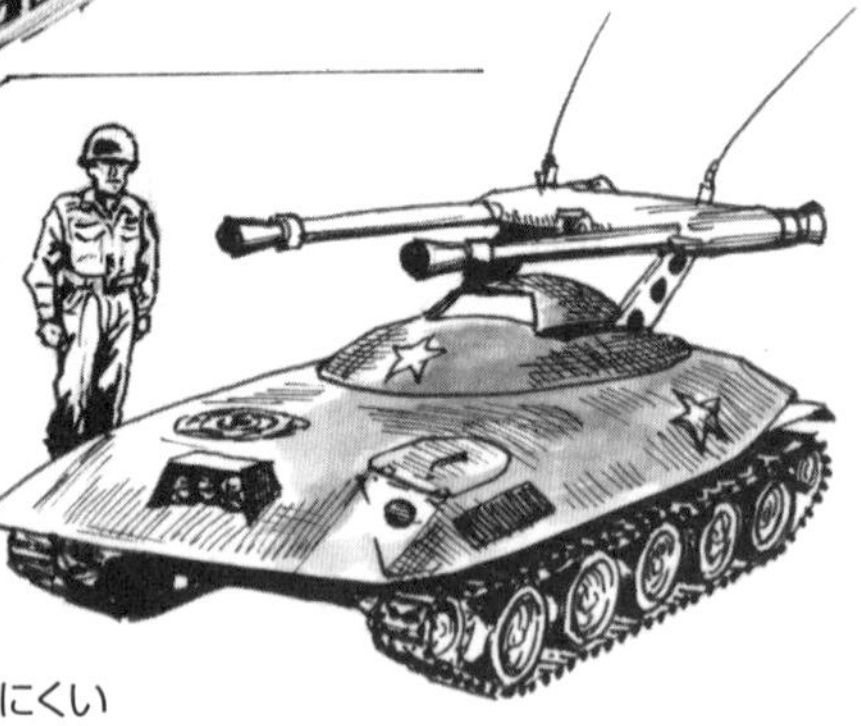

◎陸戦の花形
一人乗り最新型戦車

飛行機に乗せて運ぶ
長さ4m 、高さはわずか150㎝
敵から発見されにくく弾丸も当たりにくい
はらばいで操縦し、2門の40㎜機関銃と、7.62㎜機関銃を操作
未来の軽戦車だ。（1966年少年誌）

日本にもあったワンマンタンク?

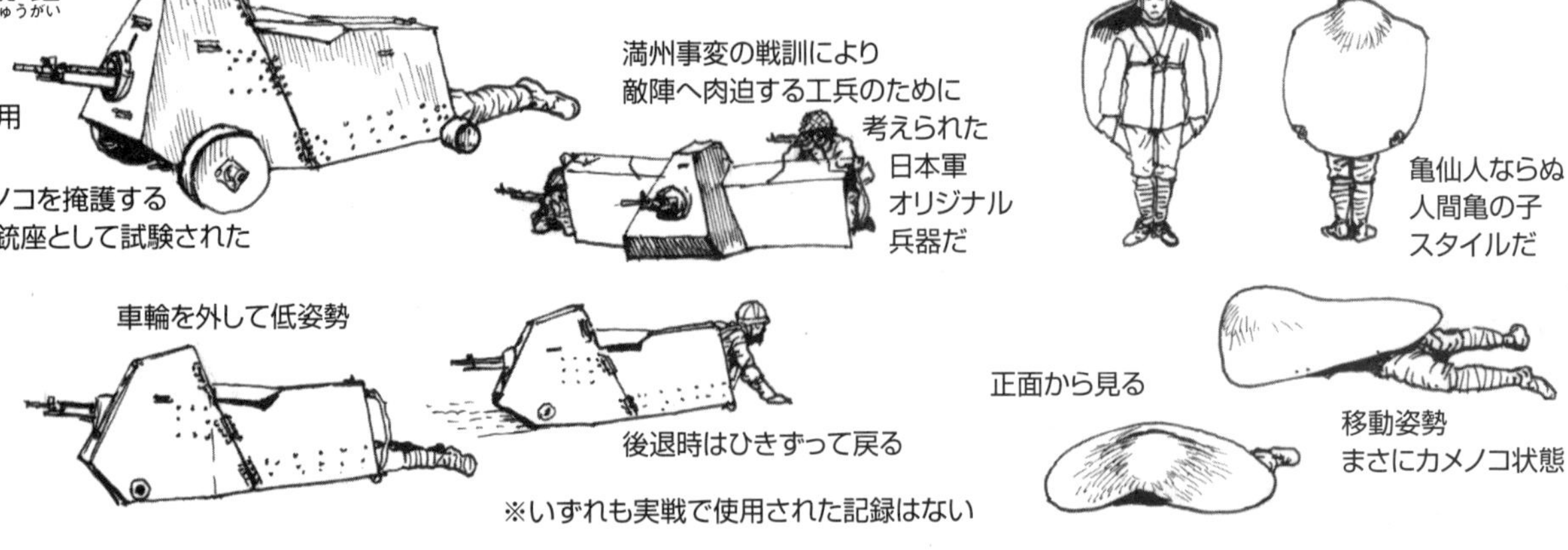
◎銃鐙《じゅうがい》
軽機関銃用
カメノコを掩護する
移動銃座として試験された
満州事変の戦訓により
敵陣へ肉迫する工兵のために
考えられた
日本軍
オリジナル
兵器だ
◎兵士用
亀仙人ならぬ
人間亀の子
スタイルだ
車輪を外して低姿勢
後退時はひきずって戻る
正面から見る
移動姿勢
まさにカメノコ状態

※いずれも実戦で使用された記録はない

歩兵支援戦車

低速ながらも重装甲で敵弾を跳ね返し
歩兵部隊を支援しつつ敵陣地に突撃!!
「戦場の女王」マチルダ歩兵戦車はドイツ軍を蹂躙!?

塹壕戦の打開兵器として第一次世界大戦に登場した戦車は格好の歩兵支援兵器でもあった。第二次世界大戦でも同様に歩兵部隊を守るための戦車が多数開発されている。

●歩兵と戦車

第一次世界大戦における塹壕戦の打開兵器として開発された戦車は、敵戦線に突破口を開け戦場の主役である歩兵の突撃を援護する歩兵支援兵器だったのです。

ところが第2次世界大戦ではドイツ軍が戦車を中心とした装甲部隊を編成、敵前線を突破したあと戦車の突進力をもって一気に戦果を広げる電撃戦を展開、戦場の主役を戦車としたのでした。

しかし、戦場を支配するのはやはり歩兵であり、その歩兵部隊を守る戦車が必要とされました。

先日、
松竹映画(1940年)
「西住戦車長伝」を観て
八九式戦車のカッコ良さに
感激、
まさに
歩兵支援戦車の
神髄を
見たのでありました。

■イギリス

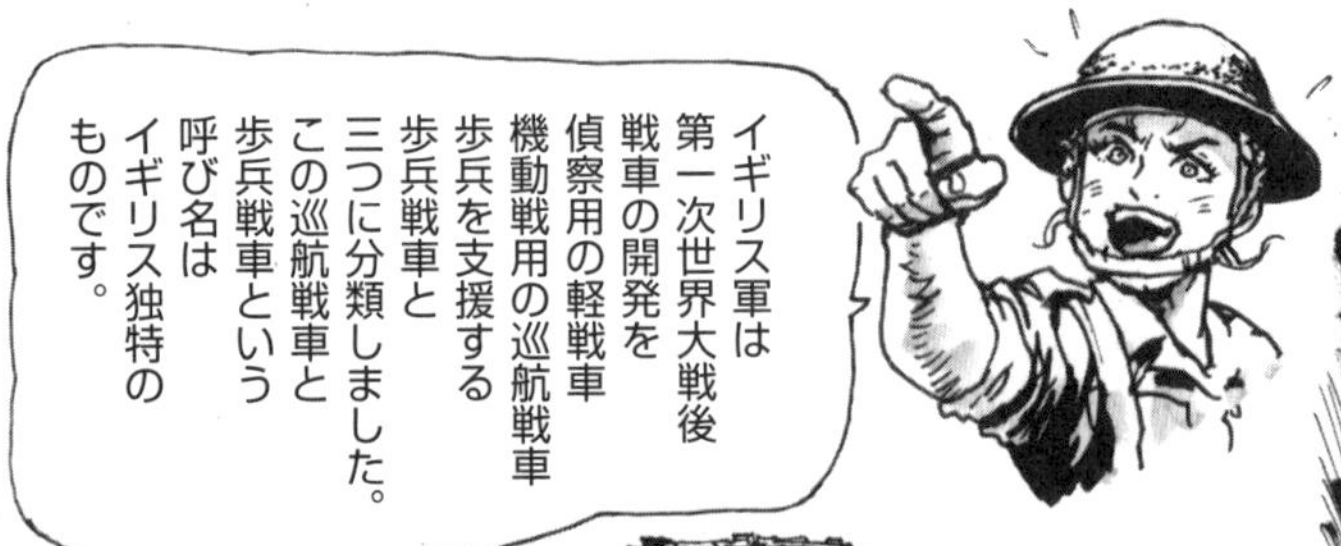
イギリス軍は第一次世界大戦後戦車の開発を偵察用の軽戦車機動戦用の巡航戦車歩兵を支援する歩兵戦車と三つに分類しました。この巡航戦車と歩兵戦車という呼び名はイギリス独特のものです。

（40㎜砲）

●歩兵戦車「チャーチル」
イギリス歩兵戦車の決定版
防御力は抜群だ

歩兵戦車は
歩兵の直接支援を
目的としていたので
防御力に主眼が
おかれ、スピードは
歩兵の行動
速度しか要求
されていない。
つまり、
重装甲で遅い!!

●歩兵戦車「マチルダ」Ⅱ

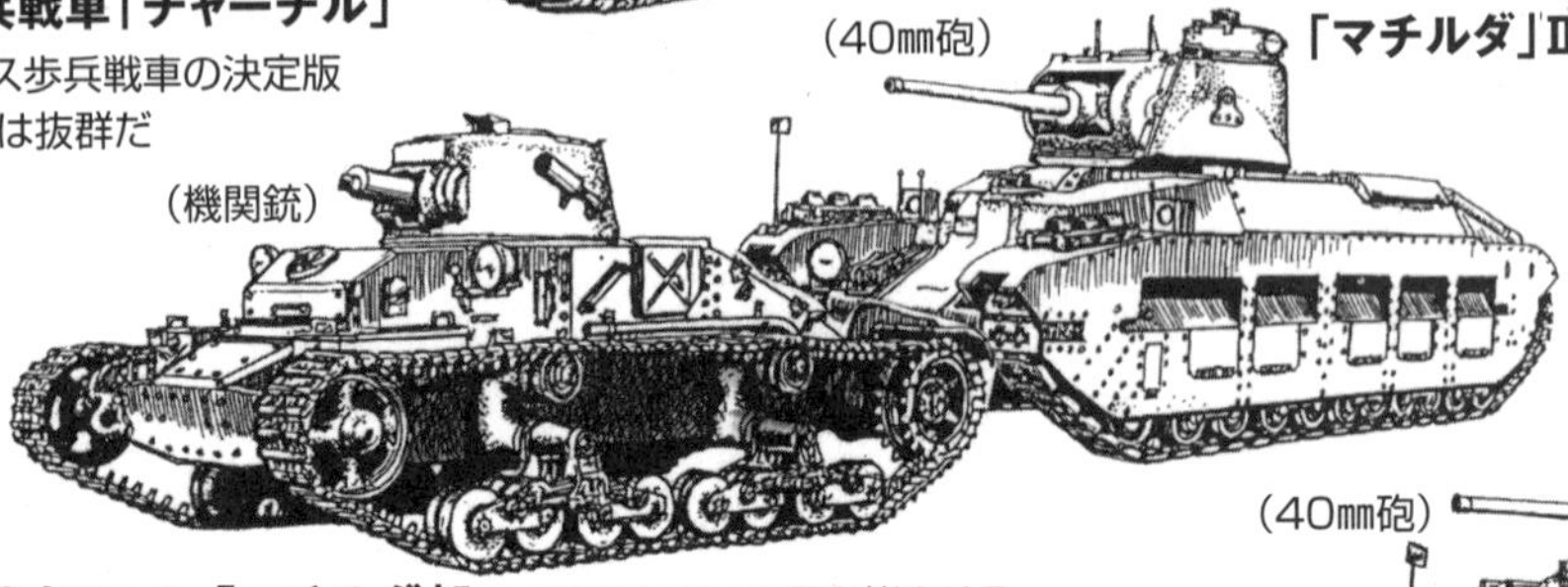
（40㎜砲）
（機関銃）

●歩兵戦車Mk1 「マチルダ」Ⅰ
重装甲でドイツ軍を悩ませる
当時のドイツ軍対戦車砲では撃破できず
88㎜高射砲の水平射撃で破壊された
最大速度12.4㎞/h　MkⅡは24㎞/h

（40㎜砲）

●歩兵戦車MkⅢ「バレンタイン」
武器貸与法でソ連へ輸出
堅牢で安定性があると
好評だった

イギリス軍の歩兵戦車は防御力は良かったが、
主砲の威力が弱いので、速度が遅いところを遠距離より
重対戦車砲で撃破されてしまった

■アメリカ

アメリカ軍は
M4シャーマンを
大量に生産したので
特に歩兵支援戦車は
無かった

●M4「シャーマン」
105㎜砲搭載型
火力支援型で
歩兵支援とはいえない車両だ

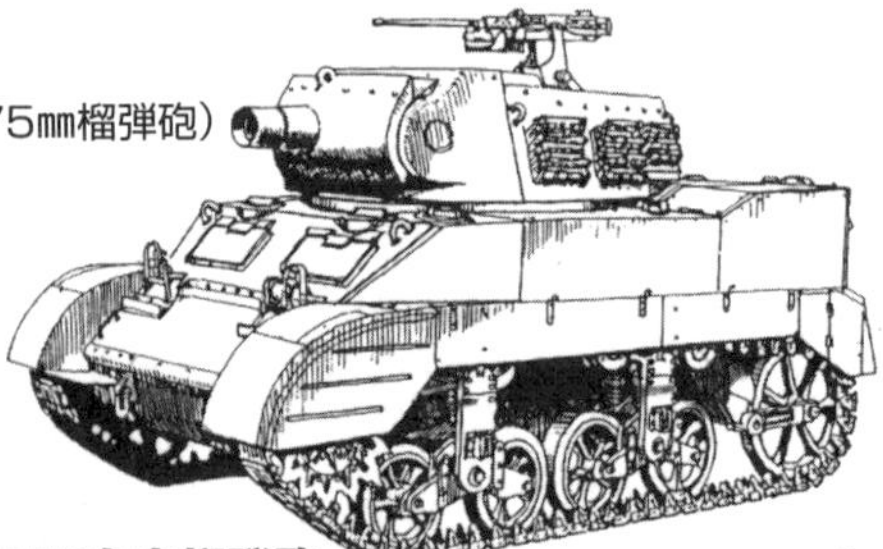
（75㎜榴弾砲）

●M8自走榴弾砲
機甲歩兵支援用に開発

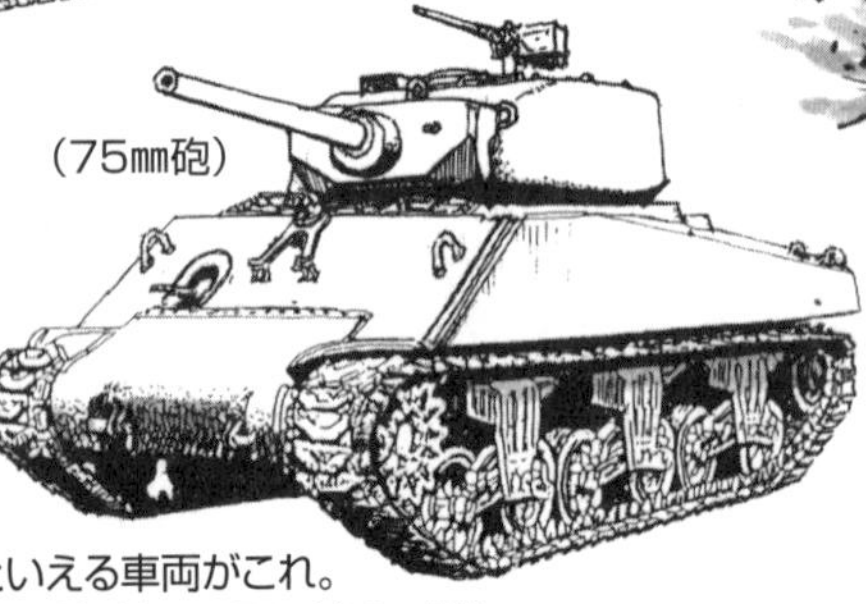
（75㎜砲）

●M4A3E2
「ジャンボ」
突撃戦車

アメリカ軍で
歩兵支援戦車といえる車両がこれ。
シャーマン戦車に増加装甲を取り付けて製作

一部の
M4は
車外電話により
歩兵と協力して
戦闘できた

■ドイツ

ドイツ軍では突撃砲や
自走砲は砲兵隊の
所属だったので兵科色は
赤色（戦車隊はピンク）で
搭乗服もフィールドグレイ
エリ章もちがいます

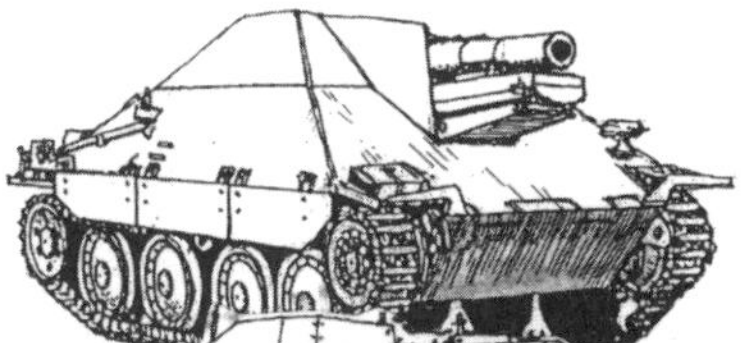
●重歩兵砲「ヘッツァー」

●Ⅳ号突撃榴弾砲「ブルームベア」

●重歩兵砲「グリレ」K型

●Ⅲ号突撃歩兵砲

●Ⅱ号重歩兵砲「バイソン」

●重歩兵砲「グリレ」H型

●Ⅰ号重歩兵砲

突撃砲とは別に、歩兵の火力支援として前線間近で活動するのが自走重歩兵砲だ
ドイツ軍最大の直接支援火砲sIG33・15㎝重歩兵砲を装備している

●Ⅲ号突撃榴弾砲（105㎜榴弾砲装備）

●Ⅲ号突撃砲（75㎜榴弾砲）

ドイツ軍は早くから戦車部隊を編成したため歩兵部隊を支援する装甲車両を考え突撃砲という歩兵支援戦車を誕生させた

突撃砲は最前線で歩兵部隊と戦闘を共にして歩兵の守り神として頼りにされた

■ソ連

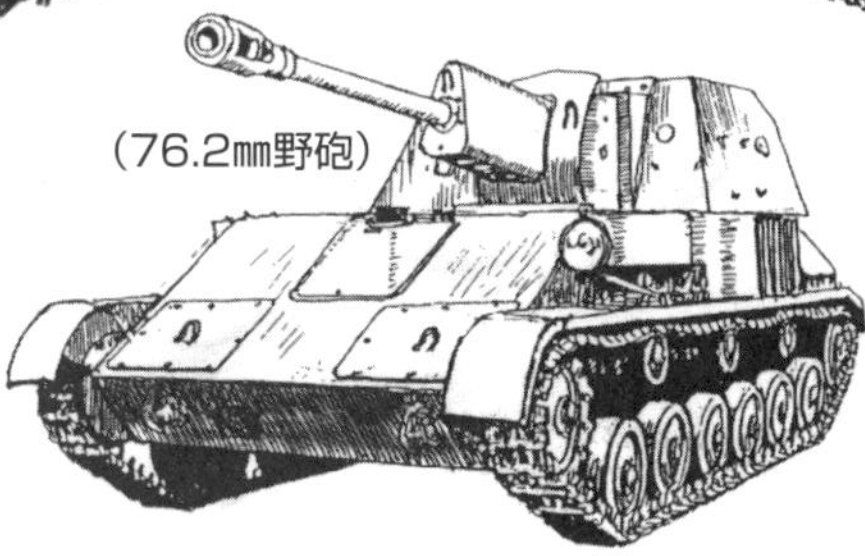
●SU76軽突撃砲（76.2㎜野砲）

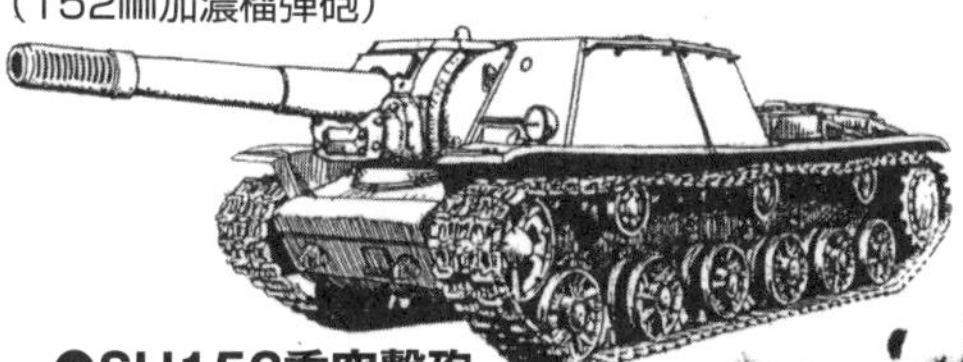
●SU152重突撃砲（152㎜加濃榴弾砲）

●SU122中突撃砲（122㎜榴弾砲）

ソ連軍もドイツ軍をまねて突撃砲を製作
SU76は歩兵支援として使用されたが
中・重突撃砲は対戦車自走砲として使われている

●戦車支援歩兵
ソ連軍の戦術「タンク・デサント」は敵陣に突撃する戦車を歩兵が守るために戦車に乗っている

現在では歩兵も機械化されて装甲戦闘車両を装備しており、歩兵支援戦車という車両はありません。

　しかし、敵歩兵のもつ対戦車兵器が発達し主力戦車でさえ損害を受けるようになり、戦車とともに最前線で行動する歩兵戦闘車も高い防御力を備える必要に迫られてきました。

　現在では各国で旧式化した戦車を兵員輸送車に改造した車両が使われています。

この分野では戦訓をもとに、イスラエルとロシアが熱心です

■イスラエル

●アチザリット歩兵輸送車（T54/T55）

第3次中東戦争で捕獲した戦車を改造

乗員3名、歩兵7名が搭乗できる

後部に乗員室に通じる通路あり

※車名付随の（　　）内の名称はベースとなった戦車を表す

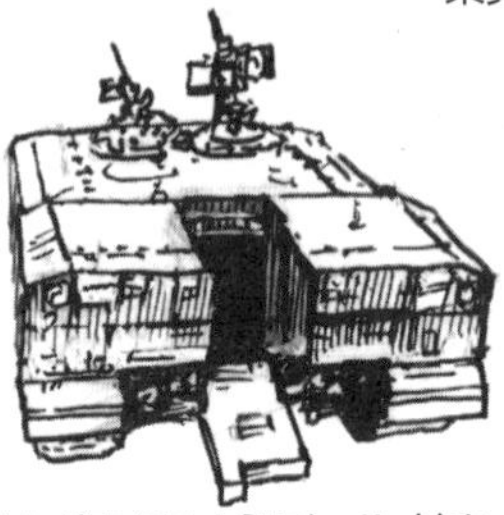

車体前面、上面、底面に追加装甲

乗員は操縦手、車長、銃手、歩兵8名の計11名、車内に長くとどまれるようにトイレ付き

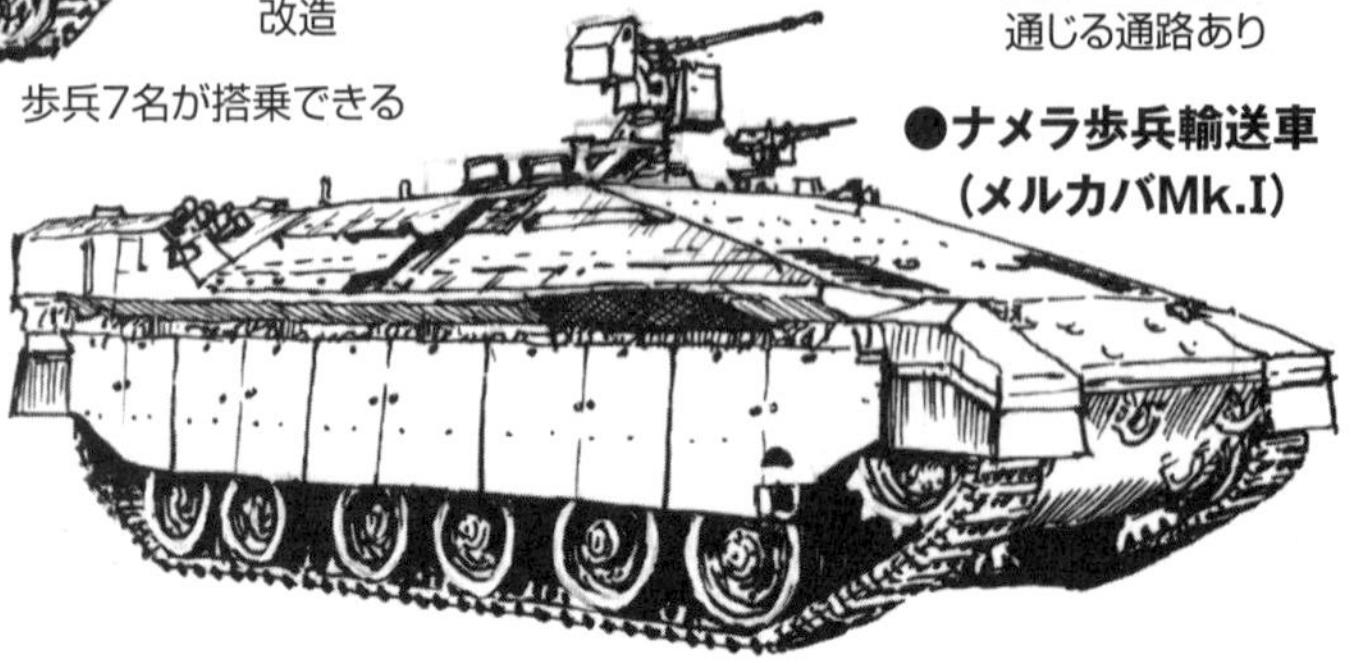

●ナメラ歩兵輸送車（メルカバMk.I）

■ロシア

●BMPT 戦車支援戦闘車両（T72）

30㎜機関砲×2
対戦車ミサイル×4

対空
対戦車
能力をもつ
万能護衛車両
乗員5名

●BTR-T装甲兵員輸送車（T55）

乗員2名、歩兵5名

小型砲塔に武装バリエーションがある
図は30㎜機関砲と
9M113対戦車ミサイルを装備

ロシア軍はチェチェン紛争でＢＭＰ等の装甲兵員輸送車が対戦車兵器により大きな損害を受けた戦訓として防御力の高い戦車の改造開発が進められている

20㎜機関砲

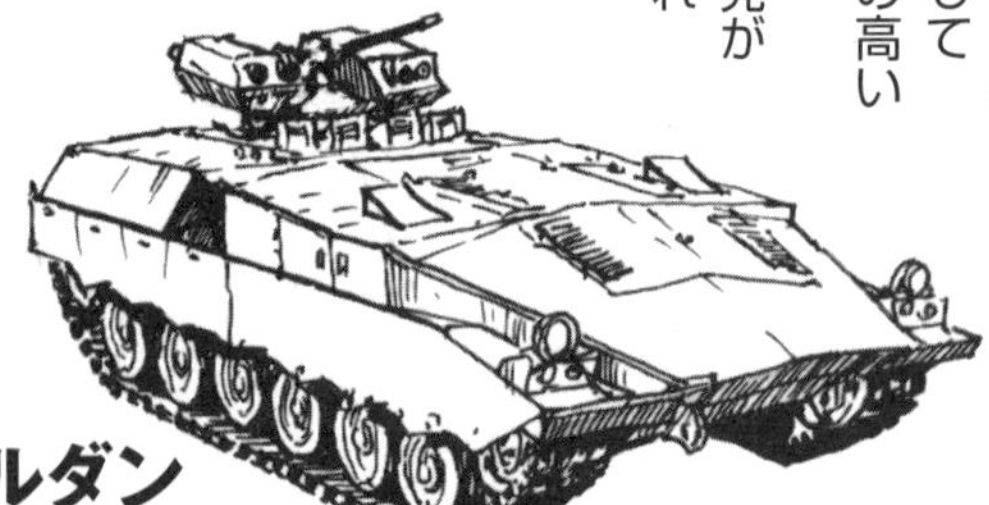

■ヨルダン

●AB-14テムシャ（センチュリオン）

乗員2名、歩兵10名

■ウクライナ

30㎜機関砲

●BMPV-64（T64）

乗員3名、歩兵12名

戦車の集団運用をするため早くから無線の活用が考えられていたが、1930年代ではドイツ軍以外では指揮戦車(隊長車)のみに装備する国がほとんどだった。

指揮戦車

見よ!
先頭で叫ぶ砂漠の鬼将軍
ロンメル将軍の勇姿!!

●Sd.Kfz.250/3「グライフ」

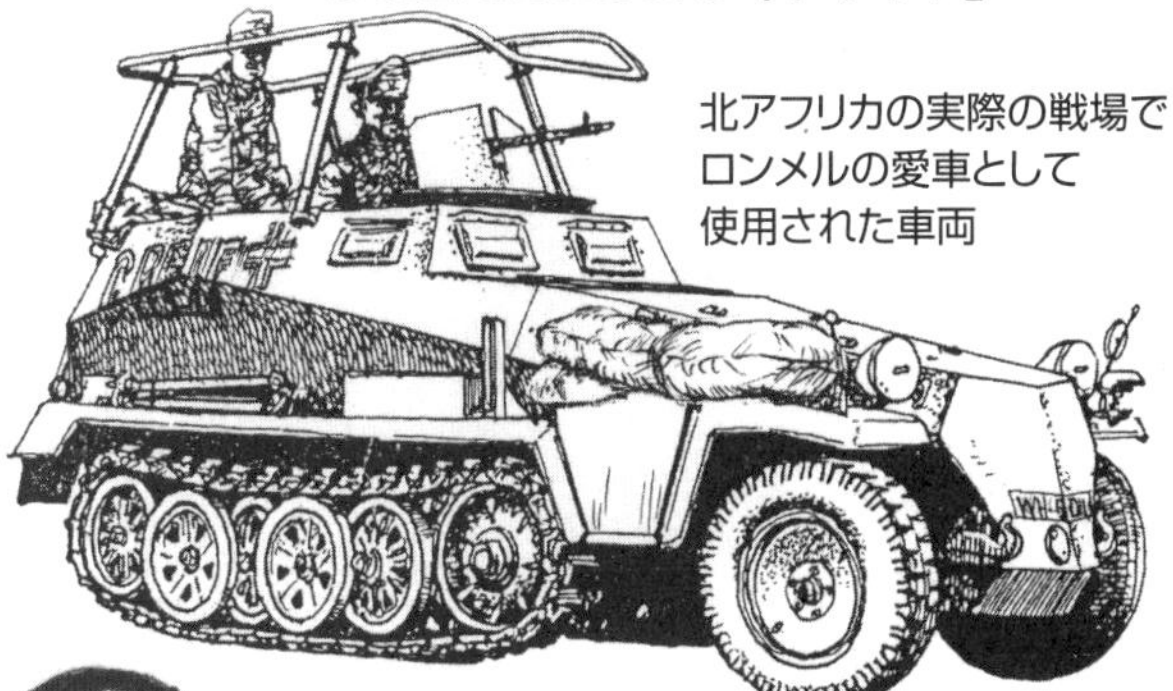

北アフリカの実際の戦場で
ロンメルの愛車として
使用された車両

ハーフトラック250シリーズの
無線機を増設した指揮車型だ
他の機甲部隊の幹部も使用している

■先頭で突進する指揮戦車

その昔、『週刊少年サンデー』で見た高荷義之先生のロンメルのイラストが指揮戦車の活躍をみごとに現していました。

そんなわけで指揮戦車のご紹介です。

指揮戦車は他の戦車よりアンテナが多いのですぐわかり、戦場でも当然狙われます。

やがて、第一線に出る指揮戦車は主力である中戦車と同型の車両となり、はじめは無線器を積むために降ろしていた戦車砲も装備するようになります。

この種類の戦車を大量に使用したのが第2次世界大戦のドイツ軍で、無線機を標準装備した戦車部隊が司令部と密接に連絡を取りあって敵部隊の動きに対応。これを完膚なきまでに打ち破ったのでした。

■1930年代になると無線機も戦車に搭載できる性能となるが、ドイツ軍以外は指揮戦車(隊長車)のみに装備する国がほとんどだった

■戦車の集団運用を考えて早くから無線機を積んだ指揮戦車は造られていたが、無線機の性能が悪く、搭載しているのは指揮戦車のみだった。これでは上級司令部の命令を受けるだけで、戦車部隊の指揮はとれなかった

実戦で指揮戦車を、いち早く投入！
速度を生かした機動戦に大勝利したドイツ軍

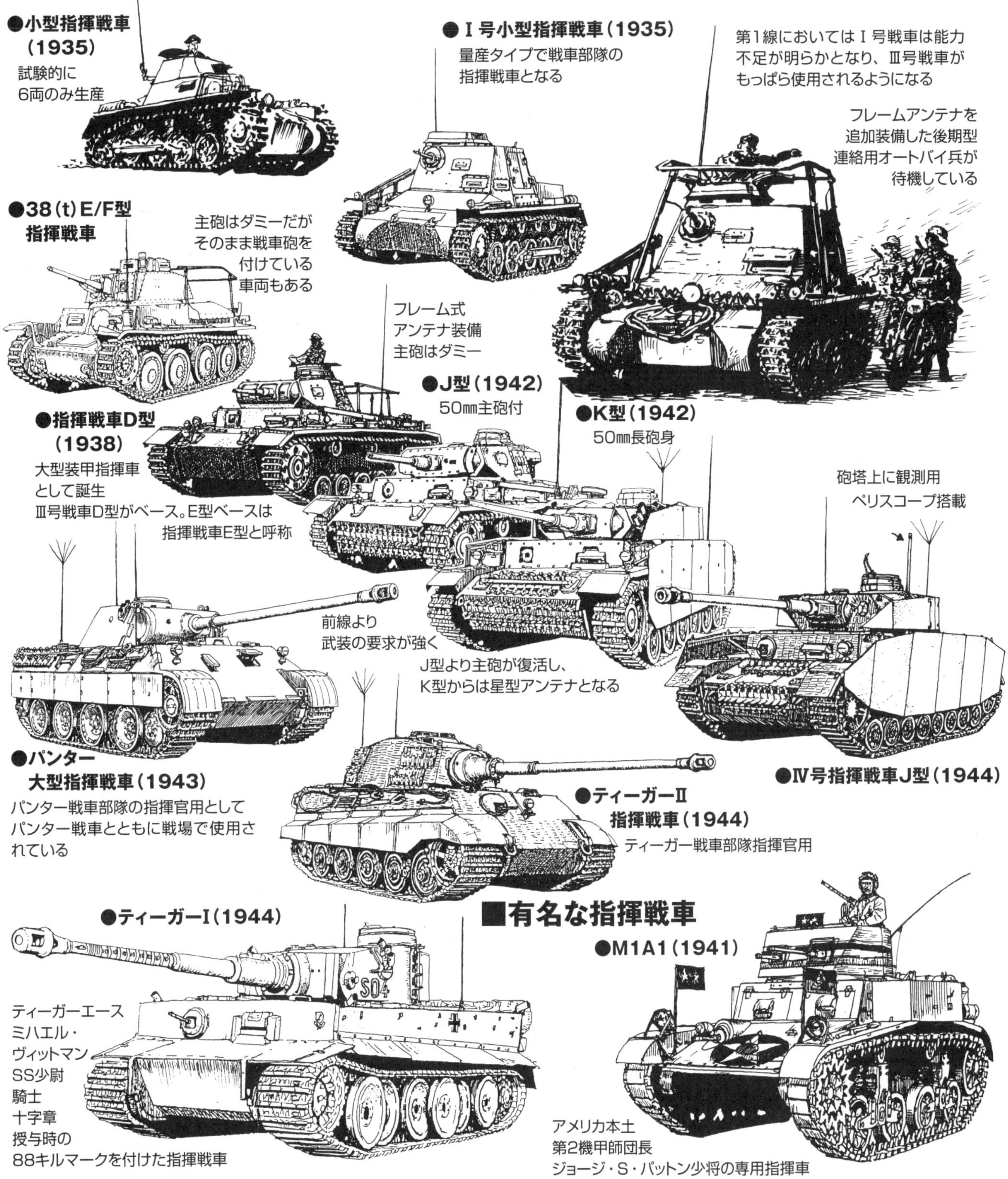

※Ⅲ号戦車ベースの指揮戦車の正式名はPanzerbefehlswagenで、日本語に訳すとそのまま「指揮戦車」となるが、一般的には「Ⅲ号指揮戦車」という名称で知られている。

※(　)内に国名表記がないものはアメリカの開発。
ソ連は現ロシア

無線機が進歩した現在では
データ通信で画像まで
見られるようになり、
指揮戦車が第1線へ
出るようなことはない。
指揮車両は装甲車が主流だ

●M577コマンド・ポスト（1960）

M113シリーズのバリエーション
各種無線／指揮装置を搭載
兵員輸送型に次いで多数が使用されている
メーカーが自主開発したM113C&Rは
アメリカでは採用されなかった

●BMP-1Ksh装甲指揮車（ソ連・1972）

戦車連隊が
自動化狙撃連隊本部用
折りたたみ式の
アンテナ・ポールを搭載。
通信のための
センター機能をもつ

●M114指揮・偵察車（1963）

M113の小型版

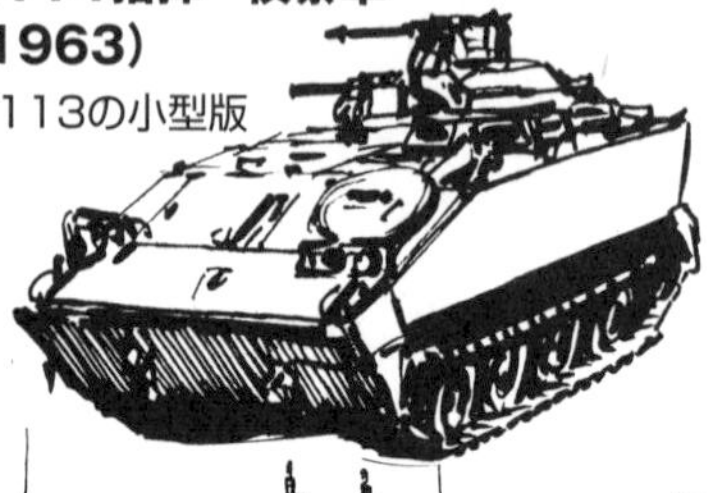

●M113C&R リンクス指揮・偵察車（1963）

カナダとオランダが採用

●BTR-50N指揮車　（ソ連・1958）

中東戦争で
アラブ側が使用

●FV432指揮車（イギリス・1962）

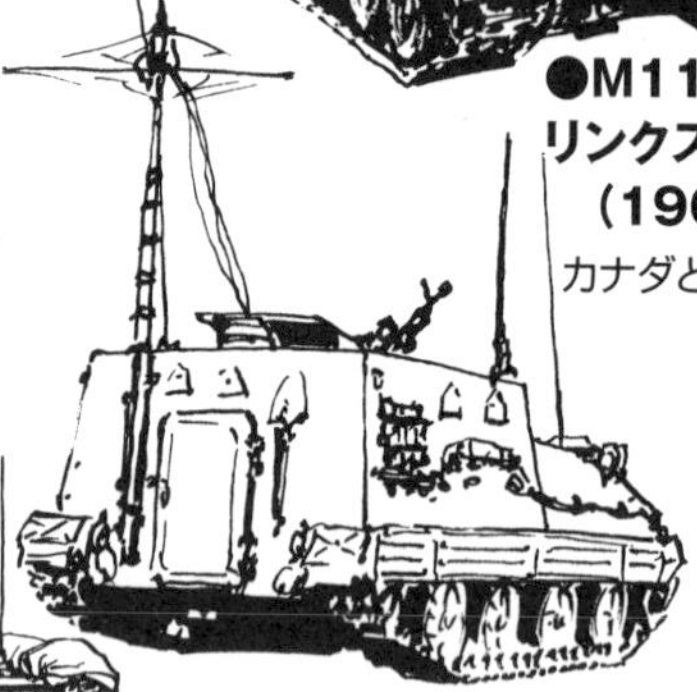

●YW702指揮車（中国・1970）

YW531装甲車の
兵員室を大きくした
指揮官用車両
としても使用

●ObieKt940指揮車（ソ連・1976）

制式装備
とはならず

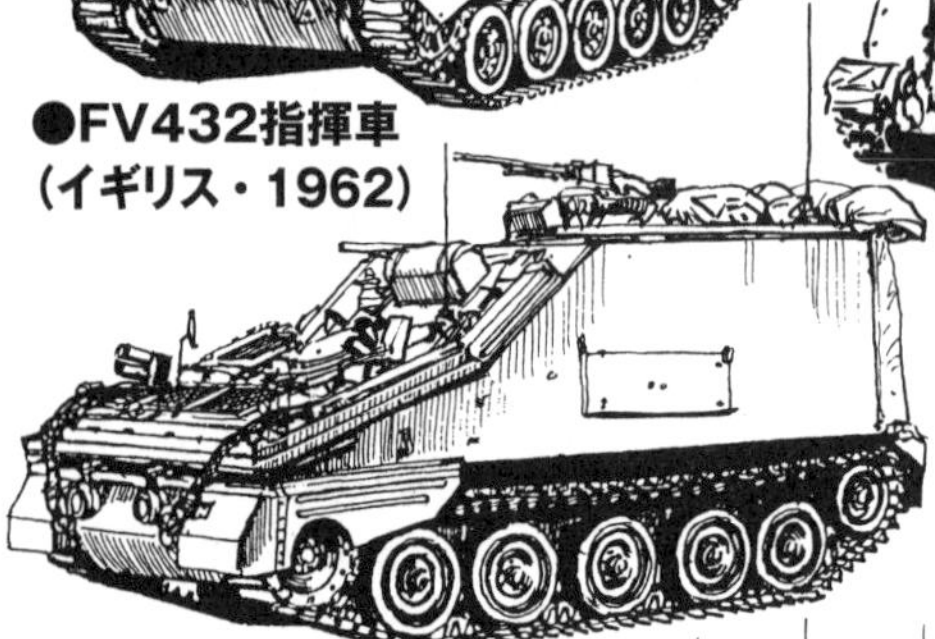

●サルタンFV105（イギリス・1977）

スパータン装甲車を改造
車体後部に作戦室をもつ

●MT-LB汎用装甲車（ソ連・1964）

広い貨物室は使い勝
手がよく、指揮車に
も改修できた

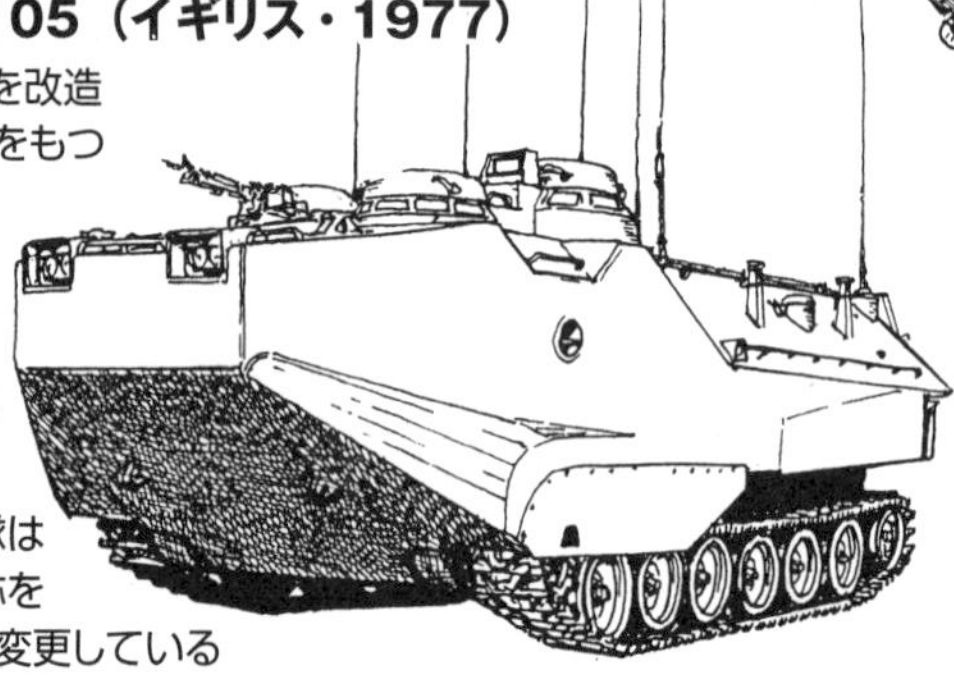

●LVTC7 指揮・通信車（1970）

アメリカ海兵隊は
LVTC7の名称を
AAVC7A1に変更している

●1V12 砲兵指揮観測車（ソ連・1970）

MT-LBを
ベースに開発された車両

■

塹壕戦を打開する切り札として第一次世界大戦に登場した戦車〔TANK〕は、歩兵を支援し、強固な敵陣地を攻撃する兵器だ。それ故に、敵トーチカなどを攻撃するための火炎放射器を装備した形式の登場は必然といえた。

火炎放射戦車

ソ連が最初に開発したT-26をベースにした火炎放射戦車OT-26。ノモンハンで実戦に投入され、その後フィンランド侵攻にも使用されたが、放射距離の短さが問題となった。

■ソ連

●OT-26

T-26をベースとした

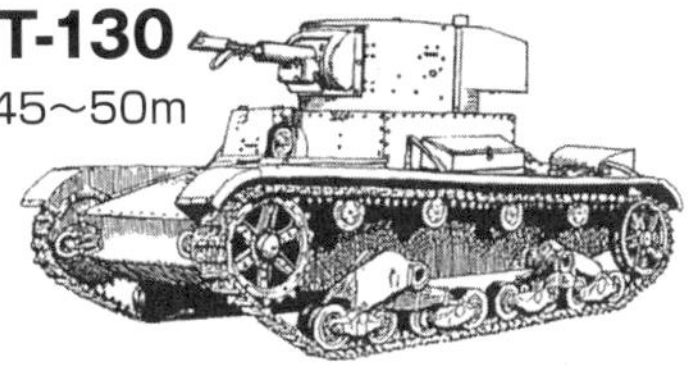

●OT-130

射程45～50m

●T-134

戦訓により主砲を装備
車体に放射器を装備している

●OT-34/85

射程60～120m

●TO-55

第2次世界大戦後も開発していたぞ

射程200m

●OT-34/76

射程60～120m
主砲はそのまま使える

T-34やKVをベースにしたものは1942年より開発

●KV-8

●KV-8S

主砲防盾の右側に装備
主砲は75㎜砲から45㎜砲に換装されている

ジャングルもろともベトコンを焼き払うつもりだった
「ジッポーズ」
●M67A2
M48A2を改造
射程180～200m
●M3火炎放射戦車
不採用
射程32m
●M132
火炎放射戦車
M113兵員輸送車を改造
射程150m
●POA-CWS-H5火炎放射戦車
105㎜砲もそのまま使える火炎放射型
太平洋戦争には間に合わなかったが朝鮮戦争で使用
射程55m

●Sdkfz251/16

ドイツの自走火炎放射装甲車両
工兵隊が装備した
射程45m
1基使用時は
60m

■日本

●装甲作業器

日本軍は工兵がさまざまな用途に
使用する装甲車両として開発
その装置のひとつとして
トーチカ攻撃用に
火炎放射器を
装備していた
射程30m

■イタリア

●CV33(L3)火炎放射戦車

イタリア軍がエチオピア侵攻時に使った豆戦車の火炎放射型。射程80m。ドイツもこのときの活躍に注目して火炎放射戦車の開発を始めた。

■アメリカ

南太平洋の諸島をめぐる戦いで、アメリカ軍は降伏を拒み必死で戦う日本軍に対し、火炎放射戦車が有益な兵器と判断した。

●LVT火炎放射型
LVT-4に搭載
ペリリュー島などで使用
射程70m

●サタン火炎放射戦車
M3A1軽戦車改造
サイパンで実戦初登場
射程55～73m

●M5A1火炎放射戦車
射程90m
試作のみ

●M4シャーマン火炎放射戦車
アメリカ軍のエース登場
M3A1型に交代して出てきた恐怖の大魔王だ

●M3A1火炎放射戦車
射程55～73m
グアム島の戦いより攻撃に参加

●POA-CWS-H1火炎放射戦車
火炎放射戦車と見破られないように75mm砲身内に放射ノズルを装備
砲塔は左右合わせて260度旋回。硫黄島から実戦参加
射程55～73m

■ドイツ

フランスのマジノ線攻撃用に開発、その後しぶといソ連軍を相手に使用された。

●I号戦車

右側機銃を外して歩兵用火炎放射器を装備した現地改造戦車

スペイン内乱とトブルク戦線で使用。射程25m

●II号火炎放射戦車

II号D型を改造した初めての本格的な火炎放射戦車

放射ノズルを2基搭載。射程40m

●III号火炎放射戦車

スターリングラードの戦訓により開発

III号M型を改造

射程60m

●火炎放射突撃砲

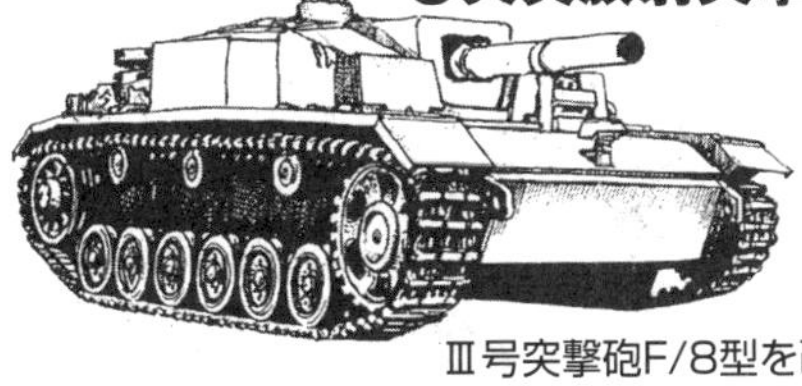

III号突撃砲F/8型を改造
III号戦車と同じ放射器を搭載
実戦には使用されず

●ヘッツァー火炎放射戦車

射程45m
アルデンヌ作戦で使用

●B2戦車(f)火炎放射戦車

フランスのシャールB1bisを改造

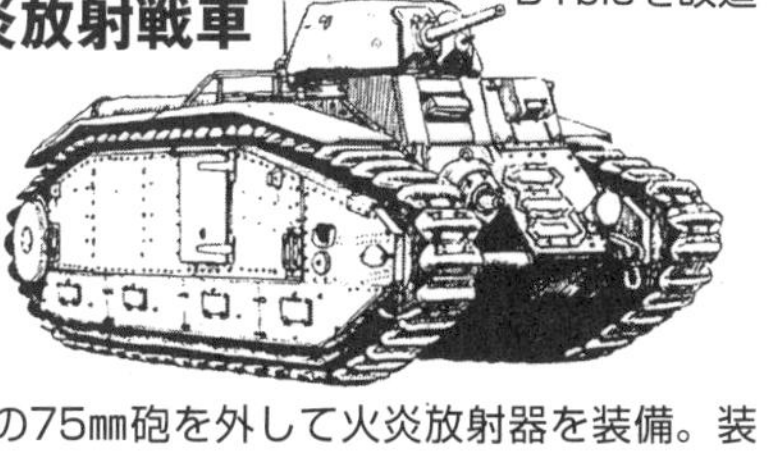

車体の75mm砲を外して火炎放射器を装備。装甲が厚く、火炎放射戦車には最適だった
射程40～45m

※M4シャーマン型が完成してからは軽戦車の火炎放射型は使用されなくなる。迫り来る巨象のごときシャーマン戦車に対し、有効な対戦車兵器を持たない日本兵は、焼き殺されるというよりは燃焼による酸欠で命を奪われた。

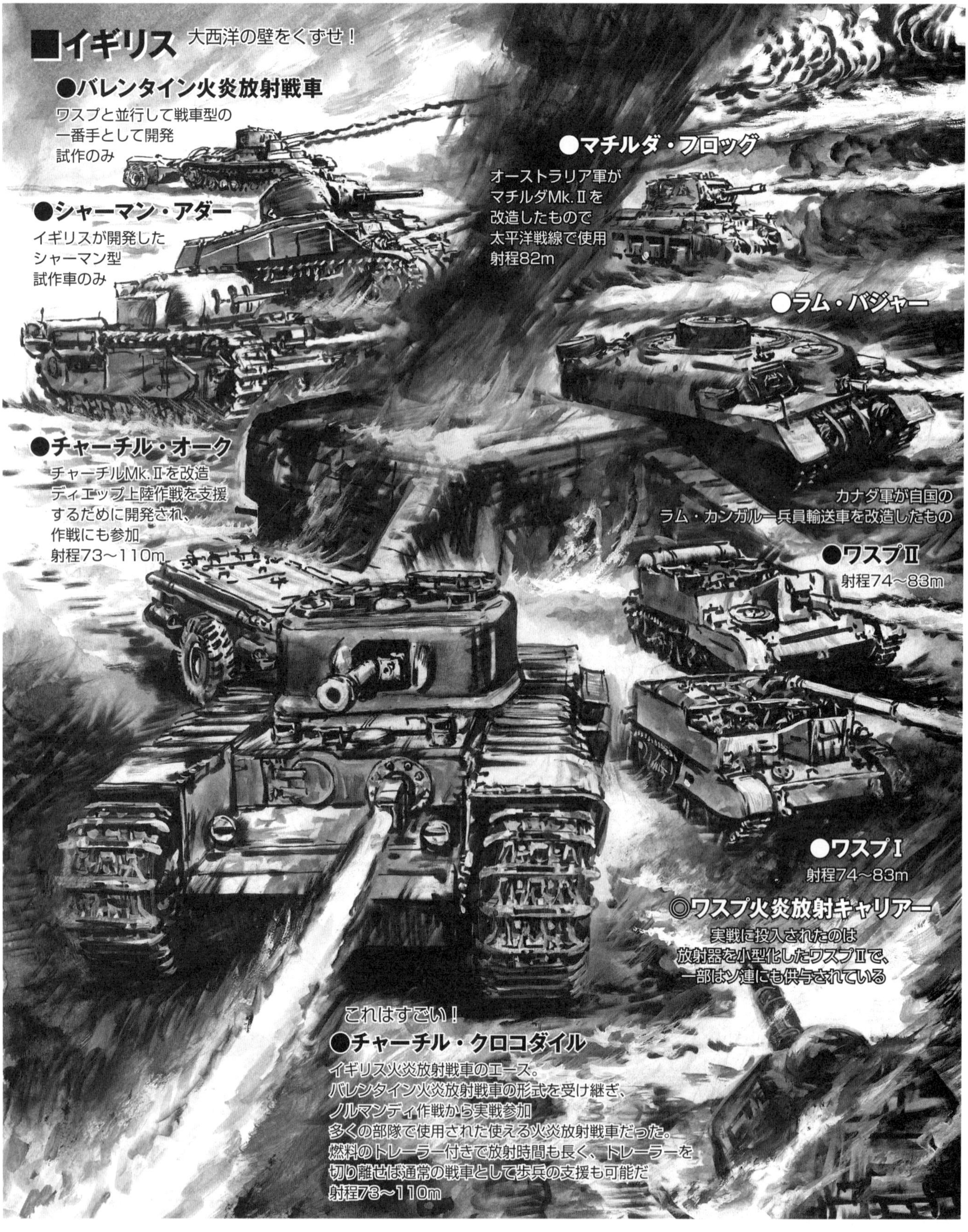
■イギリス 大西洋の壁をくずせ！
●バレンタイン火炎放射戦車
ワスプと並行して戦車型の
一番手として開発
試作のみ
●シャーマン・アダー
イギリスが開発した
シャーマン型
試作車のみ
●チャーチル・オーク
チャーチルMk.Ⅱを改造
ディエップ上陸作戦を支援
するために開発され、
作戦にも参加
射程73～110m
●マチルダ・フロッグ
オーストラリア軍が
マチルダMk.Ⅱを
改造したもので
太平洋戦線で使用
射程82m
●ラム・バジャー
カナダ軍が自国の
ラム・カンガルー兵員輸送車を改造したもの
●ワスプⅡ
射程74～83m
●ワスプⅠ
射程74～83m
◎ワスプ火炎放射キャリアー
実戦に投入されたのは
放射器を小型化したワスプⅡで、
一部はソ連にも供与されている
これはすごい！
●チャーチル・クロコダイル
イギリス火炎放射戦車のエース。
バレンタイン火炎放射戦車の形式を受け継ぎ、
ノルマンディ作戦から実戦参加
多くの部隊で使用された使える火炎放射戦車だった。
燃料のトレーラー付きで放射時間も長く、トレーラーを
切り離せば通常の戦車として歩兵の支援も可能だ
射程73～110m

陸戦兵器の王者ともいうべき戦車のなかには水上、あるいは水中を進撃するための装備をつけたものがある。一般的に水陸両用戦車と呼ばれるものがそれで、敵前上陸作戦や渡河作戦時に活躍することとなる。

水陸両用戦車

最強の潜水戦車
ティーガーⅠ
シュノーケルを装備
深さ4mの水の底をもぐって進撃！
不意打ちにはもってこいだ!!
(実戦には投入されていません)

■水中を走る名戦車!

ドイツ軍が英本土上陸作戦用に開発した潜水戦車(1940年)
水密カバーで戦車を防水し吸気装置(シュノーケル)を水面に出し水底を推進する

潜水渡河用に
10mのシュノーケル
パイプを付ける方式に
改装されている

●Ⅳ号潜水戦車

英国作戦中止後
ロシアのブーク河と
ドニェプル河作戦で
使用された

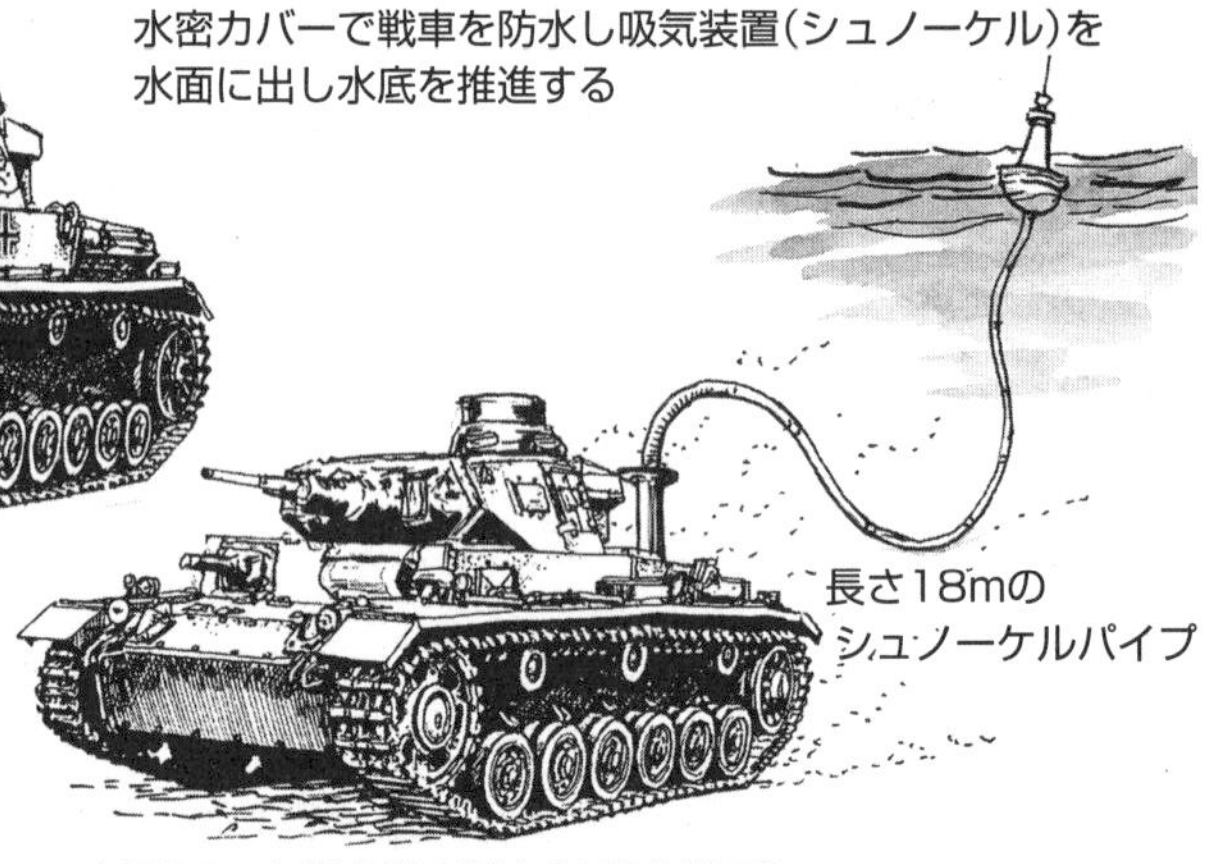
長さ18mの
シュノーケルパイプ

水深15mを進む潜水戦車(上陸作戦用)

あのティーガー戦車も最初は4・5mまでの潜水能力が要求され、初期生産型には潜水装置がついていたそうですが、生産性の向上を図るために装備されなくなったそうです。

の花形登場

日本の特二式内火艇は海軍が陸戦隊用に開発したもので、これに対し陸軍もまた独自に水陸両用戦車を開発していた

●九五式軽戦車用海上移動装置
カホ機（1944）

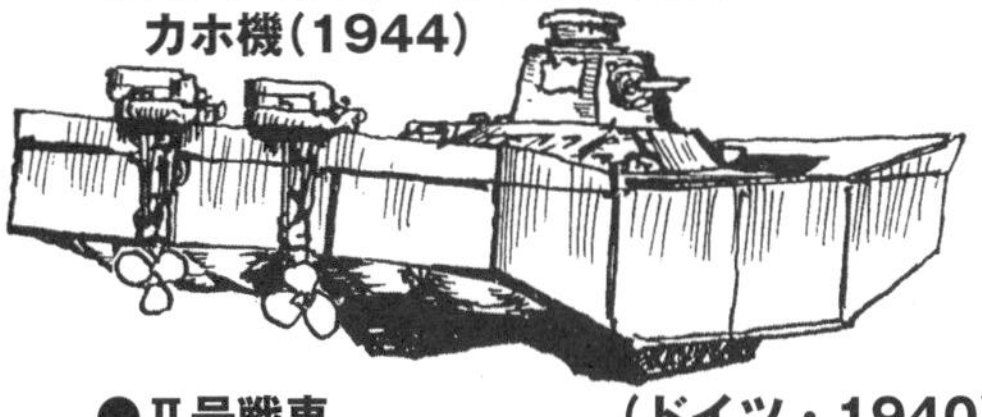

●Ⅱ号戦車　（ドイツ・1940）

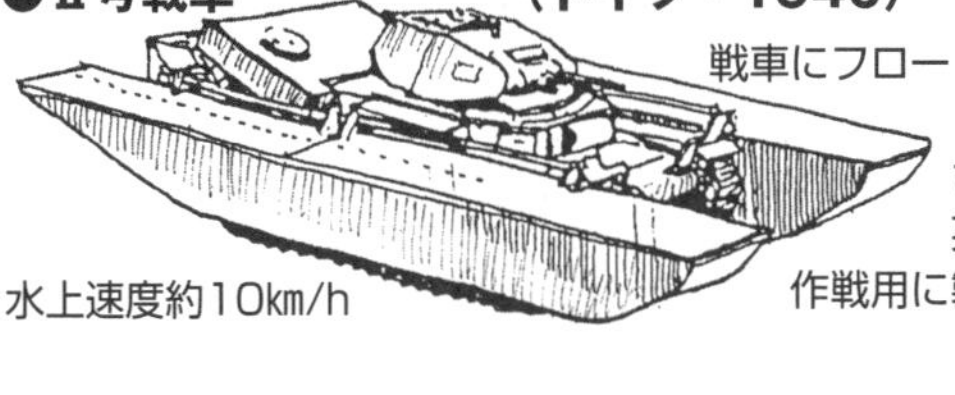

戦車にフロートを付けて水上航行させる装置
英本土上陸作戦用に製作された

水上速度約10㎞/h

●SR-Ⅲ
（1936）

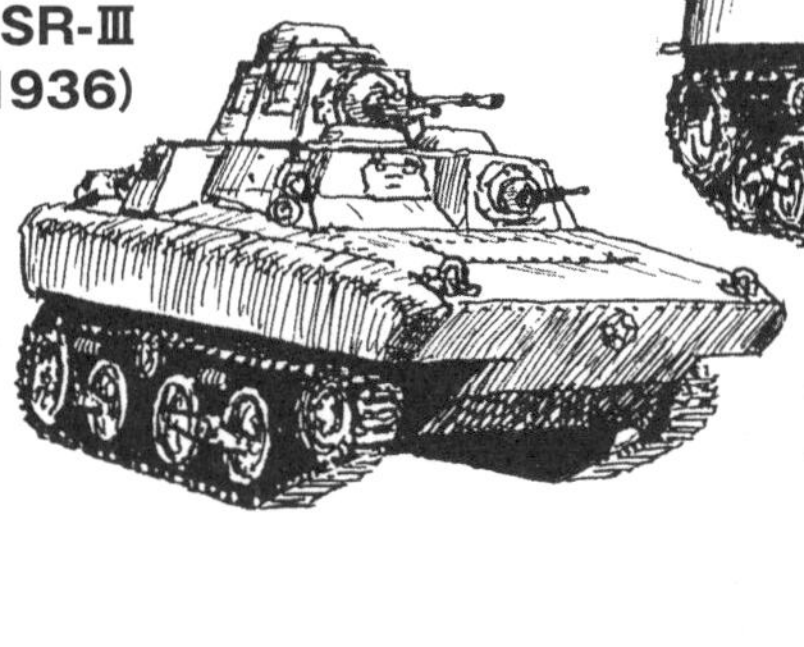

●SRイ号車
（1933）

1930年頃から研究開発されたが、ついに陸軍では水陸両用戦車をモノにできなかった

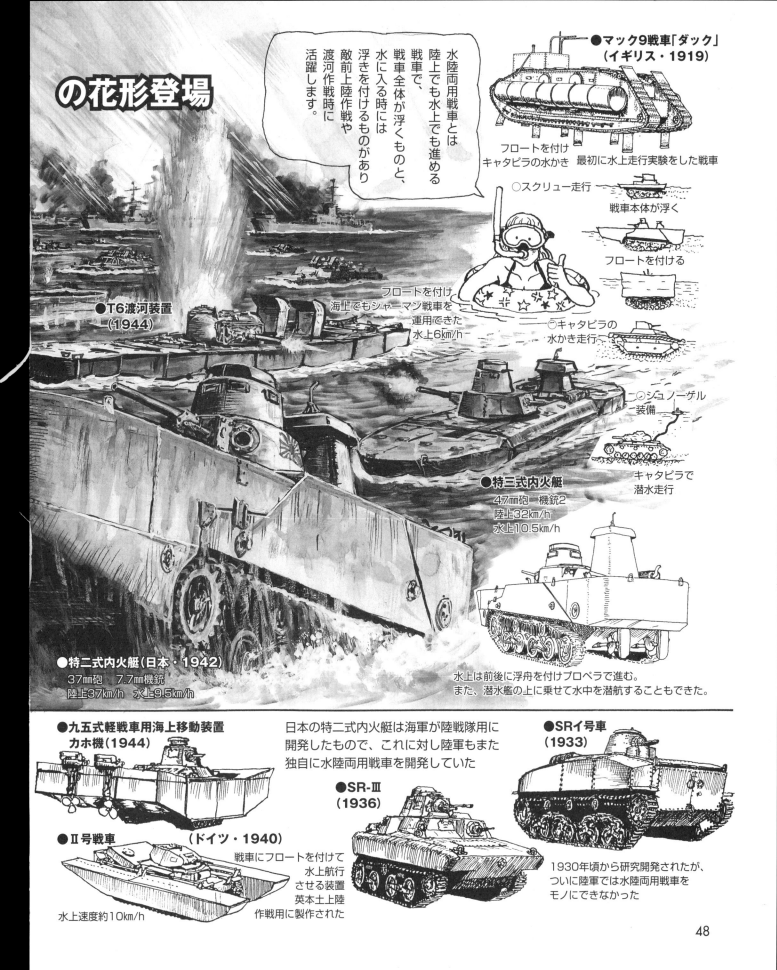

敵前上陸一番乗りは俺だ!! 水陸両用戦車

■アメリカの誇る水陸両用戦車隊

第2次世界大戦の太平洋戦線でアメリカ海兵隊は
LVT（A）水陸両用戦車（装軌式揚陸戦車）を大量に使用、
日本軍の守る海岸陣地を次々と制圧していった。
LVTは兵員貨物輸送型で、アムトラックと呼ばれているが
LVT（A）は武装型なのでアムタンクと呼ばれた。

●DD戦車
水上航行時は射撃できない
陸上4.0km/h　水上7.3km/h

●LVT（A）4（1944年）
75㎜榴弾砲
12.7㎜機銃
陸上40km/h
水上11km/h

●シャーマン
DD戦車
上陸後は
スクリーンを
たたんで攻撃開始
シャーマン戦車の
火力は最強だ。

●LVT（A）1（アメリカ・1943）
上陸部隊の火力支援用だが火力不足とされ（A）4が作られる
37㎜砲　7.62㎜機銃×3　陸上32km/h　水上12km/h

防水キャンバスを展開して水に浮かび、
スクリューで水上走行する。
波が荒い太平洋戦線では使用されていない。

●T-40
（1939）
車内に浮力タンクを持つ
12.7㎜機銃
陸上45km/h
水上6km/h

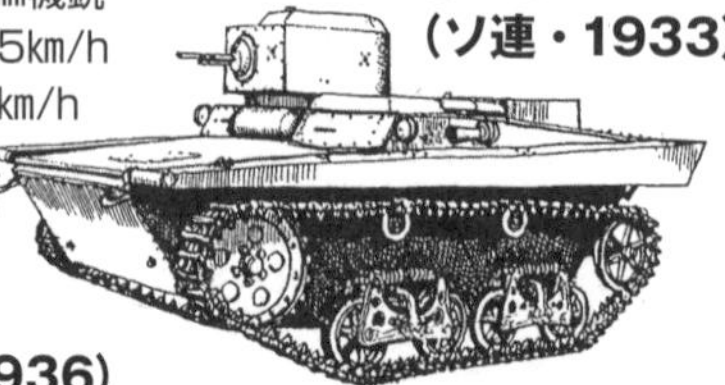

●T-37
（ソ連・1933）
7.62㎜機銃
陸上45km/h
水上6km/h
偵察用水陸両用戦車と
して初めて量産された

●T-38（1936）
T37の小改良版

世界初の水陸両用戦車
といっていい

●カーデンロイドVCL
（イギリス・1932）
偵察用の軽戦車で
ソ連、中国、タイなどが購入
7.92㎜機銃　陸上32km/h　水上6km/h

現代の水陸両用戦車

第二次大戦後、本格的な上陸作戦を行なえる国は
アメリカ、ソ連くらいで、それと台湾の武力解放を立前とした
中国が水陸両用戦車を開発しています。

※CBR：C（科学兵器）、B（生物兵器）、R（放射能兵器）

■タワー型シュノーケル

タワー型は人間が通れ、脱出する際にも使用できてよいのだが
実戦でも目立つため、細いシュノーケルを使用するようになった。
ソ連軍では水深5.4m、河幅700m、
水流1.5m／sでの渡河作戦を想定している。
なお、渡河準備には1時間強かかる。

思いがけない地点に空から舞い降り、慌てふためく敵陣を踏みにじる空の機甲部隊。その主力が空挺戦車だ。輸送機やヘリコプターで運ばれて一気に敵陣を強襲する！

空から不意打ち 空挺戦車

「空の神兵」日本軍落下傘部隊の奇襲戦法を支援するために考えられた飛行戦車がこれだ!

●特三号戦車（クロ車）
翼をつけグライダーとなって飛行機でひっぱってもらう
22mもある翼を付け
4000mの高さを時速250㎞で飛ぶハズだった
重量 2.9t
乗員 2名
37㎜砲1門
牽引機は「飛竜」等を予定
こういう案もあった。
確かにここにはソリが必要。
（参考『奇想天外兵器』新紀元社刊）
履帯のままでは離着陸がむずかしそうだ。「戦車の本」の高荷さんは下の図ように車輪を付けたものを描いている
ク-7輸送グライダーより二式軽戦車
こちらが本命だ
オー・マイ・ガット！空から戦車が!!
この特三号戦車（クロ車）は１９４３年から研究されたもので、結局はこんな軽戦車が米軍に突入してもどうにもならん、ということで賢明にも開発は中止されました。　しかし、類似の兵器は他国でも開発されています。

搭載できる大型輸送機がない時に考えられた
腹部に装着する方法。
TB-3爆撃機にT-27（ソ連）
C-54輸送機にM22
（アメリカ 砲塔は外す）
●A40T飛行戦車
T-60軽戦車に翼をつけた
グライダー戦車として試作された
●クリスティーの飛行戦車（1932）
アメリカの戦車発明の天才クリスティーが発表
実際には壕を飛び越えることを想定していた
これらは戦車も発明もクリスティーからいただいたソ連が考えたBT飛行戦車
やはり飛行戦車はムリであるとわかり、輸送機で運べる軽戦車を開発することになります。
●BMD-1空挺戦闘車（1968）
重量 7.6t 乗員3名
兵士4名 73㎜砲
東側ではソ連だけが持っていた空挺部隊用歩兵戦闘車。アフガニスタンで実戦
サガー対戦車ミサイル
●ハミルカー大型輸送グライダー
連合軍で空挺戦車を運べたのは本機だけだ
●テトラーク空挺戦車（イギリス・1942）
重量6t、乗員3名、40㎜砲
ノルマンディー上陸作戦に参加

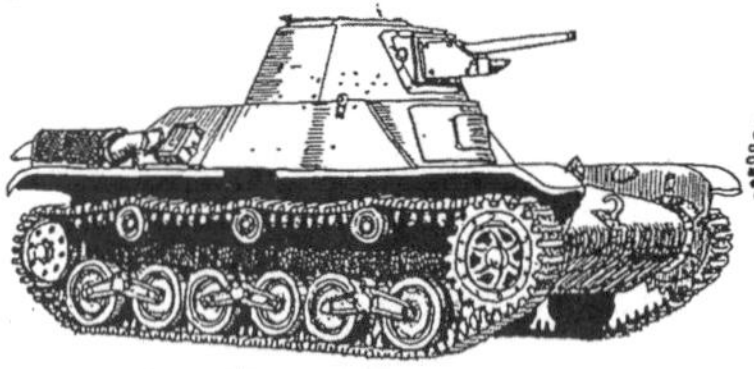

●九八式軽戦車（日本・1942）

重量7.2t 、乗員3名、37㎜砲

●M22ローカスト
（アメリカ・1943）

重量7.3t 乗員3名 37㎜砲
ハミルカー・グライダーをもっているイギリス軍により、ライン河渡河作戦で使用

●ハリーホプキンス（イギリス・1944）

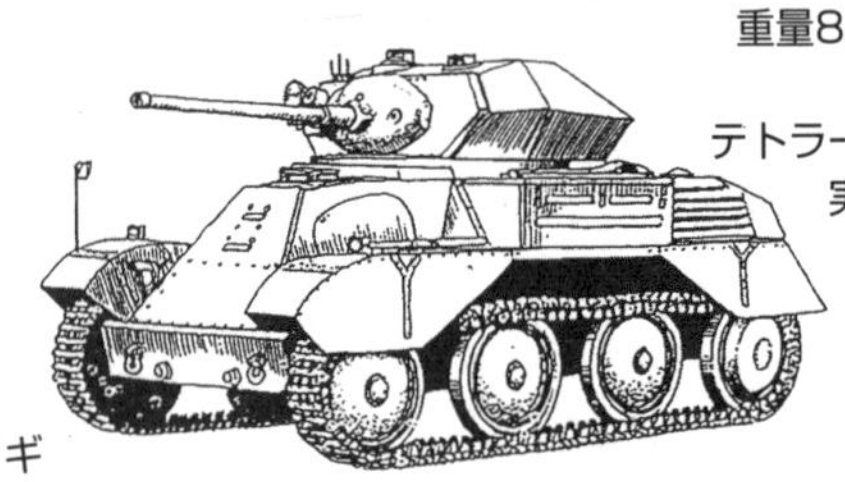

重量8.6t 乗員3名
40㎜砲
テトラークの改良型
実戦投入なし

●二式軽戦車（日本・1943）

重量7.2t 、乗員3名

●I号戦車C型（ドイツ・1942）

重量8t 乗員2名 20㎜砲
ギガント大型グライダーに搭載予定だったが出番はなかった

前線へ急行せよ!
空挺戦車大集合

●シコルスキー S-64 スカイクレーン

●ミル Mi-6 フック

パラシュート降下できることが空挺戦車の証だ
ただし、実戦では飛行場を確保したあと
輸送機で戦車を送り込んでいます

●M56対戦車車輌「スコーピオン」(1953)
重量7t 乗員4名 90㎜砲 ベトナム戦争

ついに空中輸送のできる戦車として
登場した「シェリダン」
軽量化のためアルミ合金の車体で
水上浮航も可能。対戦車ミサイルを
発射できる主砲を持つ空挺部隊の最強戦車だ。

●M551 空挺突撃車輌“シェリダン”
(1966)
重量13.6t 乗員4名 152㎜砲
(ミサイルも発射できる)
ベトナム、湾岸戦争で
使用される

●T92試作空挺戦車(1957)
重量18.7t、乗員3名、76㎜砲

●ASU-85空挺自走砲
(1960)
重量15.5t、乗員4名
85㎜砲

●ASU-57空挺自走砲
(1951)
アフガニスタンに出動

●M8 AGS(1995)
重量18t
乗員3名
105㎜砲
シェリダン
の後継として
開発されていたが予算縮小に
よって生産はキャンセルされてしまった

●2S9「ノーナ」
(1981)
120㎜砲を装備

◎BMD
シリーズ

●BMD-2(1985)
30㎜機関砲を装備
武装強化型

●BTR-D
兵員輸送車

●BMD-3(1990)
ひとまわり
大型化した2名用砲塔

夢の新兵器登場 これが空中戦車だ!!

スイッチひとつでどんな障害物もひとっとび
敵の地雷原や対戦車壕、険しい山を乗越えて
敵陣の真っ只中へ突入する！
●ジャンプ戦車
U.S. ARMY
1970年代アメリカで研究されたジャンプ戦車。M48を改造したもので、高度15m位まで上昇し、なおかつ約500mを飛ぶ予定だったとか。
この回転翼が回り
戦車を上昇、前進させる
●空中ミサイル戦車
可変ジェットエンジンで飛び上がり、敵の頭上や後方より攻撃
●陸、海、空で大暴れ 怪物戦車
・レーダーと潜望鏡
・垂直上昇用ジェット
●空飛ぶロボット戦車
これぞ未来戦車の決定版!!
もはや兵士はいらないぞ
海中から一気に飛び出し敵陣を蹂躙。我が師小松崎 茂が考えたスーパー戦車だ

■21世紀の秘密兵器

全世界の最新情報を基に考えた未来の傑作兵器

8輪重装甲車

陸戦の新主役は戦車の代役となるか？

陸上を高速軽快に走ることのできる装輪装甲車は21世紀にうってつけのAFVといえよう。世界各国でその開発が行なわれているが、防御面を考えるとまだまだ戦車の方が上といえそうだ。

装輪装甲車は重量に限度があるため
戦車よりは防御力がやはり劣る
状況に応じスラット装甲を増設

●ストライカー（アメリカ・1970）
緊急展開軍用に陸軍が開発、原型のLAVⅢより一回り大きくなり、浮航能力はない
歩兵輸送車型12.7㎜×1　100㎞/h

■ストライカー・ファミリー

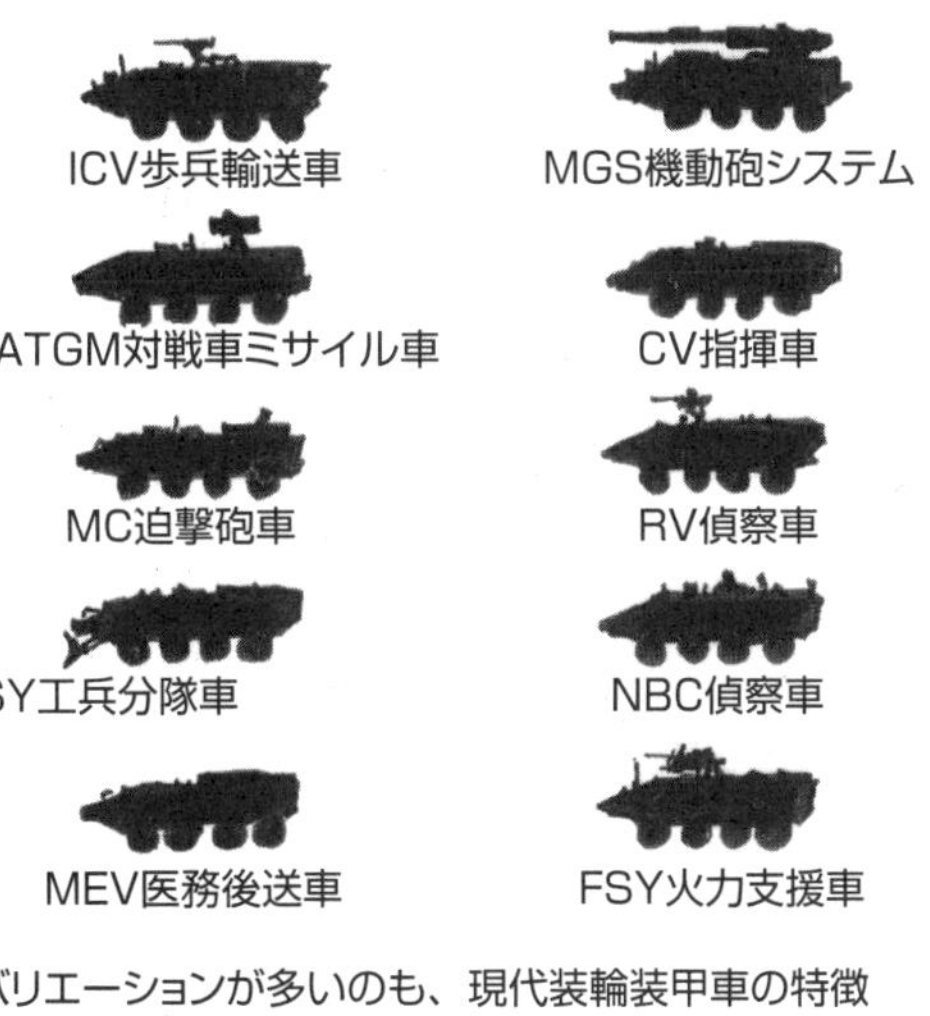
ICV歩兵輸送車
MGS機動砲システム
ATGM対戦車ミサイル車
CV指揮車
MC迫撃砲車
RV偵察車
ESY工兵分隊車
NBC偵察車
MEV医務後送車
FSY火力支援車

バリエーションが多いのも、現代装輪装甲車の特徴

◎ハイパー装輪装甲車

21世紀は不正規戦の時代となり、世界各地で中小規模の地域限定戦闘が勃発しています。

これに対し、各国とも機動力や即応性の高い「緊急展開部隊」を創設。

こうした部隊は空輸が可能で、攻撃力も機動力も優れた「機械化部隊」とされ、装輪装甲車が主装備とされました。

また冷戦終結以後、各国とも軍事予算が削られ、高価な主力戦車より、安価な装甲車が注目されるようになったという面もあります。

しかし、防御力ではまだまだ戦車の方が上で、戦場では戦車を望む声がまだ多いそうです。

8輪重装甲車の歴史図鑑

◎最高速度
◦浮航＝水陸両用車

●LAV-25（アメリカ・1982）

25㎜×1
7.62㎜×1

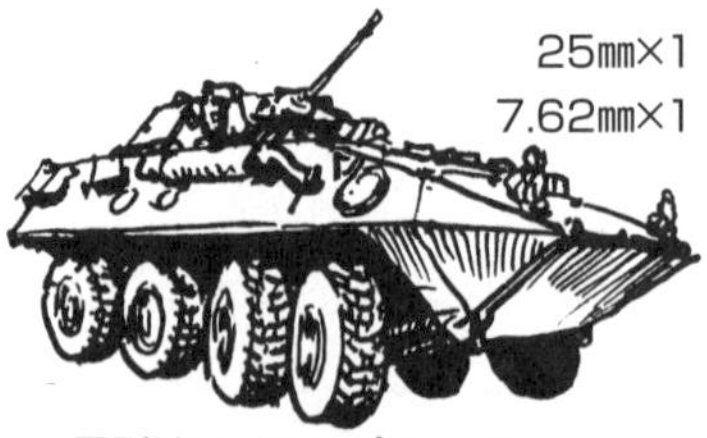

原型はスイスのピラーニャ
海兵隊が採用
8×8　浮航　◎100㎞/h

●YP-408（イギリス・1964）

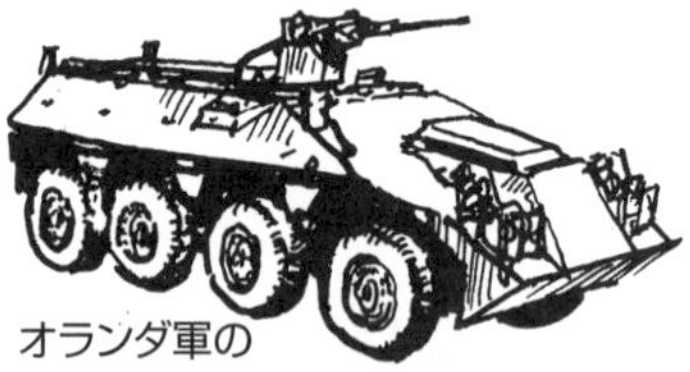

オランダ軍の
要求で造られた兵員輸送車
12.7㎜×1　◎80㎞/h

●OT-64SKOT
（チェコスロバキア・1964）

チェコスロバキアと
ポーランドの
共同開発

14.5㎜×1
◎95㎞/h
浮航8×8

●BRDM（ソ連・1957）
水陸両用偵察装甲車
4×4

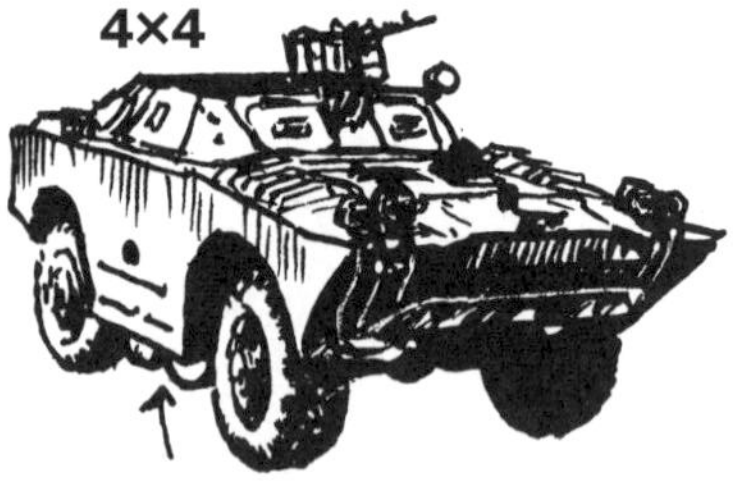

8輪にみえるが
これは不整地用の補助輪だ
7.62㎜×1
◎80㎞/h

●BTR-70（ソ連・1980）

BTR-60の改良型だが不評作
浮航　◎80㎞/h

●ルクス（ドイツ・1975）

第2次大戦後に
開発した重装甲車
20㎜×1　◎90㎞/h

●BTR-60（ソ連・1960）

ソ連軍の機械化用に大量に造られた
装甲兵員輸送車

14.5㎜×1
7.62㎜×1
◎80㎞/h

浮航性能を持つ8×8
海軍歩兵も
上陸作戦で使用する

●パナールEBR
（フランス・1950）

8×8だが中央の4輪は
油圧装置で引き上げており不整地走行宇時に降ろして使用
75㎜×1（のちに90㎜）　7.5㎜×2　◎105㎞/h

●ADGZ装甲車（オーストリア・1935）

国境警備、治安維持用に開発
ドイツ併合後
ドイツ軍で使用

20㎜×1
7.92㎜×3
◎70㎞/h

中央の4輪のみ駆動
前後の4輪はステアリング用

●Sd.Kfz.231
（ドイツ・1936）

20㎜×1
7.92㎜×1
◎85㎞/h

ドイツ軍の重装甲車
8輪駆動8輪操向でADGZと同様前後に操縦装置をもつ

●Mk.Ⅵ装甲偵察車（南アフリカ・1941）

北アフリカ戦用に
2両が
試作された
8×8で
2ポンド砲を
装備

2ポンド砲×1
7.62㎜×2

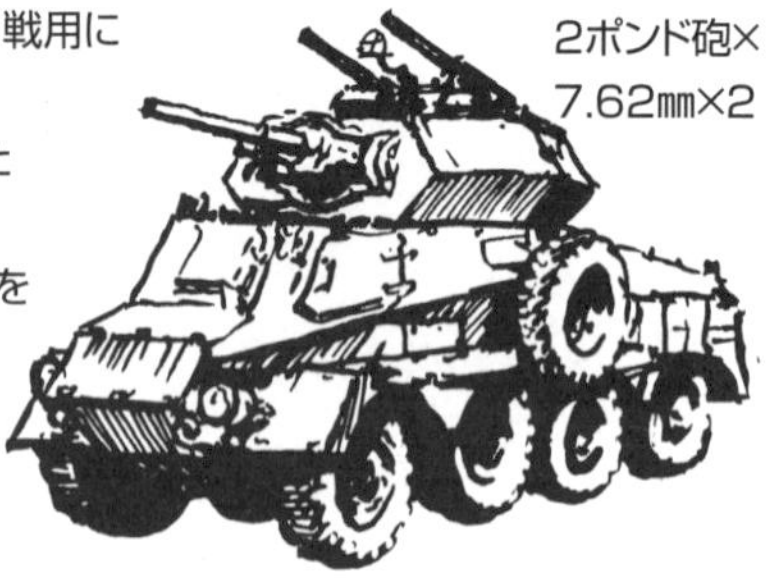

●Sd.Kfz.234/2　プーマ（ドイツ・1944）

期待以上の働きをした
Sd.Kfz.231シリーズの
後継者

装甲も強化され
75㎜対戦車砲を搭載した対戦車型も造られている
50㎜×1、7.92㎜×1　◎80㎞/h

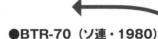

現在8×8装甲車の
主要車種といえば
ピラーニャ
パンドゥール
AMV
と言えます

●バインツ（カナダ・1989）

LAVをベースに改造した兵員輸送車でカナダ軍が採用

7.62㎜×1
8×8
浮航
◎100㎞/h

●BTR-80（ソ連・1984）

BTR-60の
決定版といえる
車両で、様々な
バリエーションがある

浮航
◎80㎞/h

●BTR-90（ソ連・1994）

BTR-80よりひとまわり大きくなる

8×8
浮航
◎100㎞/h

30㎜×1、7.62㎜×1
30㎜擲弾銃×1

●96式装輪装甲車（日本・1996）

陸自初の8×8の装甲兵員輸送車
40㎜擲弾銃×1　◎100㎞/h

●フレシアVBM
（イタリア・2007）

センタウロから
派生した歩兵
機関車

25㎜×1
7.62㎜×1
◎110㎞/h

●VN-1（中国・2006）

浮航能力ありの
新型装甲車

30㎜×1、7.62㎜×1　◎100㎞/h

●パンドゥールⅡ
（オーストリア・2005）

オーストリア初め6ヶ国が採用
浮航能力あり　12.7㎜×1
◎105㎞/h

●ピラーニャⅢ（スイス・1996）

1970年代後半に開発され
装輪装甲車の標準となった車両
現在6×6、8×8、
10×10の
車種がある

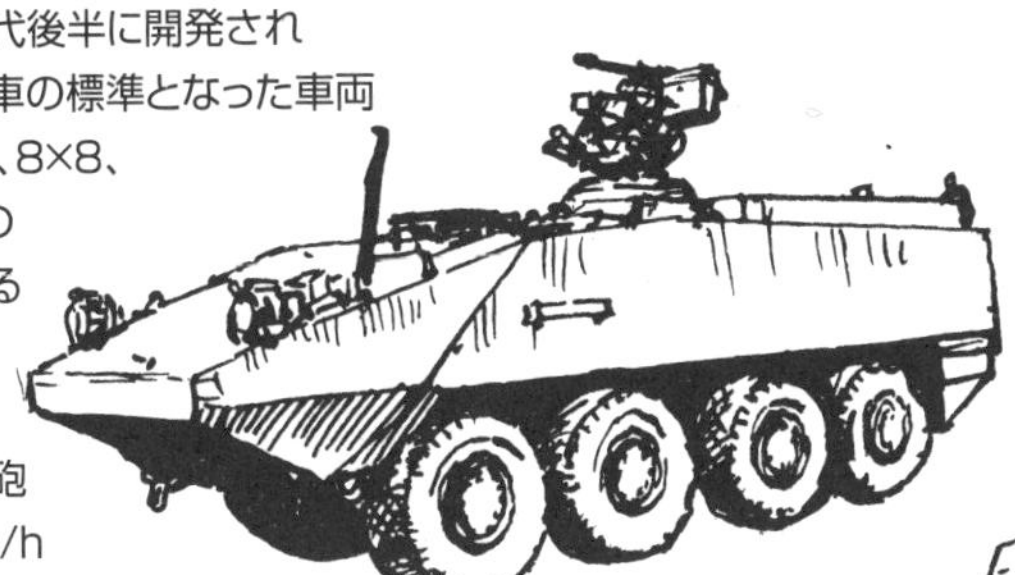

各種機関砲
◎100㎞/h
浮航能力あり

●バトリアAMV
（フィンランド・1984）

ボスニアPKO活動で
数ヵ国で使用されている
浮航可能　◎100㎞/h

●ボクサー（ドイツ／オランダ・2009）

現在世界最大の装輪装甲車

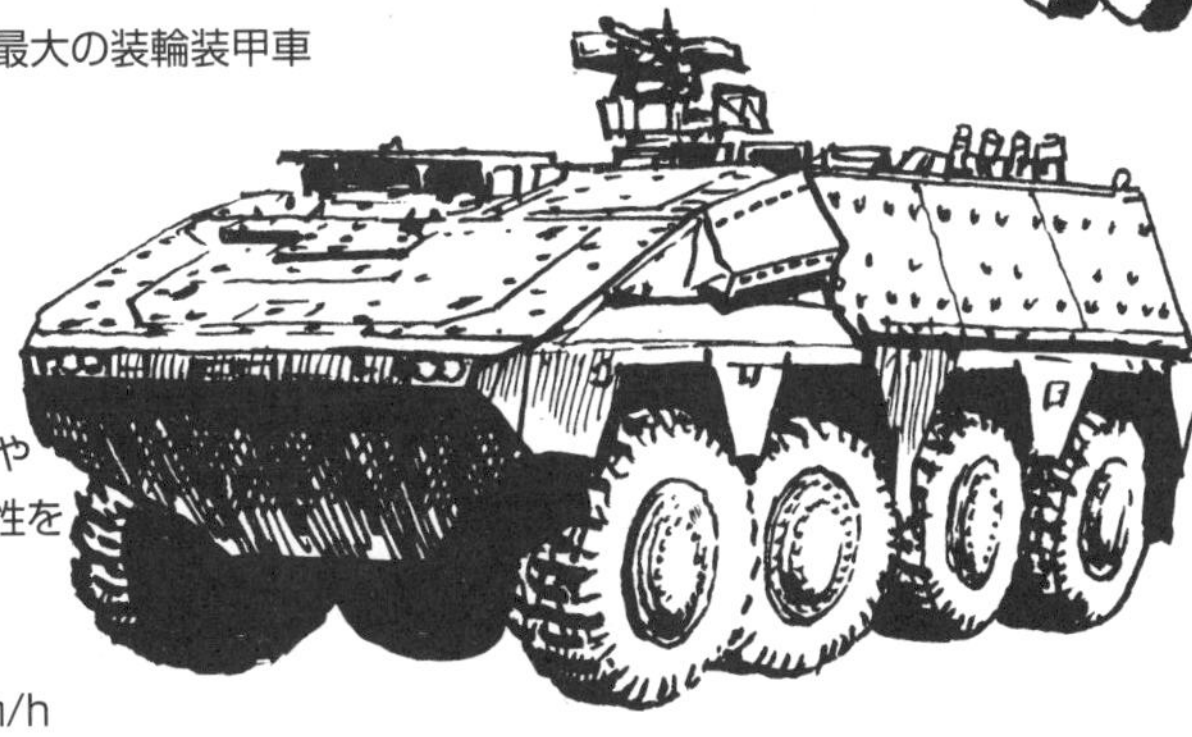

防御能力や
ステルス性を
重視した
車体
◎103㎞/h

25㎜×1
7.62㎜×1
◎100㎞/h

●VBCI歩兵戦闘装甲車（フランス・2004）

モジュラー装甲を採用

初弾必中!! 一撃離脱 世界の105㎜砲搭載装輪装甲車

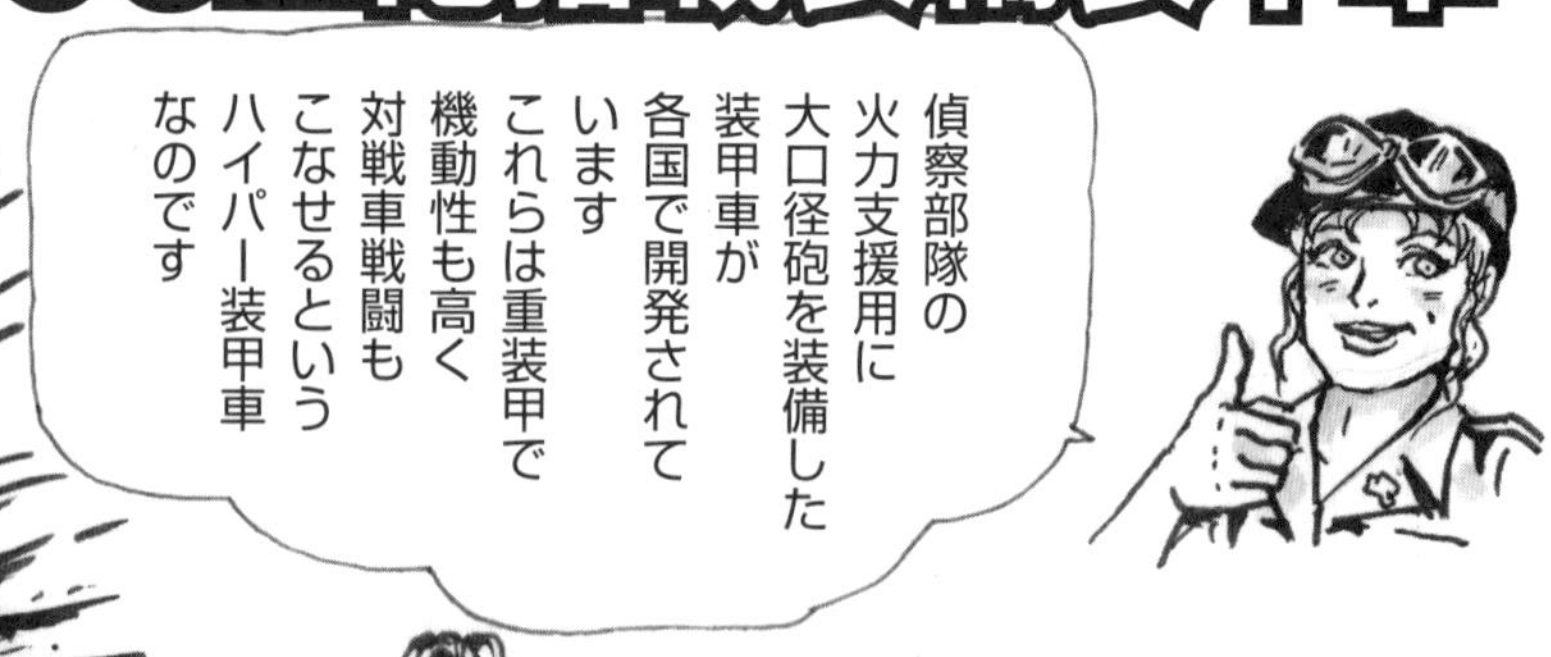
偵察部隊の火力支援用に大口径砲を装備した装甲車が各国で開発されていますこれらは重装甲で機動性も高く対戦車戦闘もこなせるというハイパー装甲車なのです

●AMX-10RC戦闘偵察車（フランス・1978）

6×6ながら105㎜砲を装備
浮航可能
◎85㎞/h

◎：最高時速

●チェンタウロ戦車駆逐車（イタリア・1989）

戦車と闘える
装甲車として登場
120㎜滑空砲を装備した
最新型もある
◎100㎞/h

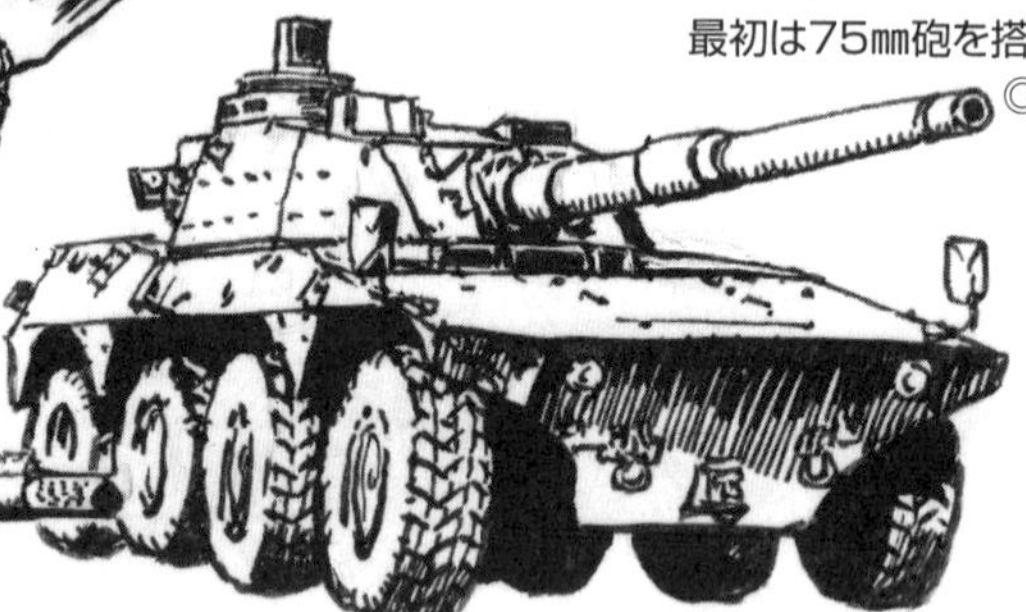

●ルーイガット装甲車（南アフリカ・1989）

最初は75㎜砲を搭載していた
◎120㎞/h

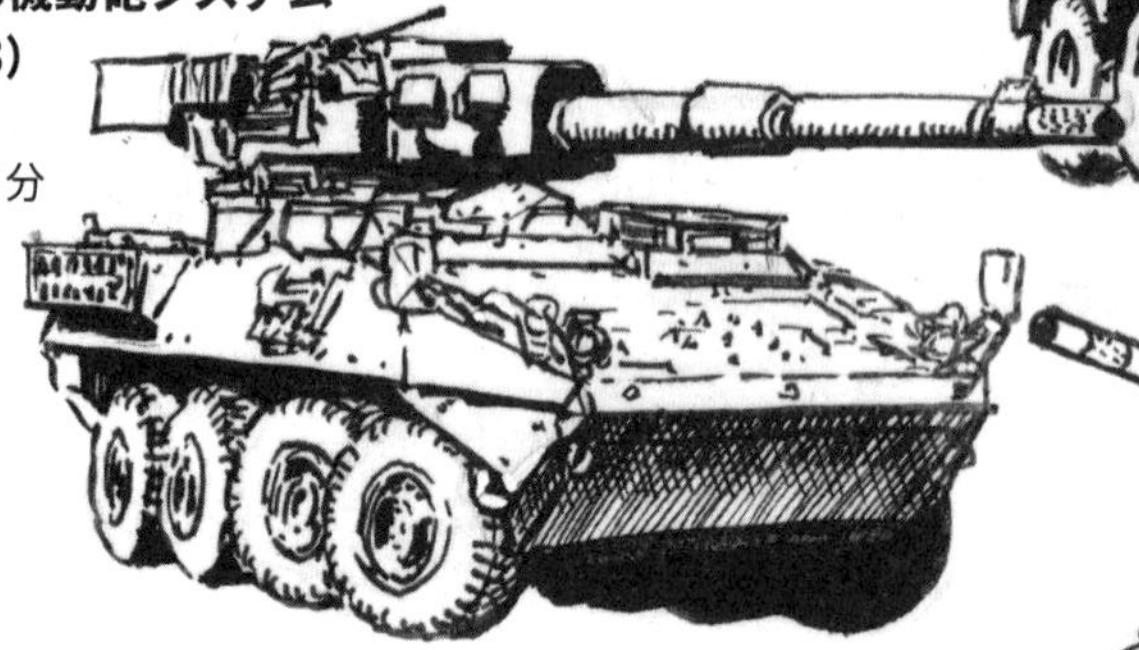

●ストライカーMGS機動砲システム（アメリカ・2003）

自動装塡により
発射速度が毎分
10発と高い
◎97㎞/h

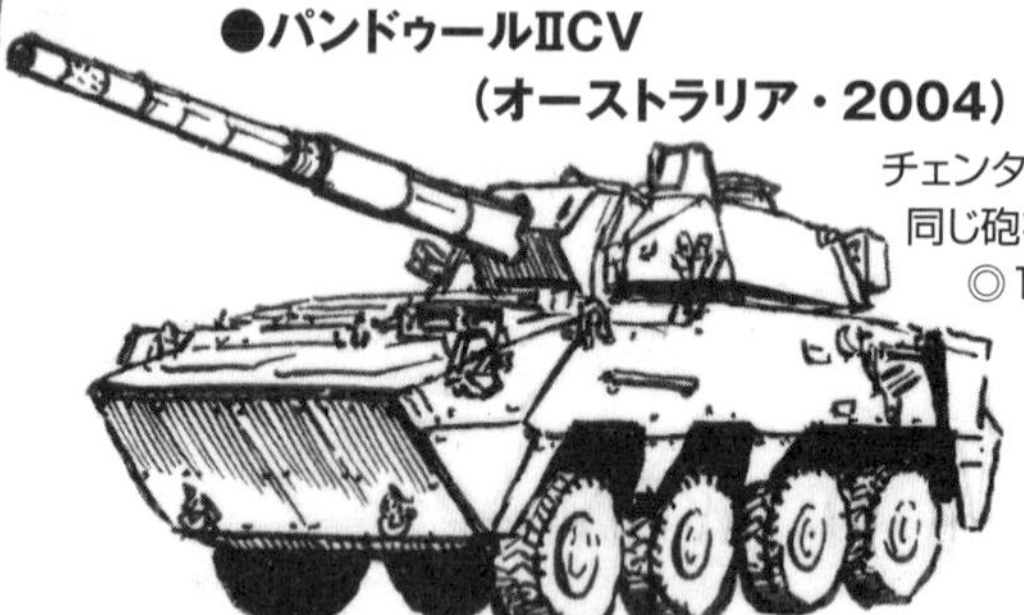

●パンドゥールⅡCV（オーストラリア・2004）

チェンタウロと
同じ砲を装備
◎105㎞

●ベレクトラ（フランス・開発中）

AMX-10RCの
後継車

●VNI-1戦車駆逐車（中国・開発中）

緊急展開軍では空輸能力や長距離自走力が
求められ、戦車の代役が務まる重装甲車が登場した

架橋戦車

架橋戦車は装甲部隊の先頭を進む戦車に随伴して障害物、壕や堀などに橋を架け、本格的な工兵器材が到着するまで応急の橋を作り、戦闘車両を通過させる工兵用戦車である。

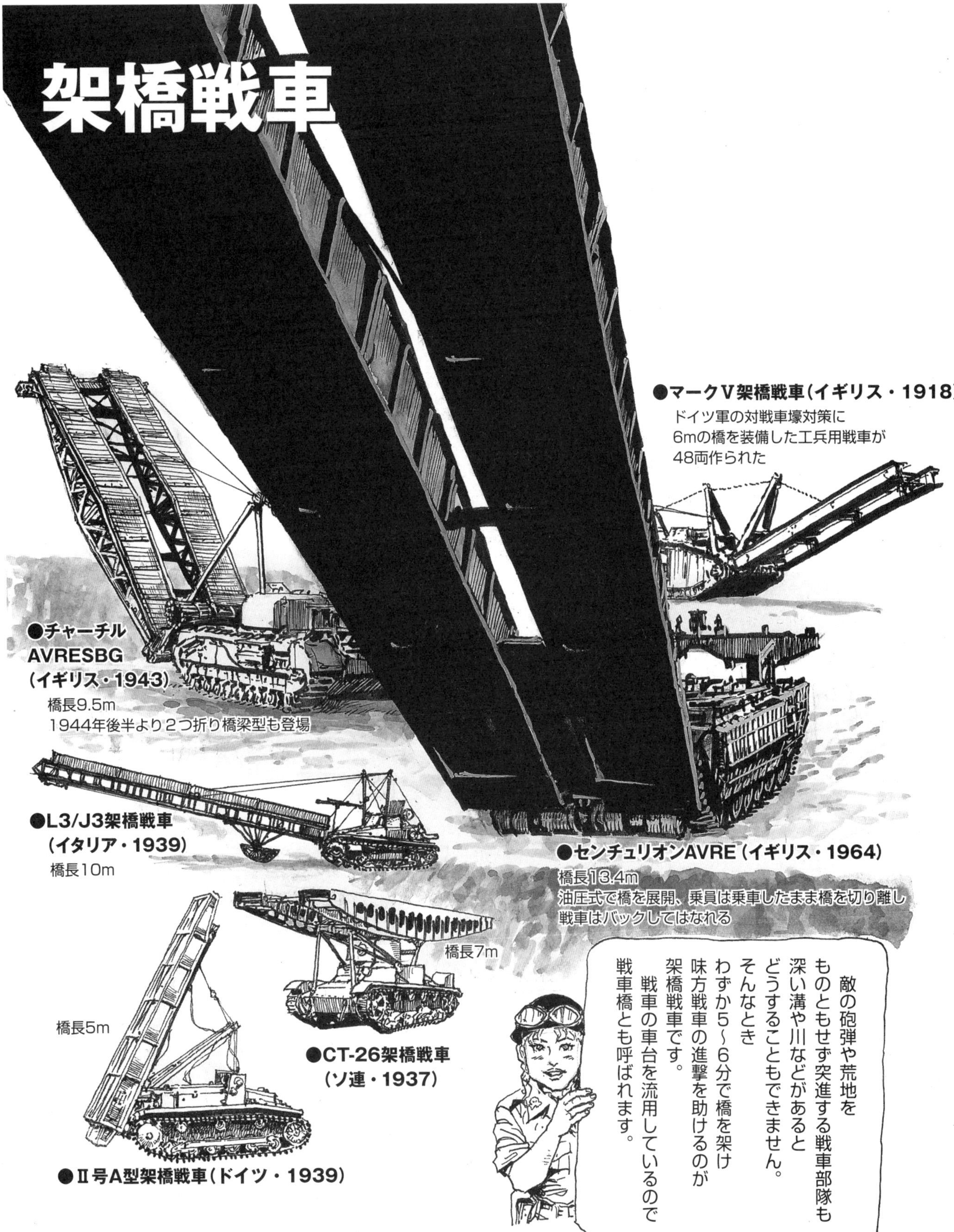
●マークⅤ架橋戦車（イギリス・1918）
ドイツ軍の対戦車壕対策に
6mの橋を装備した工兵用戦車が
48両作られた
●チャーチル
AVRESBG
（イギリス・1943）
橋長9.5m
1944年後半より２つ折り橋梁型も登場
●L3/J3架橋戦車
（イタリア・1939）
橋長10m
●センチュリオンAVRE（イギリス・1964）
橋長13.4m
油圧式で橋を展開、乗員は乗車したまま橋を切り離し
戦車はバックしてはなれる
橋長7m
●CT-26架橋戦車
（ソ連・1937）
橋長5m
●Ⅱ号A型架橋戦車（ドイツ・1939）
敵の砲弾や荒地を
ものともせず突進する戦車部隊も
深い溝や川などがあると
どうすることもできません。
そんなとき
わずか5〜6分で橋を架け
味方戦車の進撃を助けるのが
架橋戦車です。
戦車の車台を流用しているので
戦車橋とも呼ばれます。

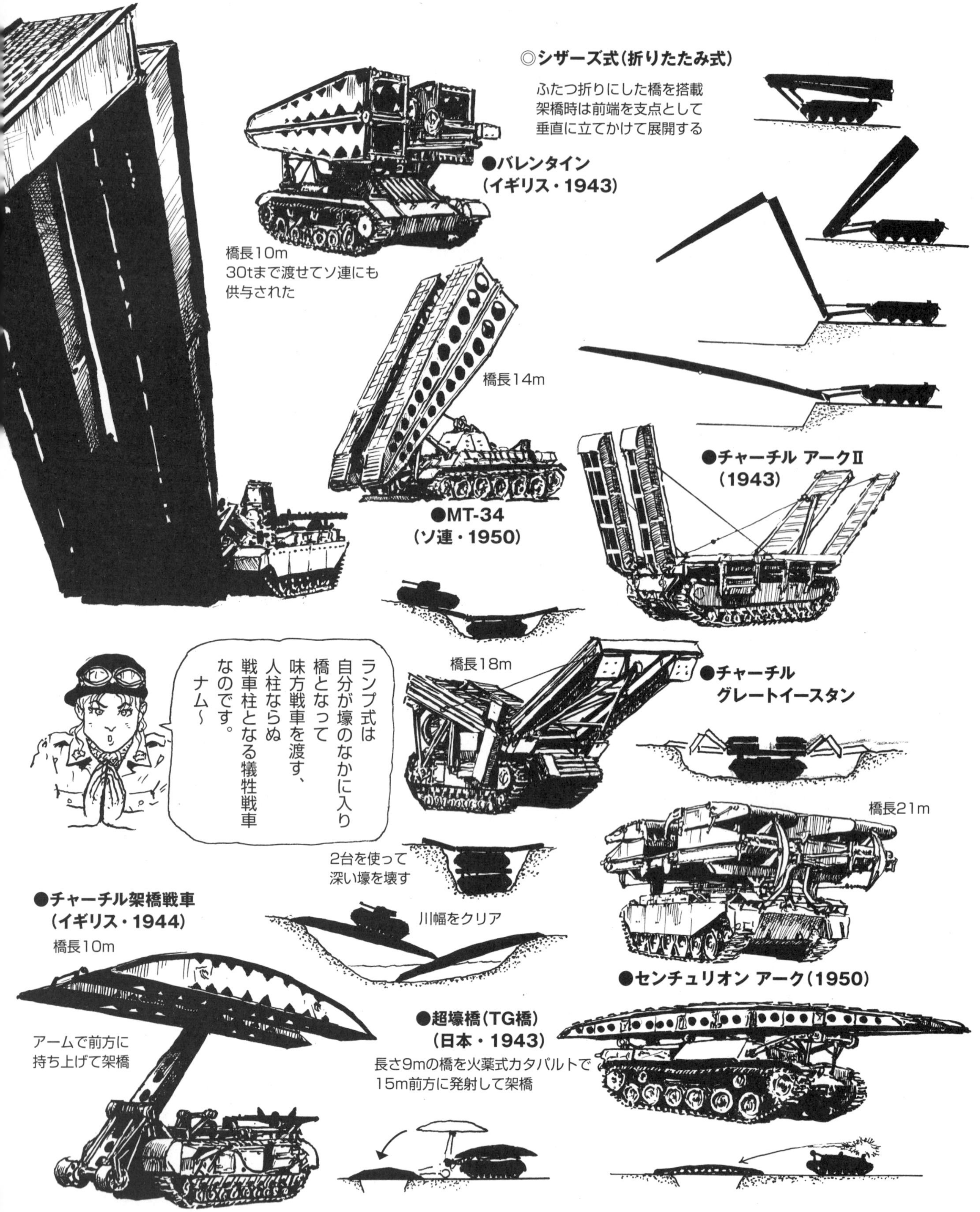

◎シザーズ式（折りたたみ式）
ふたつ折りにした橋を搭載
架橋時は前端を支点として
垂直に立てかけて展開する
●バレンタイン
（イギリス・1943）
橋長10m
30tまで渡せてソ連にも
供与された
橋長14m
●MT-34
（ソ連・1950）
●チャーチル アークⅡ
（1943）
ランプ式は
自分が壕のなかに入り
橋となって
味方戦車を渡す、
人柱ならぬ
戦車柱となる犠牲戦車
なのです。
ナム～
橋長18m
●チャーチル
グレートイースタン
橋長21m
2台を使って
深い壕を壊す
川幅をクリア
●チャーチル架橋戦車
（イギリス・1944）
橋長10m
アームで前方に
持ち上げて架橋
●センチュリオン アーク（1950）
●超壕橋（TG橋）
（日本・1943）
長さ9mの橋を火薬式カタパルトで
15m前方に発射して架橋

●67式戦車橋（日本・1971）

車台は61式戦車
橋長12m

シザース式は
長い架橋を装備できますが、
展開をする際に
垂直に立てることになり、
敵にすぐ発見されてしまう
欠点があります。

●チーフテンAVLB
No.8戦車橋
（イギリス・1972）

橋長25m
有効23m
シザース型では
最長の戦車橋架橋は
この状態から
3～5分で完成し
収納は10分で終わる

●AMX30
（フランス・1970）

（フランスだけは後方に架橋を繰り出す）
橋長22m、架橋に10分かかるが、当時ではもっとも軽量で
道路上を時速55㎞の高速で走れた

●AVLB M60（アメリカ）

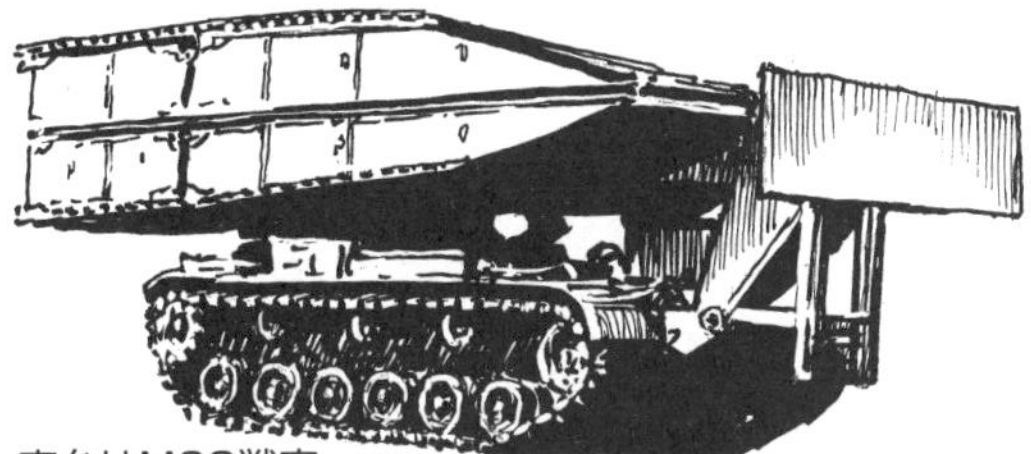

車台はM60戦車
橋長有効18.3m

●M60AVLB
（アメリカ・1987）

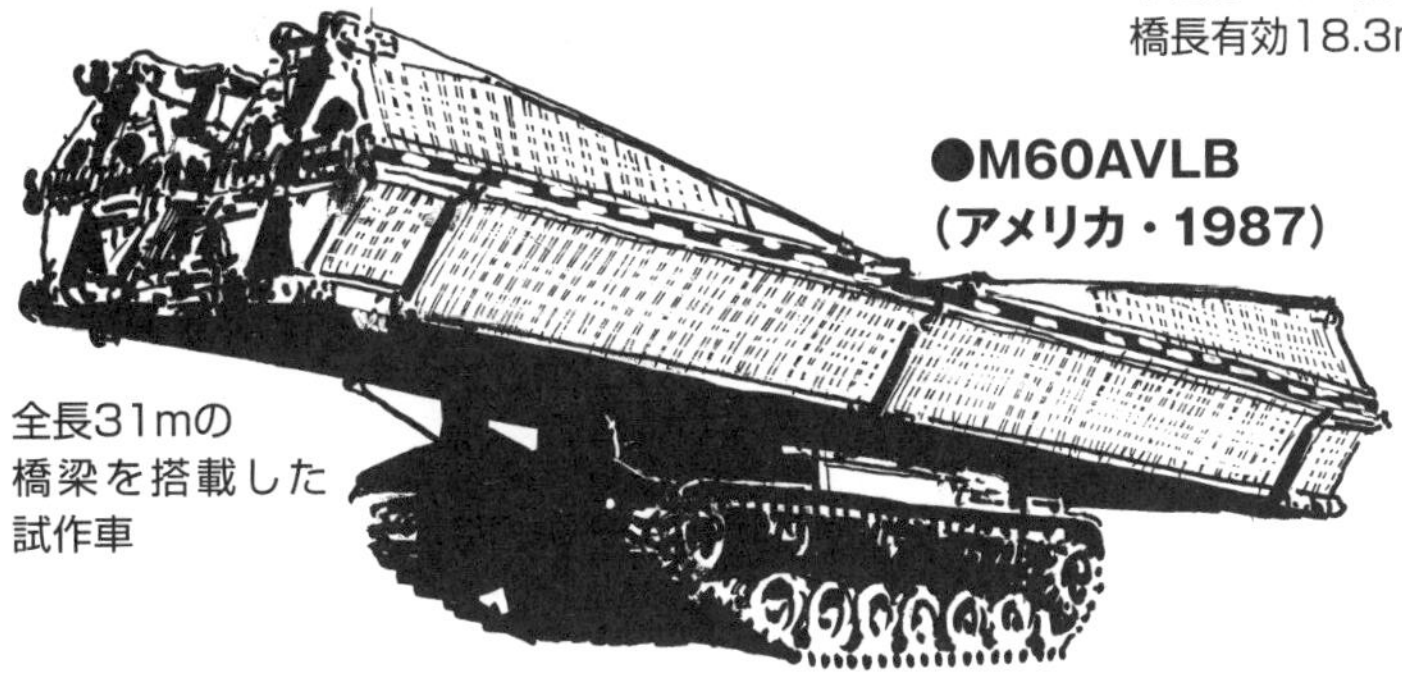

全長31mの
橋梁を搭載した
試作車

橋長20m

●PMCZ-94戦車橋
（ポーランド・1998）

車台はT-72戦車

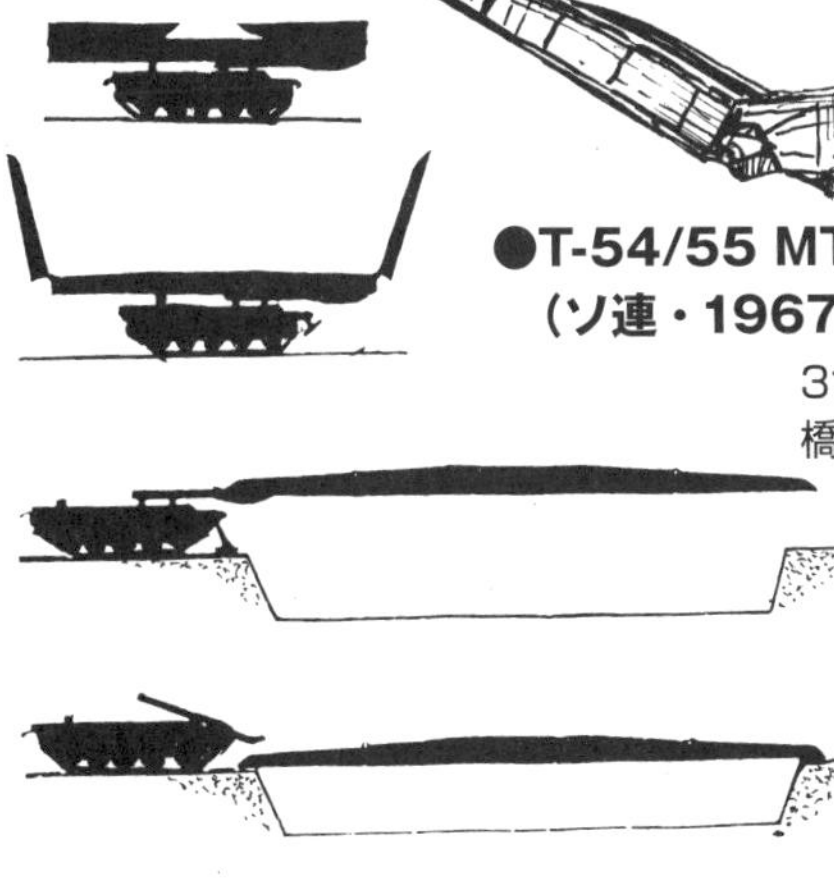

●T-54/55 MTU-3
（ソ連・1967）

3つ折りスライド式
橋長20m

2台を使って橋長を延ばす

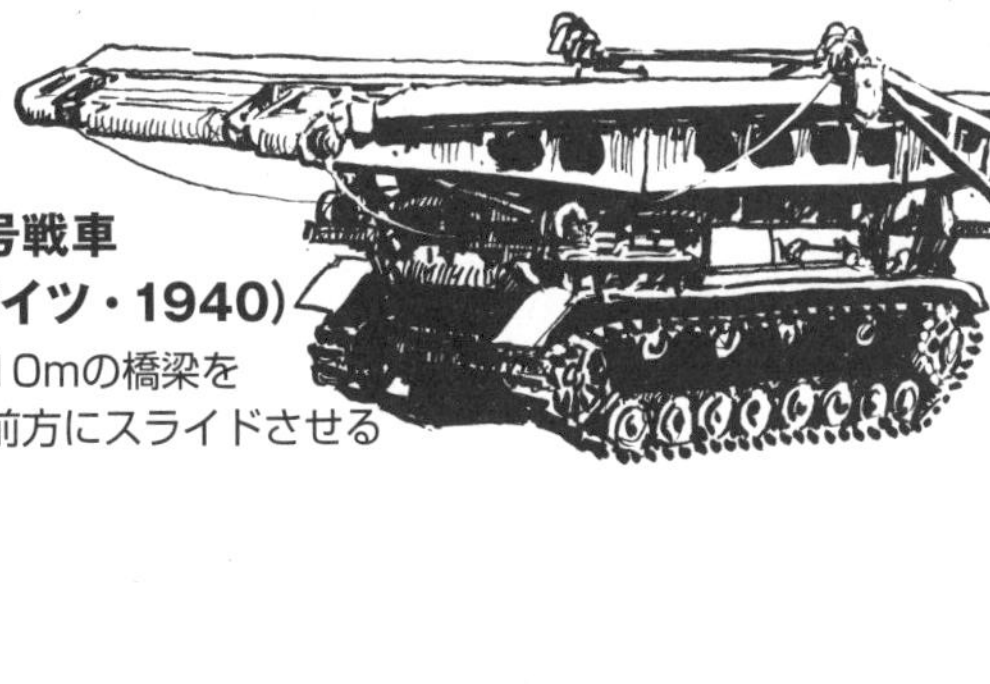

●Ⅳ号戦車
（ドイツ・1940）

10mの橋梁を
前方にスライドさせる

スライド式は
橋梁をふたつに重ねて搭載し、
架橋時には下にある部分を
前方にすべらせて展開、
連結したあと、
全体を押し出して設置します。

●BRPZ1ビーバー（ドイツ・1973）

レオパルト1戦車の車台にアルミ合金製橋梁を積んだ
スライド式の戦車橋
橋長22m（有効長20m）で、60tまで通行可能だ

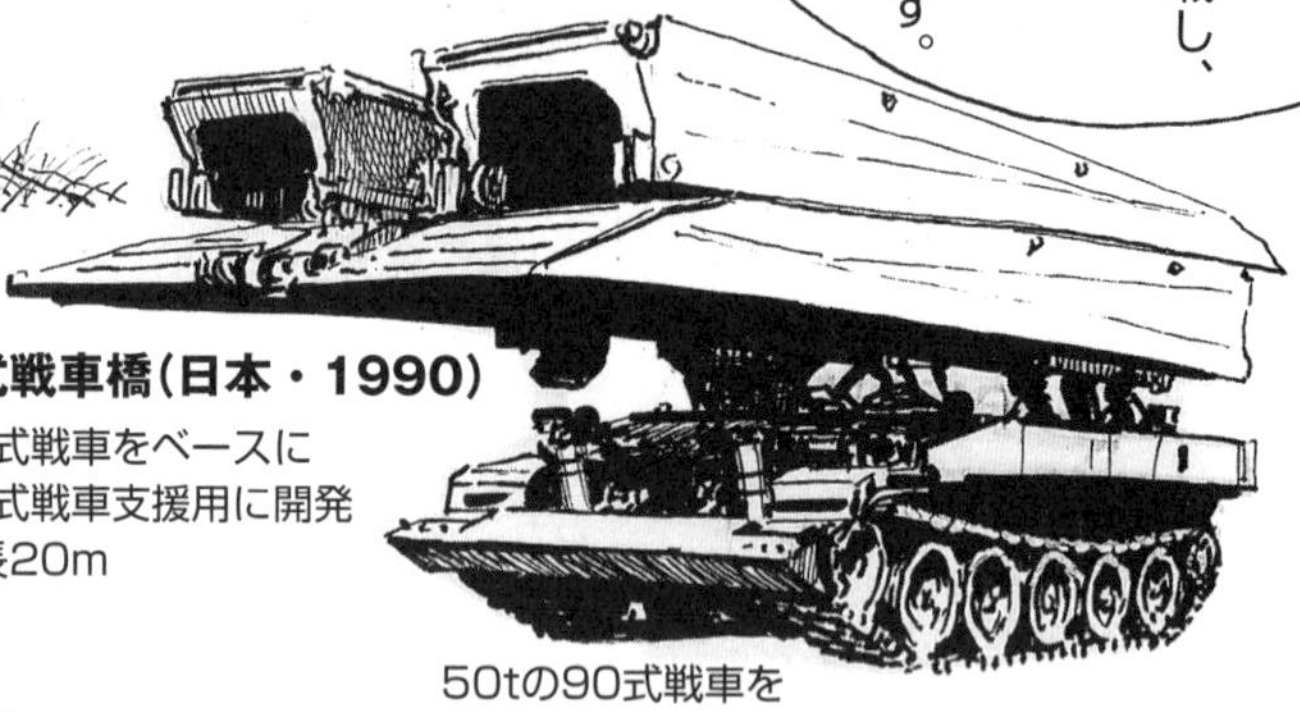

●91式戦車橋（日本・1990）

74式戦車をベースに
90式戦車支援用に開発
橋長20m

50tの90式戦車を
渡すことができる

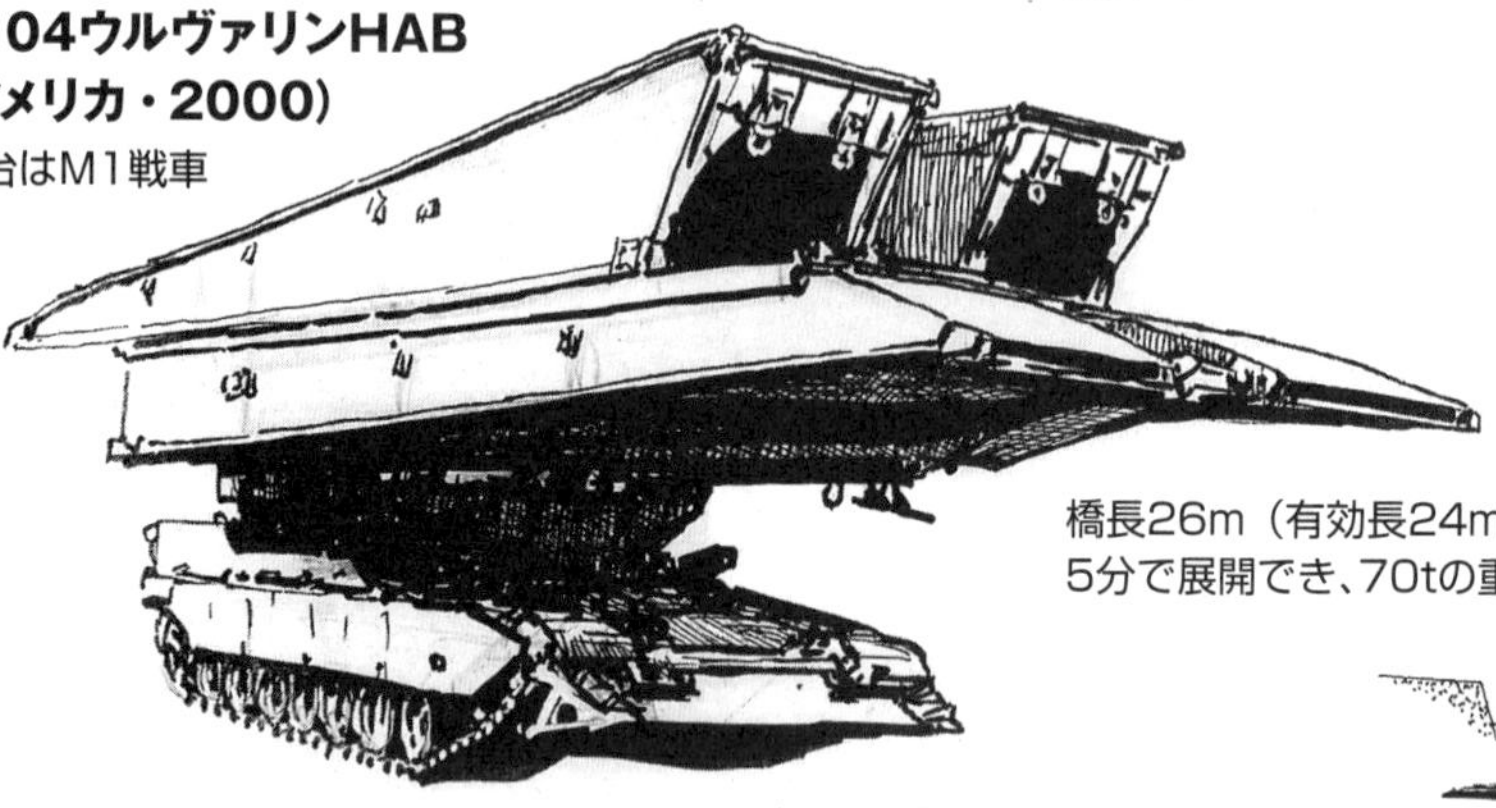

**●M104ウルヴァリンHAB
（アメリカ・2000）**

車台はM1戦車

橋長26m（有効長24m）
5分で展開でき、70tの重量を渡せる

◎ビーバー橋

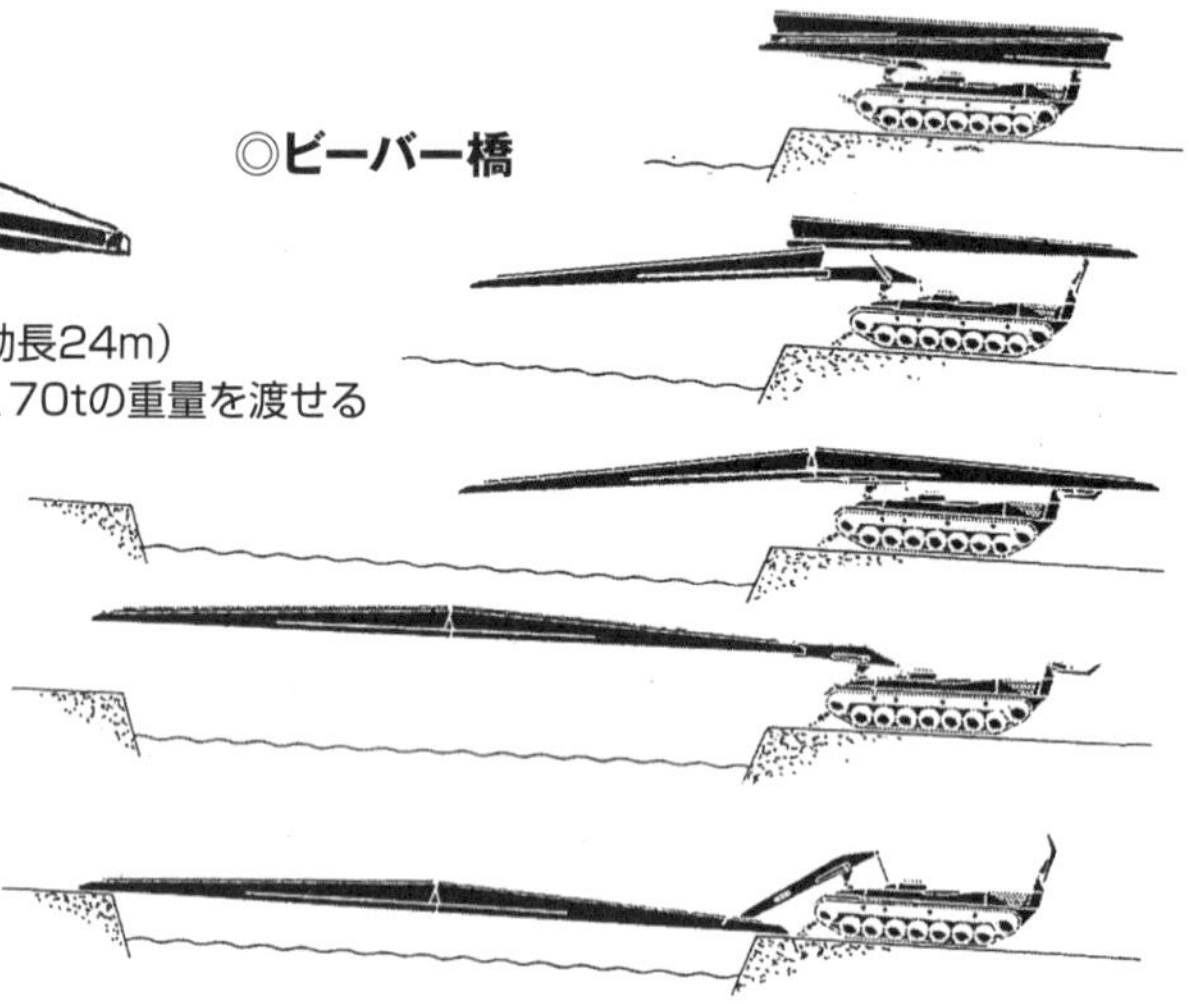

◎Brupz橋

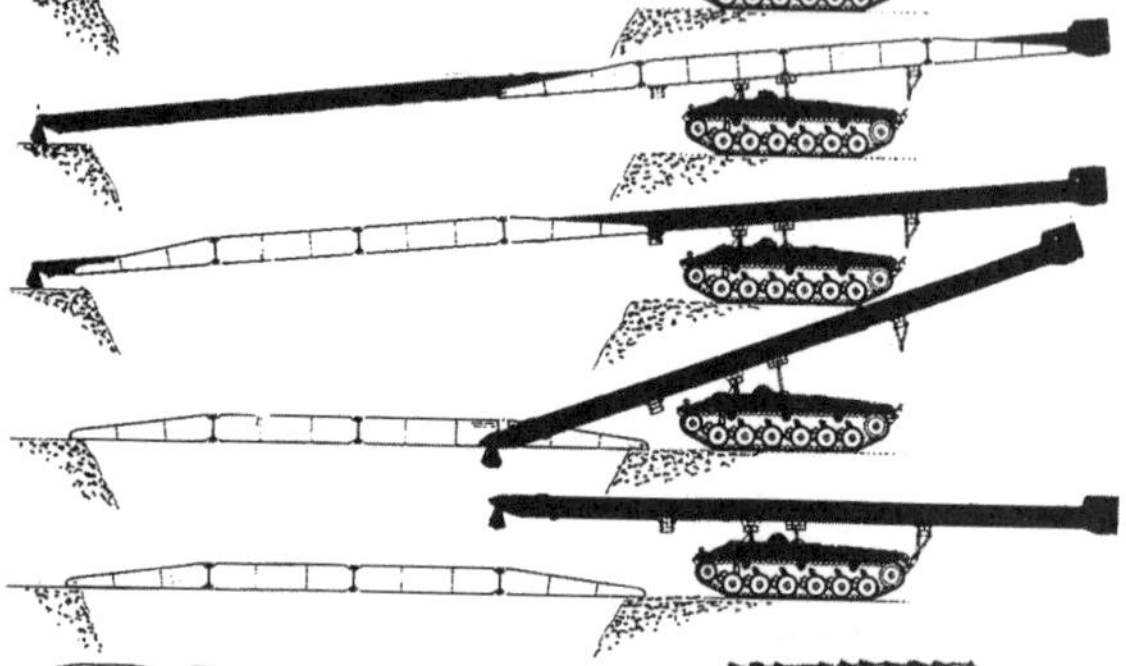

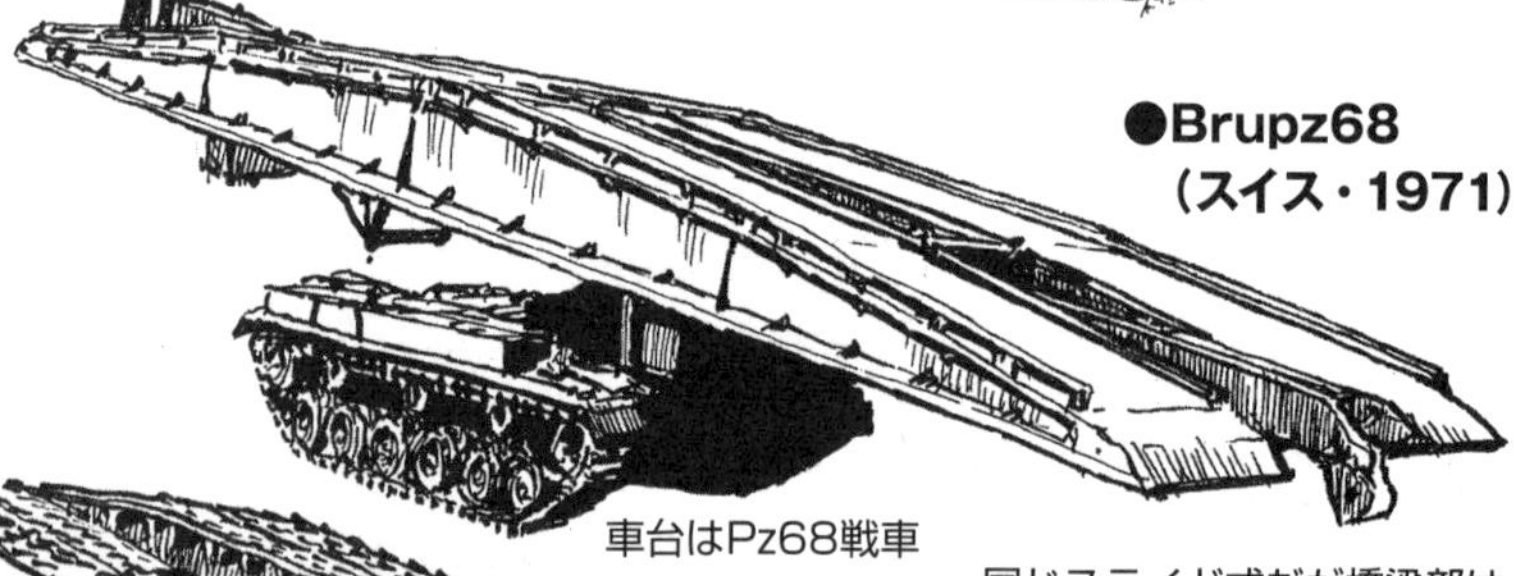

**●Brupz68
（スイス・1971）**

車台はPz68戦車

同じスライド式だが橋梁部は
最初から一体になっている
橋長18.23m　60tまで

**●T-54-MT-1
（ソ連・1950）**

橋長14m　50tまで

スライド式は
姿勢も低く
すばやく
（5分くらい）
架橋できるので
現代の主流です。

地雷除去戦車

機甲部隊を安全に進撃させるため、敵が敷設した地雷を爆破処理するのが地雷除去戦車だ。イギリスやアメリカでは工兵が地雷処理を行なえるようにと戦車を改造した処理器材がいろいろと考案されている。

●バレンタイン・スコーピオン
ドイツ軍の地雷原を突破するために
南アフリカの技術将校が発明した“フレイル式”と呼ばれる
除去装置を搭載した車両。
動力ドラムにチェーンを付けて、
地面を叩いて地雷を爆破してしまう
戦車隊の進撃を邪魔する地雷原を破壊するために開発された車両が地雷除去戦車です！

●マチルダ・スコーピオン
●M3グラント スコーピオン
●マチルダ・バロン
武装を
取り外したタイプ
●シャーマン・マルキス

※北アフリカのアラメイン戦より使われた“スコーピオン”は1時間でわずか800mの処理能力だったが、
最後はシャーマンにも装備された。

しかしより性能の向上したシャーマン・クラブが登場し、マルキスは量産されていない。

■爆薬式
地雷原を爆薬で一気に処理してしまう
T12システム・T13榴弾を発射させる
●T10システム
■マイン・プラウ式
鋤をとりつけ地雷を掘り起こす
T5E3・プラウ式で地雷を排除
●T1E1
M32戦車回収車に取りつけた状態
全重量165t
●シャーマン・クラブ
第二次世界大戦では
このフレイル式の戦車が一番の成功作となった
作業速度2㎞/h
■フレイル式
チェーンを付けたドラムを回転させて
地面を叩き地雷を爆発させる
●MD1プラム
イギリスで開発された
アメリカ海軍工兵隊
「シービーズ」で造られた
フレイル式の試作車
●T3
イギリスのスコーピオン・システムを流用

シャーマン戦車改造・地雷狩戦車!

米・英軍では戦闘下で安全に工兵が地雷処理を行なえるように戦車を改造していろんな処理器材が考案されている。

■踏破式
車体下面や足まわりを強化
自ら地雷を踏んで爆破する
●T15システム
■インパクトハンマー式
爆破装置のロッドで
18㎝置きに地面を叩いていく
●T8地雷爆破装置
5本、6本、18本と本数を変えてテストされた
●T1E3ローラー
T1E1システムを
M4用にしたもの
全重量15.5t
作業速度3～8㎞/h
■ローラー式
重いローラーを押して
その重量で地雷を爆発させてしまう

●T9システム

●T1E4システム

T1シリーズのなかでは機動性が高かった

このローラーは地雷を爆発させるものではなく、探知機で発見したら処理は後続の工兵が行なう

プラウ式は掘り出す力が弱く、ローラー式も深い地雷では重さが足りなかったりして、このなかでは処理速度が遅いもののフレイル式がいちばん有効とされました。地雷は現代でも戦車の強敵です。

地雷なんぞ踏みつぶして突破せよ!!

■ドイツ
ドイツでは試作に終わったが
ローラー式の重地雷除去車があった
●Ⅲ号地雷処理戦車
車体を上げた改造車両でローラー式
●Ⅳ号地雷処理戦車
前に2個、後に1個ローラーを装備
●地雷除去車
クルップルーマーS 踏破式
●地雷除去車 BⅠ
無線操縦式の小型車両
このタイプの発展型が
BⅣやゴリアテとなり
実戦で使用された
●地雷除去車
ミーネンロイマー
Ⅰ号戦車の砲塔を装備
踏破式

■日本

●装甲作業機

プラウ式
工兵用の万能作業機で
地雷の除去もした

地雷除去鋤

地雷は履帯外へ
転り出るように
鋤の角度がついている

●地雷処理チユ車

九七式中戦車にフレイル式を装備。

■フランス

●ルノーR35
地雷処理車

インパクトハンマー式

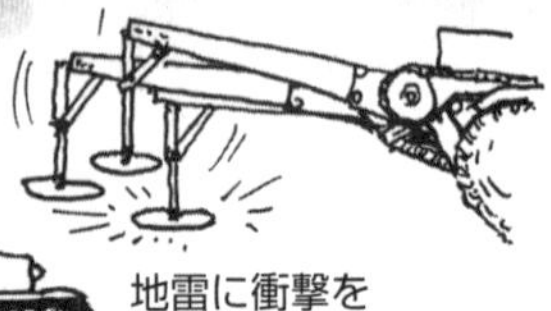

地雷に衝撃を
与えて爆発させる
対人地雷用

■ソ連

●PT-34
地雷処理戦車

1943年後半より実戦部隊へ
配備

試作期は
T34/76を使用

ローラー式

戦車の発達した第2次世界大戦においても、いぜんとして陸上戦闘の主役は歩兵であった。

AVREはイギリスが開発した各種の歩兵支援戦闘車両の総称だ。

AVRE

チャーチル戦車をベースにした突撃工兵部隊専用車両

■ＡＶＲＥ（直訳は王立工兵突撃車両）

イギリス陸軍機工工兵が使用する特殊用途車両で歩兵戦車チャーチルの車体を利用しています。本車の開発は１９４２年８月のディエップ上陸作戦がきっかけで、敵弾下でも工兵の作業が容易かつ確実にできるようにするためには、チャーチルのぶ厚い装甲と広い車内容積が適していたようです。

数々の特殊車両が開発され、合計６８２両も戦車より改修、製作されています。

●チャーチルV

95㎜榴弾砲を搭載した近接支援車

●3インチ自走砲Mk.I

ドイツ軍の英本土侵攻に備えて開発

●装甲兵員輸送車

砲塔を取り外し歩兵1個分隊が乗車できた少数が改造

この際だからチャーチルの他の派生車も紹介します。3インチ自走砲はドイツ軍が来ないと知って、全部を各種のテストベットにしたの。

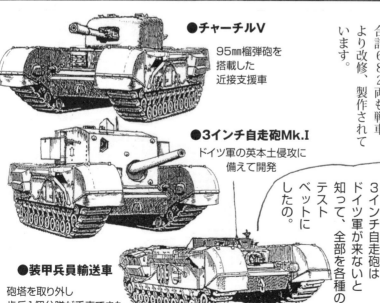

■ゴート爆薬設置器材

ゴートは敵海岸に構築されたトーチカやコンクリート壁を破壊するために考案された

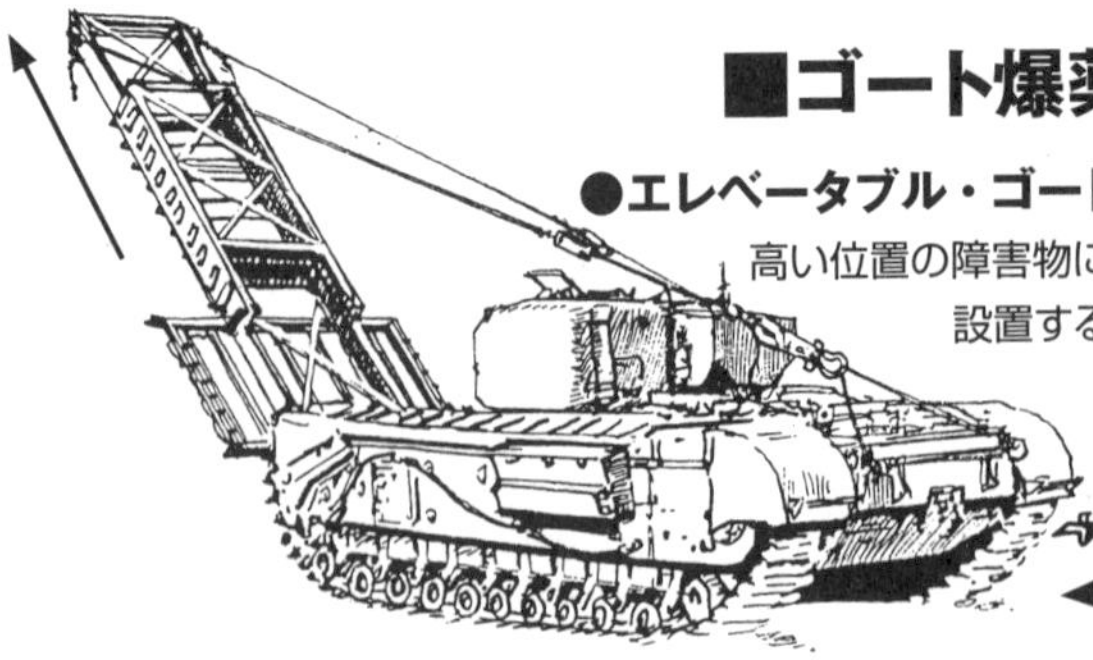

●エレベータブル・ゴート
高い位置の障害物に設置する

●キャロット
車体前方に爆薬を搭載
乗員は車内で操作・爆破できる

●ゴートMkⅢ

●チャーチル・オニオン

いずれも設置場所まで前進して爆薬をセット
遠隔操作で爆発させる

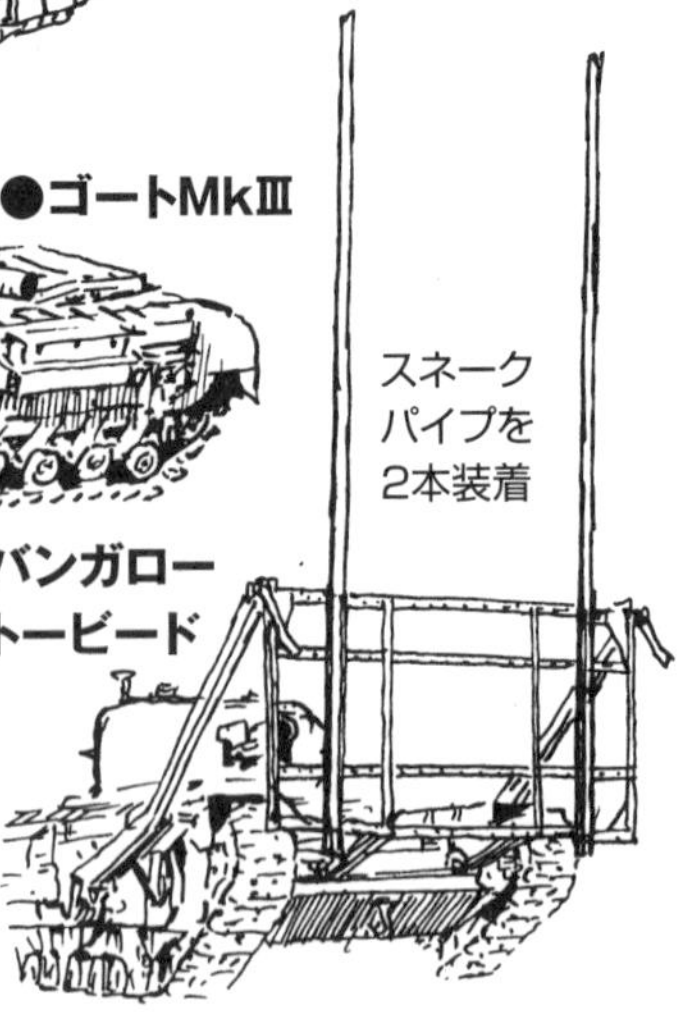

●バンガロー・トーピード
スネークパイプを2本装着

■地雷処理装置(AMRCR)

戦車の前方に装着し、ローラーで地雷を爆発させるものや鋤(マインプラウ)で掘り起こすもの等を開発、実験。

ブルズホーンはヨーロッパ戦線で実戦投入された

●チャーチル・コンガー
地雷爆破用ロケット搭載のキャリアーを牽引

●スネーク搭載型
直系7.6㎝、長さ6mのパイプを積み地雷原を爆破する
イタリア戦線で使用

●OAC　MkI型鋤

●OAC MkII型鋤

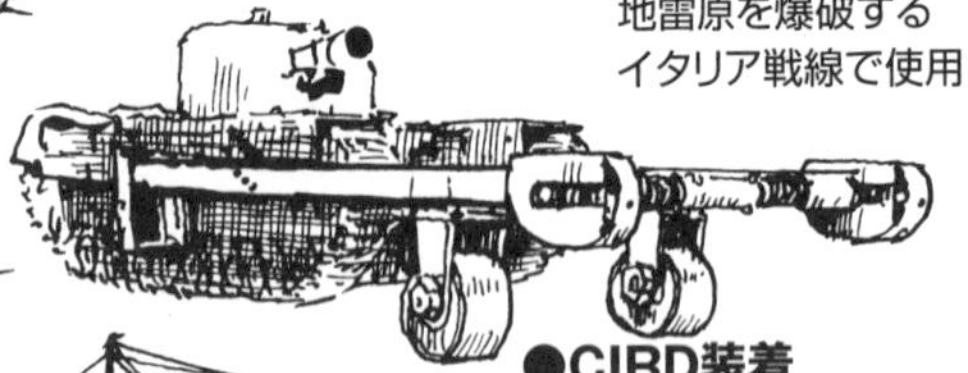

●CIRD装着
カナダ陸軍が開発

●ジェフリース型鋤

●AMRCR　No.1MkI

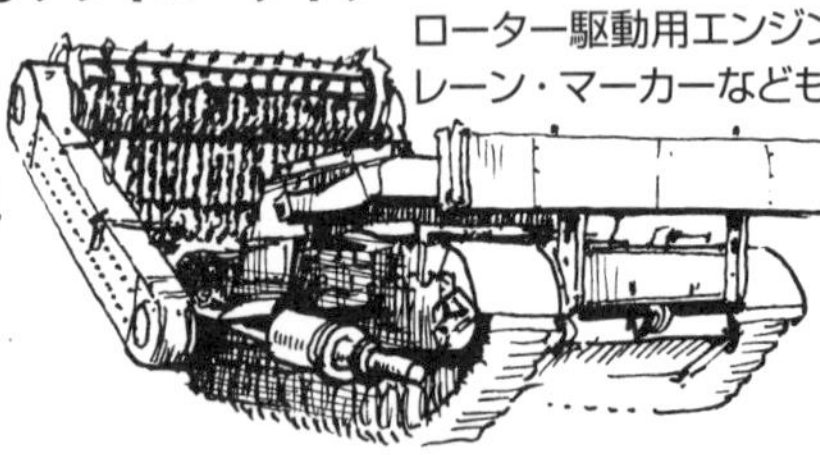

●フレイル・タイプ
戦後開発車両
ローター駆動用エンジンやレーン・マーカーなども搭載

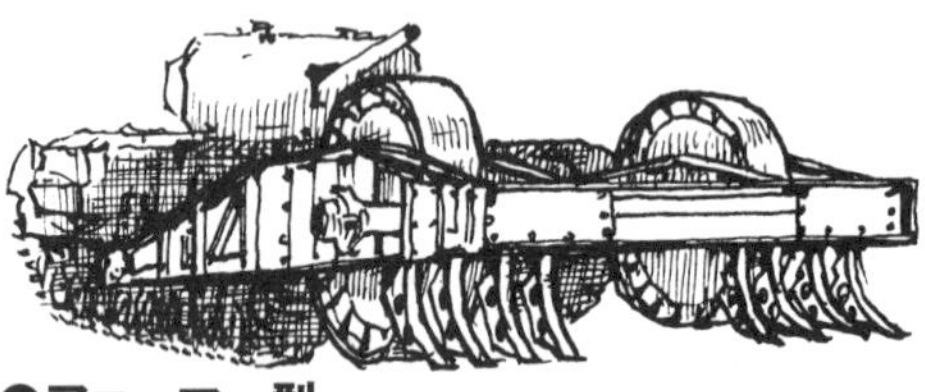

●ファーマー型

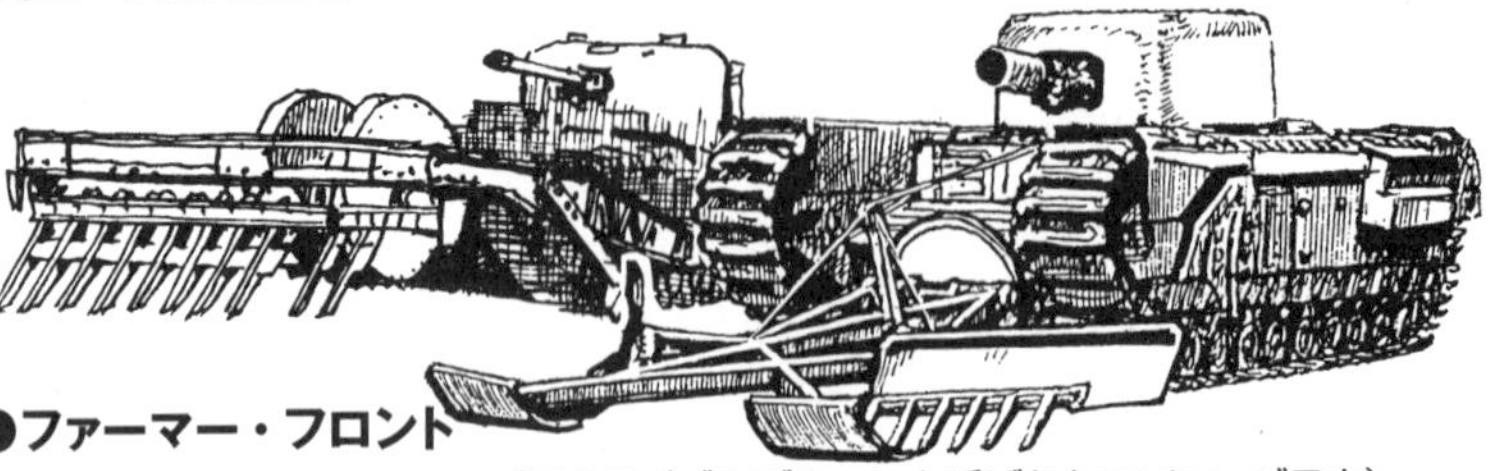

●ファーマー・フロント

プラウB（ブルズホーンと呼ばれたマイン・プラウ）

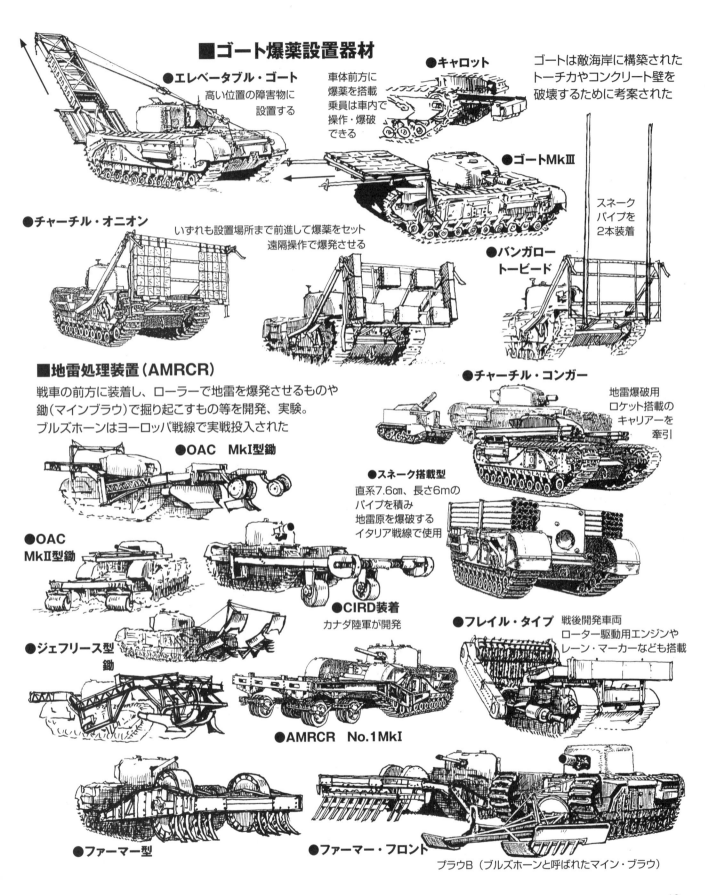

■AVRE = Armoured Vehicle Royal Engineers

AVREは目的に応じて各種アタッチメントが装備できる

空飛ぶゴミ箱と呼ばれた
迫撃砲
重量18kgの
砲弾を
最大80m飛ばせた

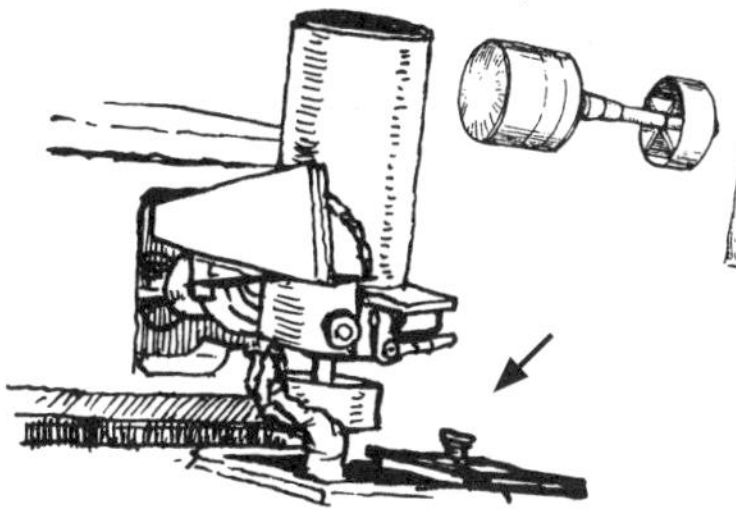

砲身の下にスライドハッチがあり
ここから装填する

ベースはチャーチルMk.Ⅲ/Ⅳを使用
大口径290㎜ペタード迫撃砲を装備
障害物をこいつでブっとばす

◎ボビン

カーペット施設装置

ディエップで使用された
TLC型

●TLC型

●A型

●ログカーペット型

●C型 MkⅡ

●C型 MkI

砂浜や軟弱な路面での
AFVの活動を容易にするため
カーペットを施設する
さまざまな幅や長さの
カーペットが実験された

●シダ束搭載車

●アーディア・エイジー

ペタード砲の威力増大を狙い
アーディア無反動砲を装備したが
試作車のみに終わる

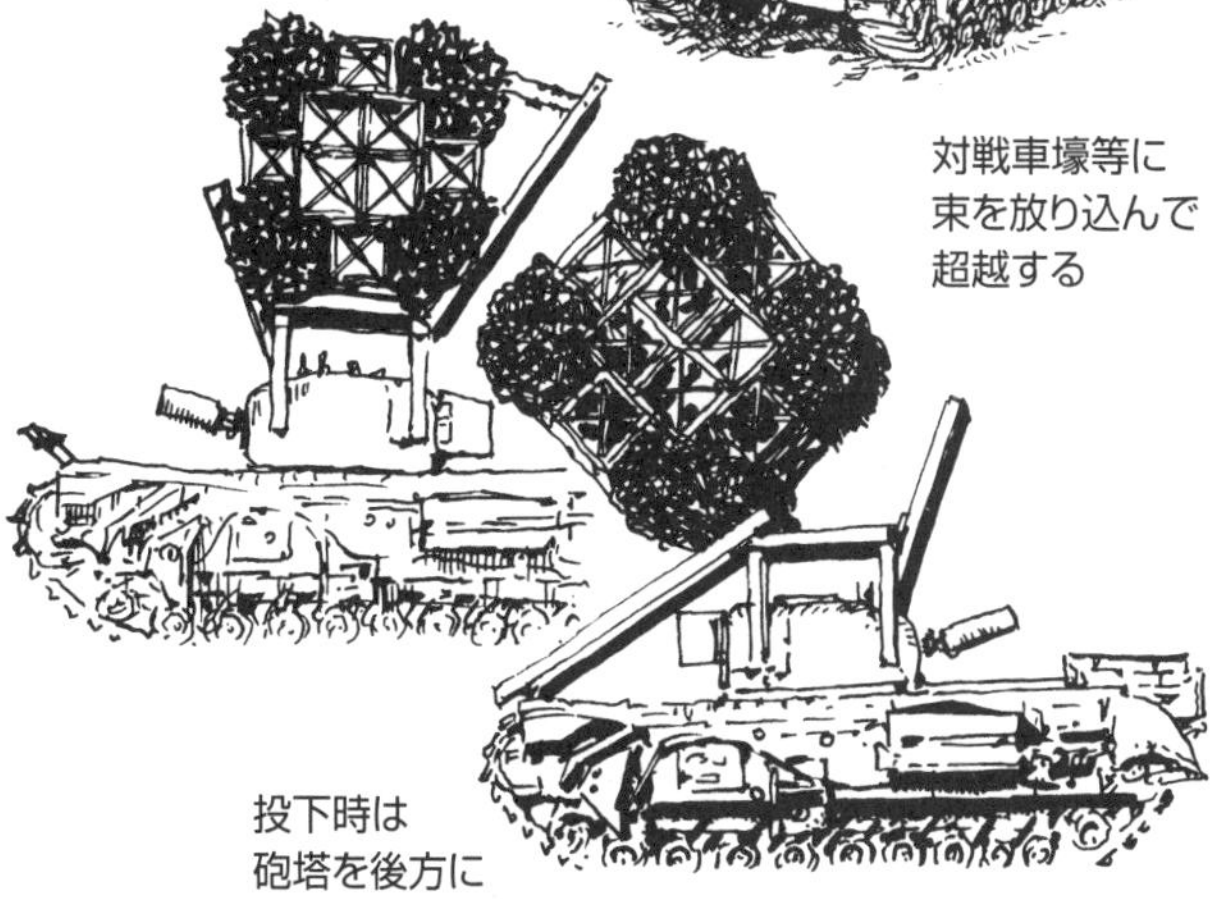

対戦車壕等に
束を放り込んで
超越する

投下時は
砲塔を後方に

■橋梁運搬車（ARK）

Armored Ramp Carrier=アークの略称は
空母アーク・ロイヤルに似ているため
とも言われている
SBG橋を装備したAVRE
突撃用の軽い橋で
橋長10.36m

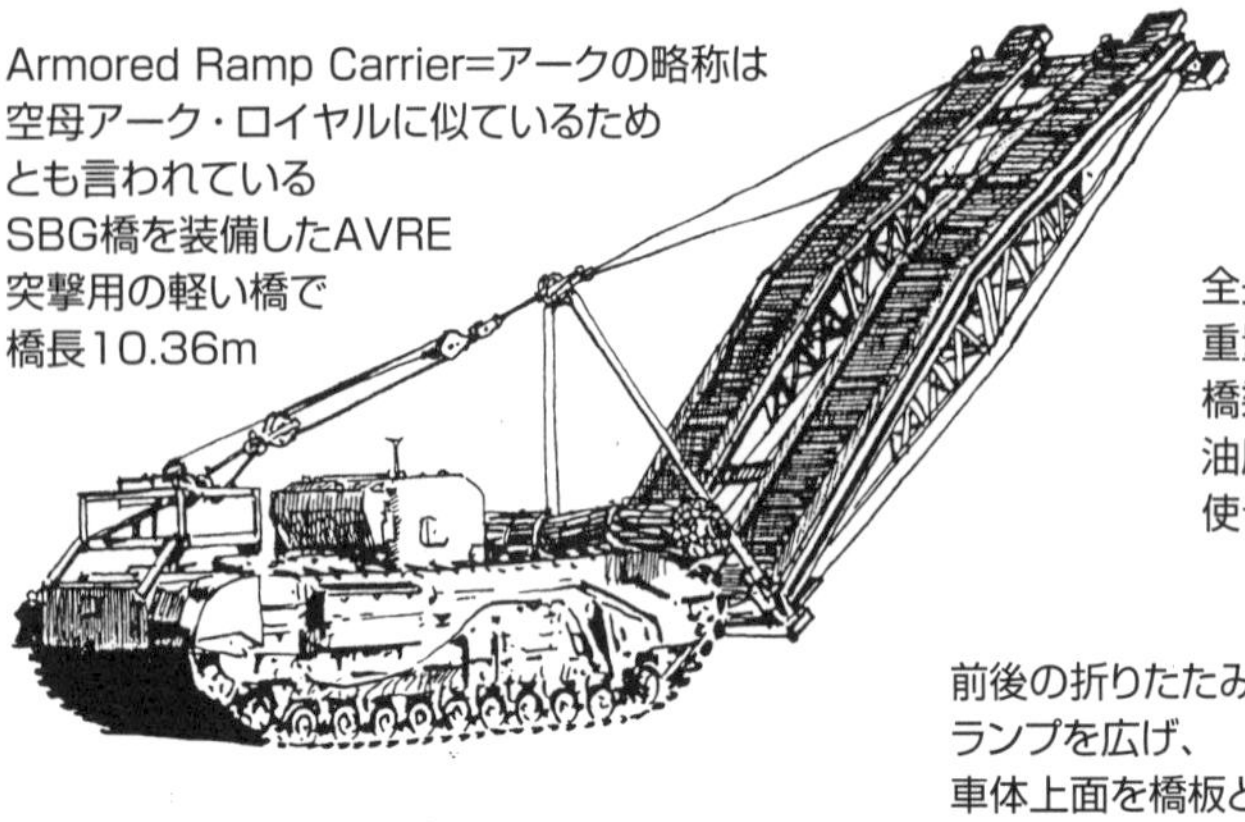

●チャーチル・ブリッジ・レイヤー

全長9m
重量4.8tの
橋梁を
油圧アームを
使って設置

●チャーチル・アークMkⅡ

橋長14m

前後の折りたたみ式
ランプを広げ、
車体上面を橋板とする
ランプ方式

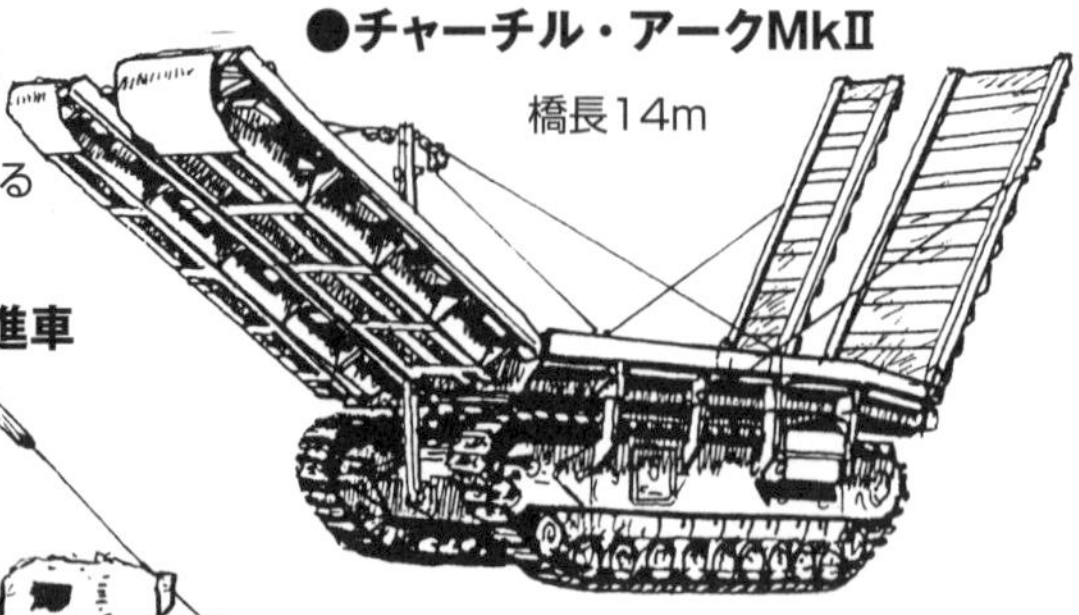

戦後造られたチャーチル・アーク
橋長21m

●ベイリー鉄橋推進車

●組み立て式鉄橋

大小あるがこれは履帯付
（自走はできない）
イタリア戦線で使用

■装甲回収車（ARV）

●ARV　MkI

チャーチルMk.Ⅱがベース
対空用ブレン2丁を装備

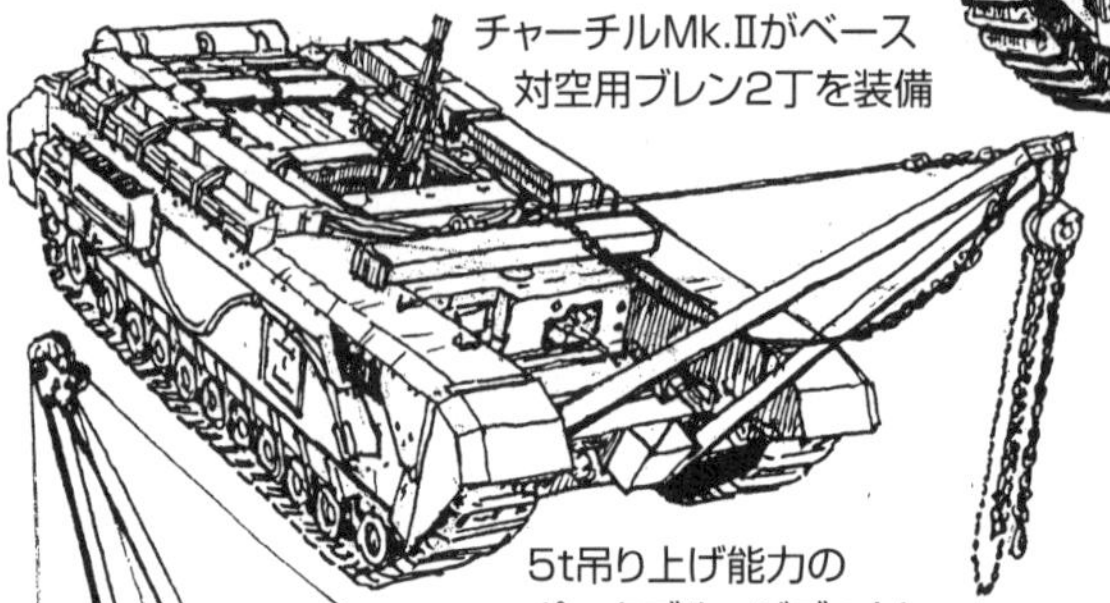

5t吊り上げ能力の
ポータブル・ジブ・クレーン

●チャーチルBARV

海岸用装甲回収車で
砂浜での使用を考え
足回りに排土用プレートを装備

●チャーチルCDL

野戦用のサーチライト装備車

●ARV　MkⅡ

チャーチルMkⅣがベース

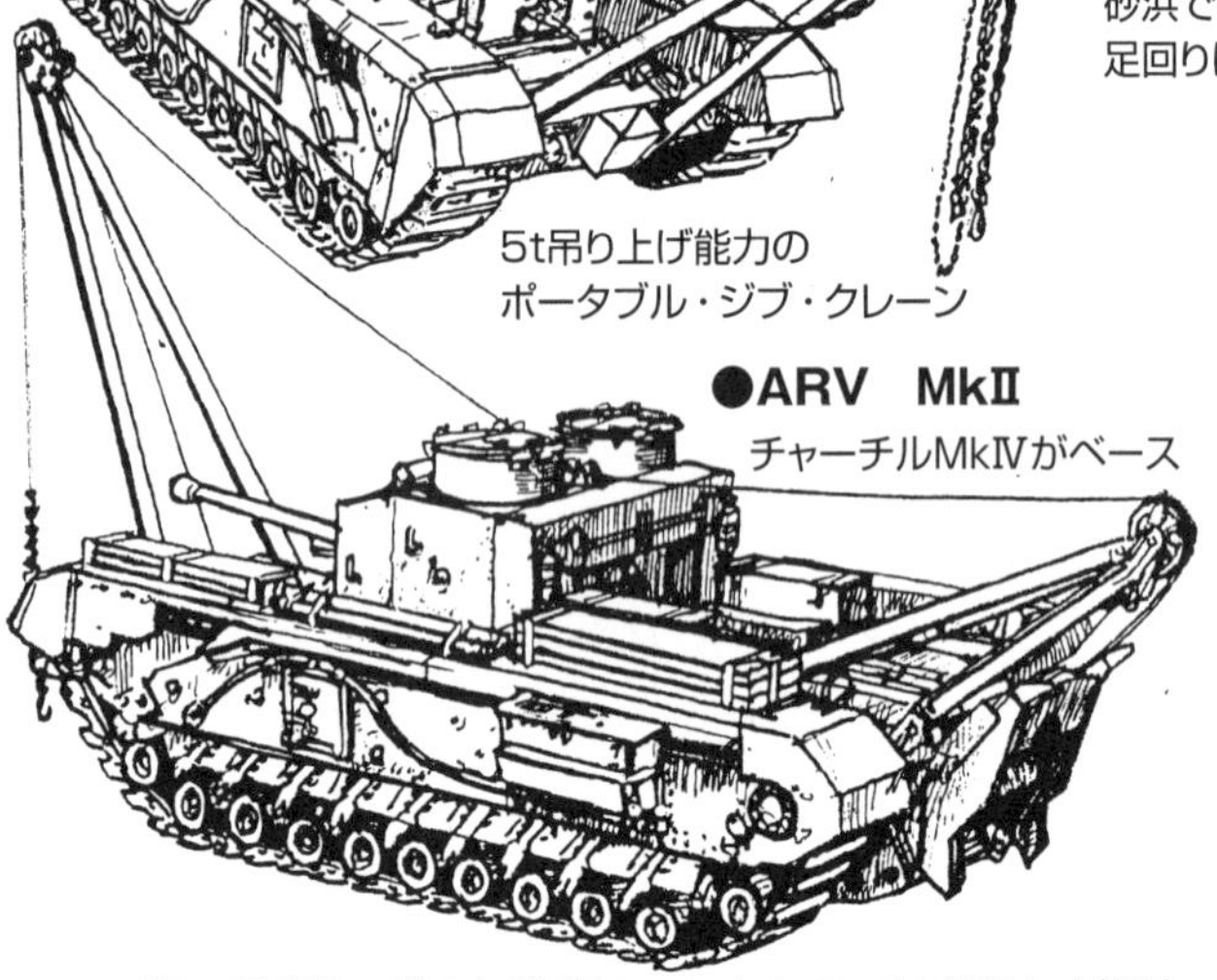

ダミー砲塔や、強力なジグクレーンとウインチを備えた本格派

●チャーチルMkⅦをベースとしたAVRE

これは第2次大戦後開発されたもので、165㎜低初速砲が
装備されている、1954年
～1965年頃まで
使用されていた

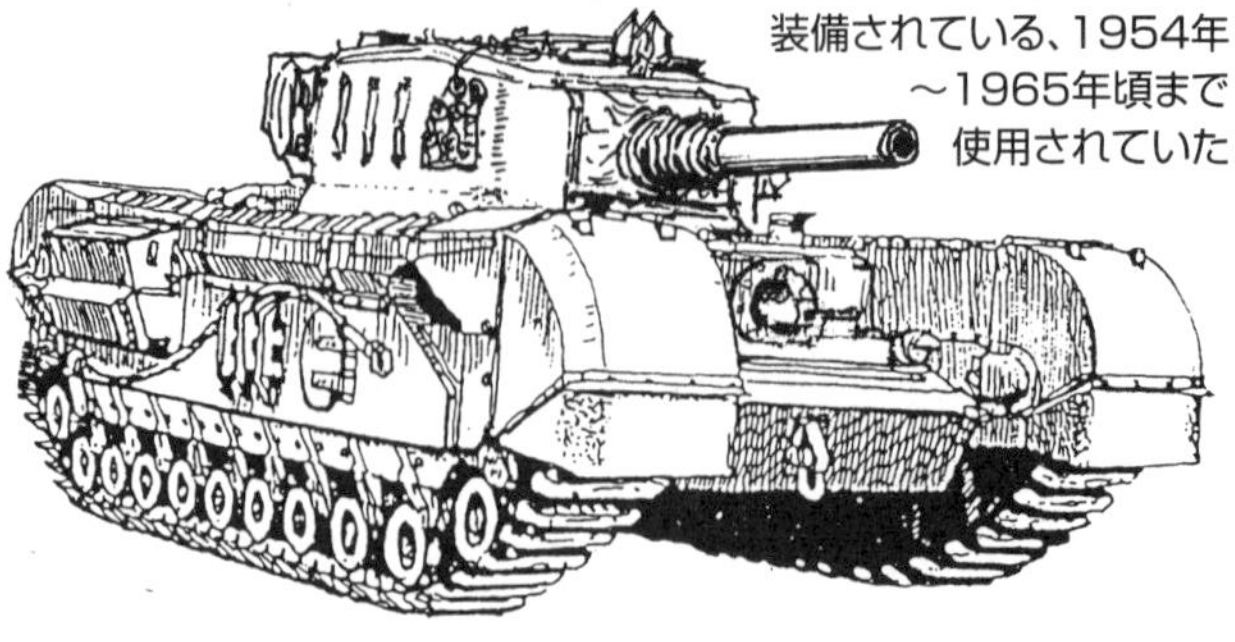

第2章

自走砲の仲間

World Tank Episode Collection

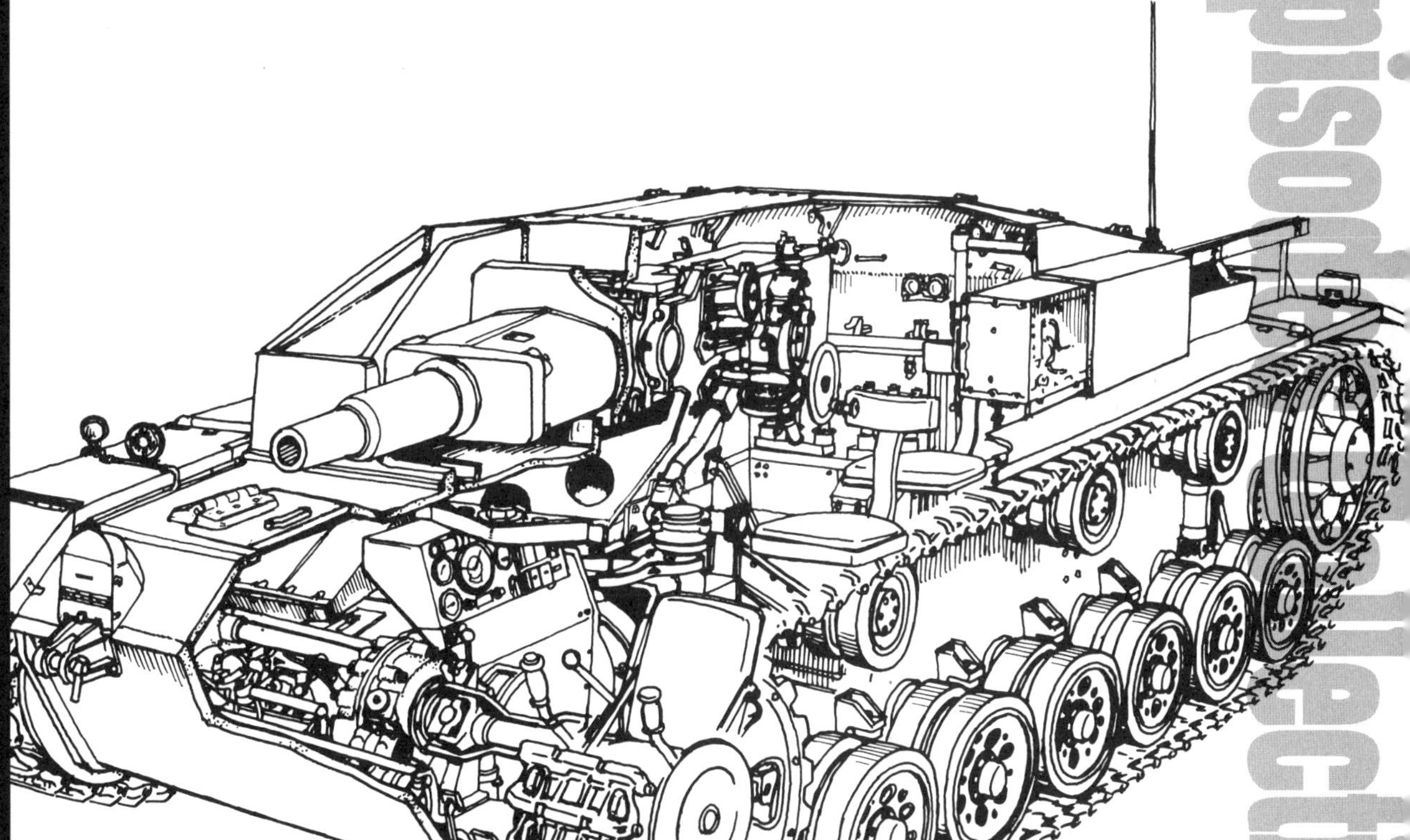

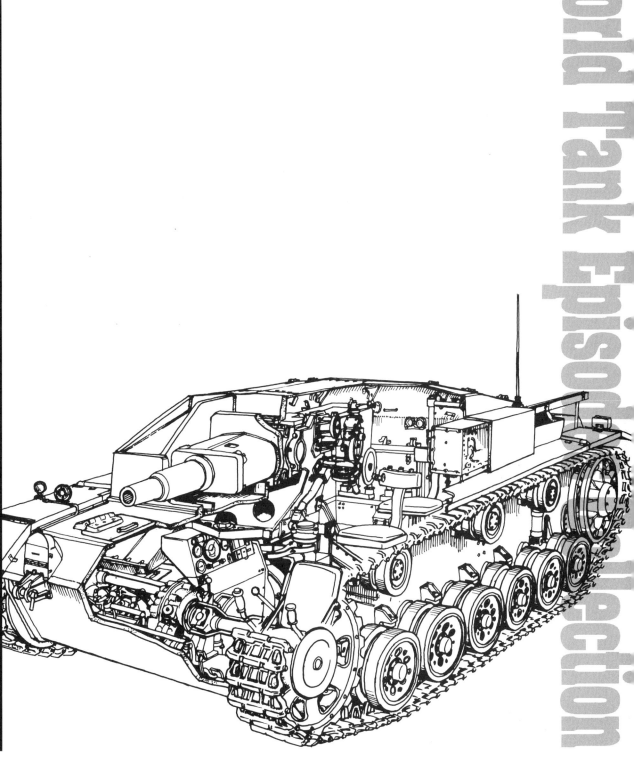

自走砲の仲間

第2章では、各種の火砲を搭載したいろいろな自走砲をご紹介します。

自走砲はその形態からも戦車の一種のようで、戦車砲の代わりに対空砲や対戦車砲を積んだものと見られがちですが、正式には「自走砲」という種類の車両ではなく、「自走することができる火砲」であるということに注意が必要です。すなわち、戦車の車体に火砲を積んだのではなく、火砲を走らせるために、タイヤの代わりに履帯《りたい》（一般的にキャタピラとして知られているもの）などの戦車の走行装置や、エンジンを利用しているという考えです。

ただ、各種火砲を自走化したものを総称すればもちろん「自走砲」ですし、対戦車や対空といった目的別に総称する場合は、「対空自走砲」などと表記しても違和感はないのですが、榴弾砲やカノン砲といった個々の自走火砲を述べる場合は、「榴弾砲自走砲」などと、おかしなことになってしまいます。ここはやはり冒頭に自走を冠して、「自走対空砲」などと表記したほうがよさそうです。

一方、対空戦車は、戦車砲に代えて対空砲を搭載した戦車といってよく、その差は全周を装甲板で囲われた砲塔を備えているかどうかで判断できそうです。もっとも、これも個々の兵器の名称とはまったく関係がなく、同じ35㎜機関砲を主武装とし、機能も形態も非常に似通っていながら、ドイツはゲパルト対空戦車（Flakpanzer Gepard）、陸上自衛隊は87式自走高射機関砲と称しているのが興味深いところです。

同様に、敵戦車を駆逐する車両を指す「駆逐戦車」と「戦車駆逐車」との間に明瞭な差があるのかといえば、駆逐戦車のほうが装甲が厚そうなイメージこそありますが、実際のところは名称がそうなっているだけとしかいえないのかもしれません。

（文／浪江俊明）

自走砲は読んで字のごとく、自ら動力をもって移動することのできる火砲のこと。第2次世界大戦では戦車に準じる陸戦兵器として様々な国で様々な車両が開発されている。

自走砲
第2次世界大戦まで

兄弟子、平野光一さんが描いたタミヤ、M40ビックショット
迫力ある射撃シーンにプラモ小僧たちみんながやられたものです
M40はアメリカ軍自走砲の決定版といえる車両でした

世界初の自走砲
●ガンキャリアーMkI(イギリス・1917)

野砲運搬車と呼ばれ、搭載する砲は60ポンド砲、もしくは6インチ榴弾砲であった。射撃も可能だったが、実際には戦闘任務よりも、砲を降ろして最前線への補給運搬車として使用されていたようだ

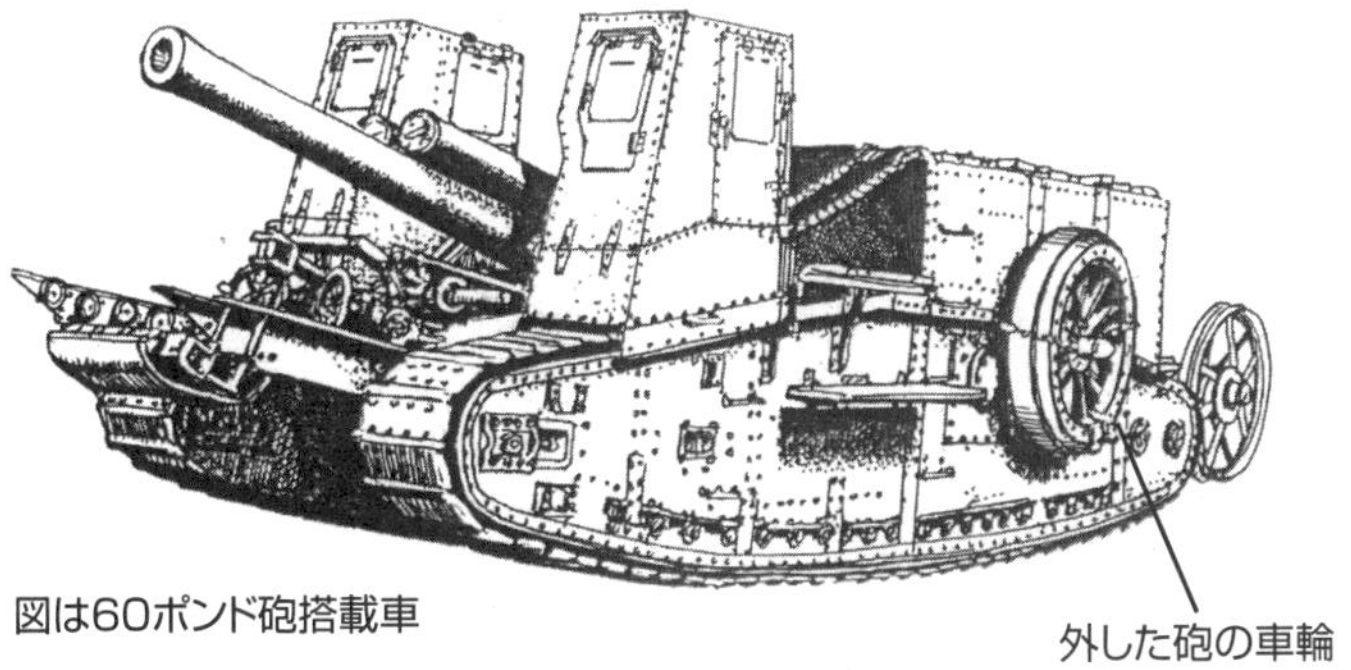

図は60ポンド砲搭載車

自走砲とは、文字どおり火砲を車両に載せて自走式にした兵器で、搭載する砲の種類により、自走榴弾(カノン)砲、対戦車自走砲、対空自走砲、自走歩兵砲(突撃砲)などに区別されます。ここでは砲兵本来の任務、支援攻撃を行なう自走榴弾(カノン)砲を集めました。

それまで馬で牽かせていた大砲は自動車で牽引されるようになり、そして戦車部隊の行動に追いついていけるように装軌車に搭載されるようになっていきました。

■ドイツ

ドイツ軍は大戦中に数多くの自走砲／自走榴弾砲を開発した

本格的な自走砲の登場

●Ⅱ号10.5cm自走榴弾砲“ヴェスペ”（1943）

ドイツ装甲砲兵の主力として676両を生産
車台はⅡ号戦車F型
専用の弾薬運搬車も159両造られていて
クルスク戦以降全戦線で使用されている
最大射程12.3km

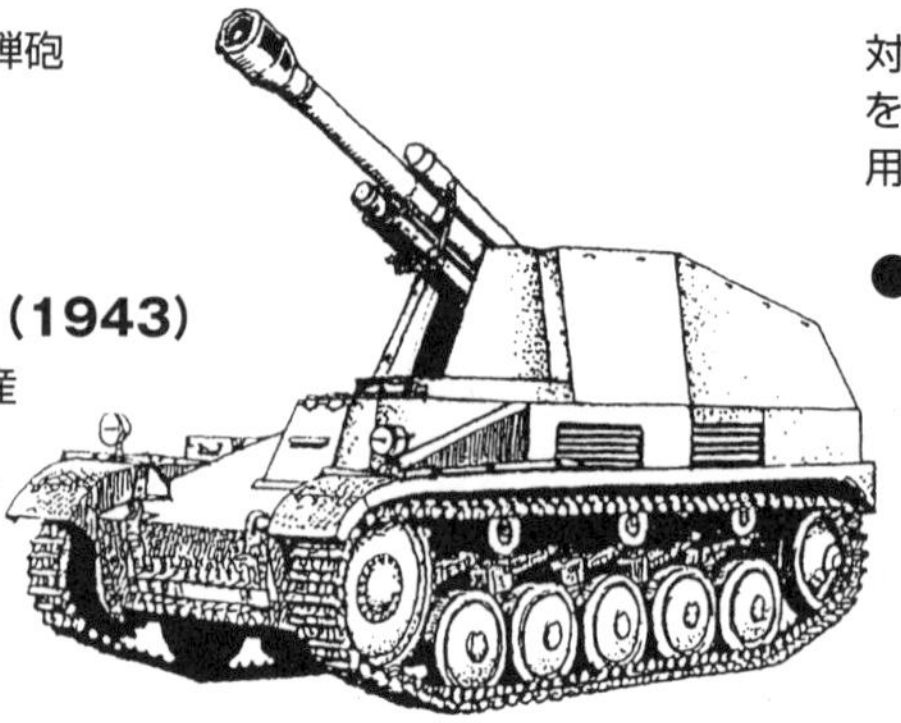

●15cm自走榴弾砲“フンメル”（1943）

対戦車自走砲ナースホルンと同じ車体に15cm野戦重榴弾砲を搭載
最大射程13km

大戦初期における
電撃戦での
勝利で
砲兵の自走砲が
早い時期より検討
されていました

●10.5cm自走榴弾砲Nb（1942）

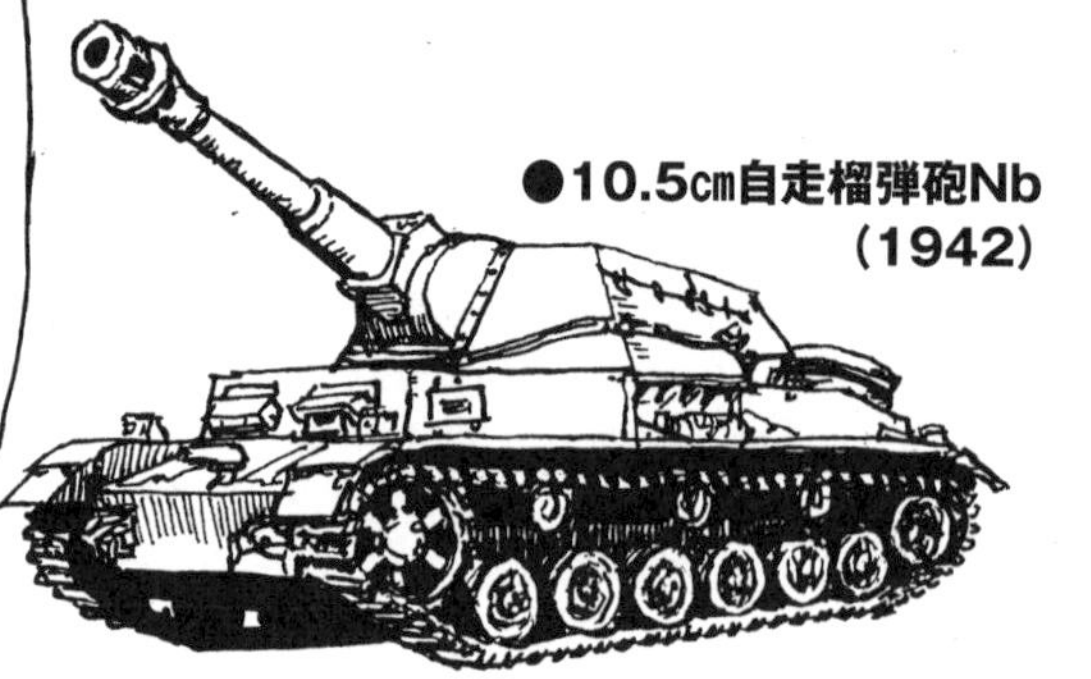

ヴェスペの対抗馬として開発された車両でⅣ号戦車の部品を流用して造られている。8両が完成し、試験的に東部戦線に実戦参加している

■フランス軍捕獲戦車（1942年）

対フランス戦の勝利でドイツ軍は数多くのフランス戦車を入手。下のように各種、自走砲等に改造し、有効に活用していた

●SdKfz135/t 15cm13型野戦榴弾砲搭載ロレーヌ牽引車

●SdKfz135 10.5cm軽野戦榴弾砲搭載ロレーヌ牽引車

●10.5cm軽野戦榴弾砲搭載FCM型火砲車

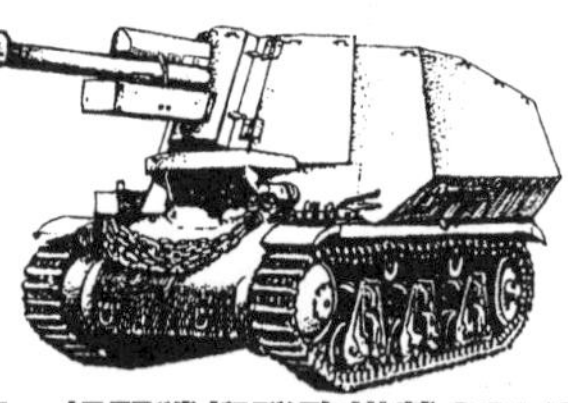

●10.5cm軽野戦榴弾砲搭載39H型火砲車

●10.5cm軽野戦榴弾砲搭載B-2型火砲車

■イタリア

●セモベンテde149/40（1943）

149mmカノン砲
最大射程23.7km
1両だけの試作

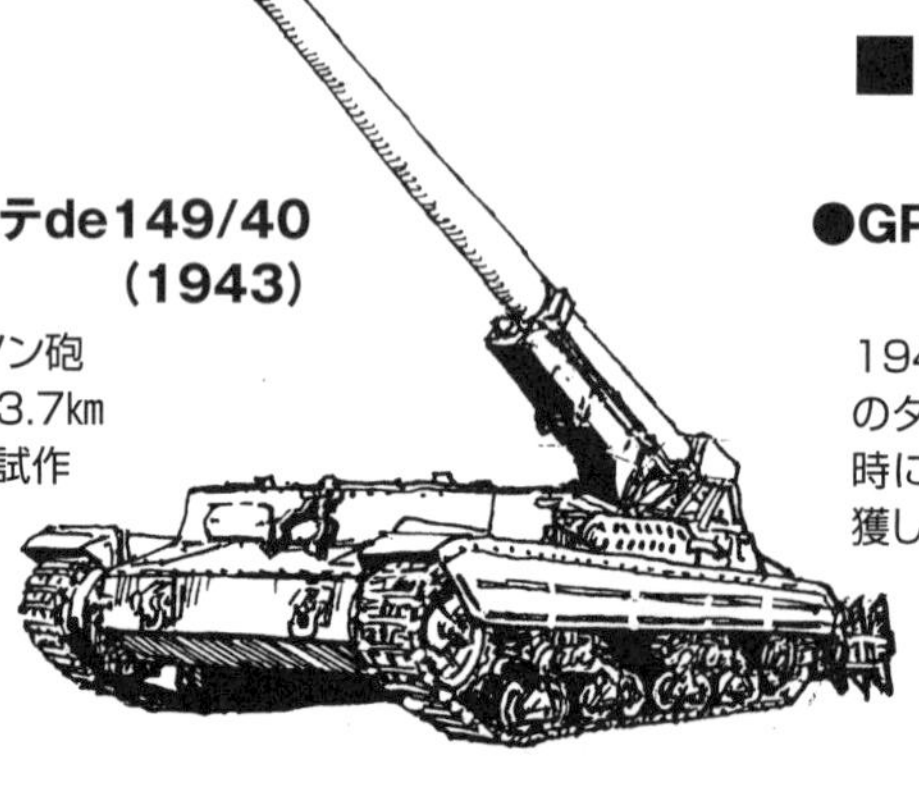

■フランス

●GPF194mm自走カノン砲（第1次世界大戦中）

194mmカノン砲と280mm榴弾砲のタイプがあり、第2次世界大戦時にも多数装備されていて、捕獲したドイツ軍は東部戦線で使用している

本車は電動モーターを搭載しているが自力走行はできず、弾薬運搬車を連結して電力をもらい、時速8kmで走れた

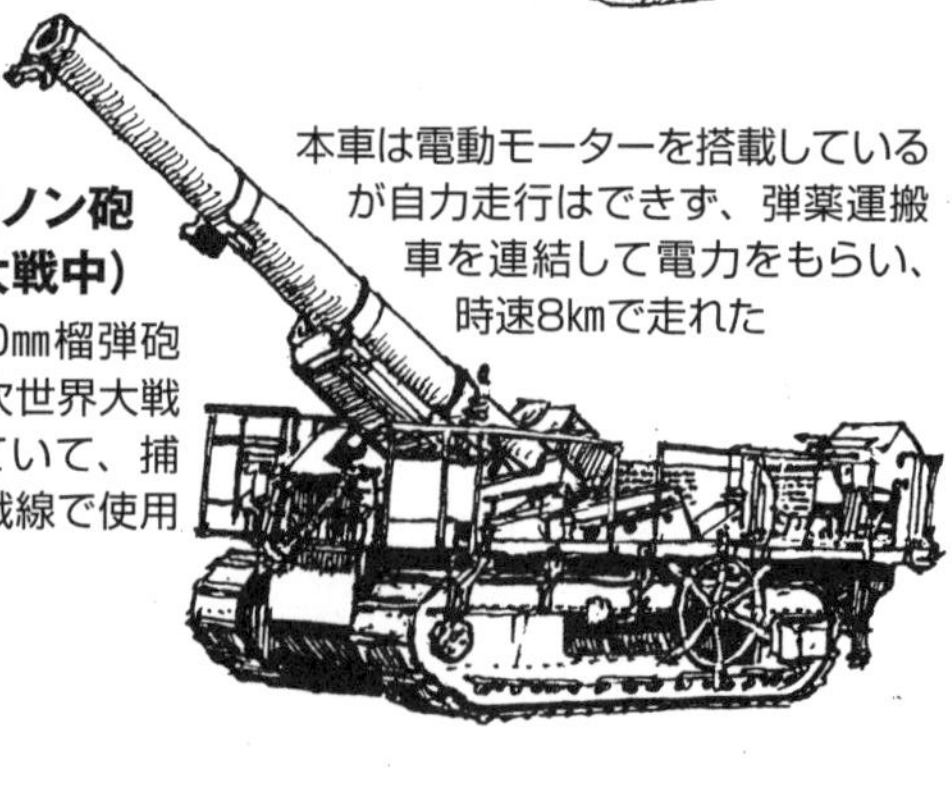

■アメリカ

●105㎜自走榴弾砲M7 “プリースト” (1942)

M3中戦車の車台を利用した機械化野戦砲兵隊の主要装備車両 826両も生産されイギリス軍も使用。最大射程10.4㎞

●155㎜自走砲 M12 (1942)

自走砲は車体に砲を搭載するためどうしても仰角があまりとれずその砲本来の射程より短くなる事が難点だった

第1次世界大戦でフランスより購入した砲を搭載。射程17㎞

●M40自走砲 (1944)

12の後継として開発 M40は155㎜カノン砲型で、203㎜榴弾砲を搭載したM43自走砲もあり、かろうじて第2次世界大戦の終盤で実戦参加している 射程23.5㎞

●T92自走砲 “キングコング”

対日戦用に完成していたアメリカ軍最大の自走砲

240㎜榴弾砲搭載車両：T92
8インチカノン砲搭載車両：T93

■イギリス

●25ポンド自走砲 “ビショップ” (1941)

ドイツ軍自走砲を見て開発した車両でバレンタイン戦車の車台に25ポンド砲を搭載。最大射程5.825kmで実戦では威力不足とされた

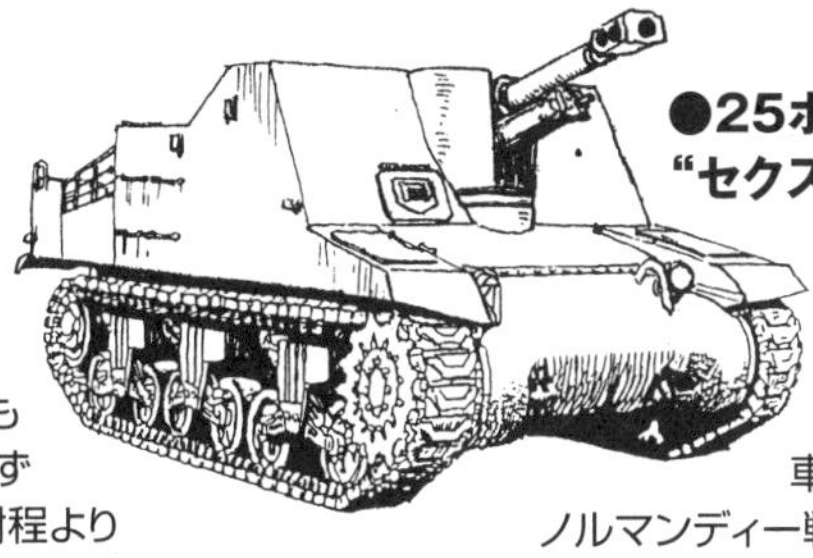

●25ポンド自走砲 “セクストン” (1943)

M7自走砲を導入したイギリス軍だが、やはり自軍の25ポンドを搭載したいと本車を開発。車体はカナダのラム戦車。ノルマンディー戦後、イギリス軍は本車に換装される

■日本

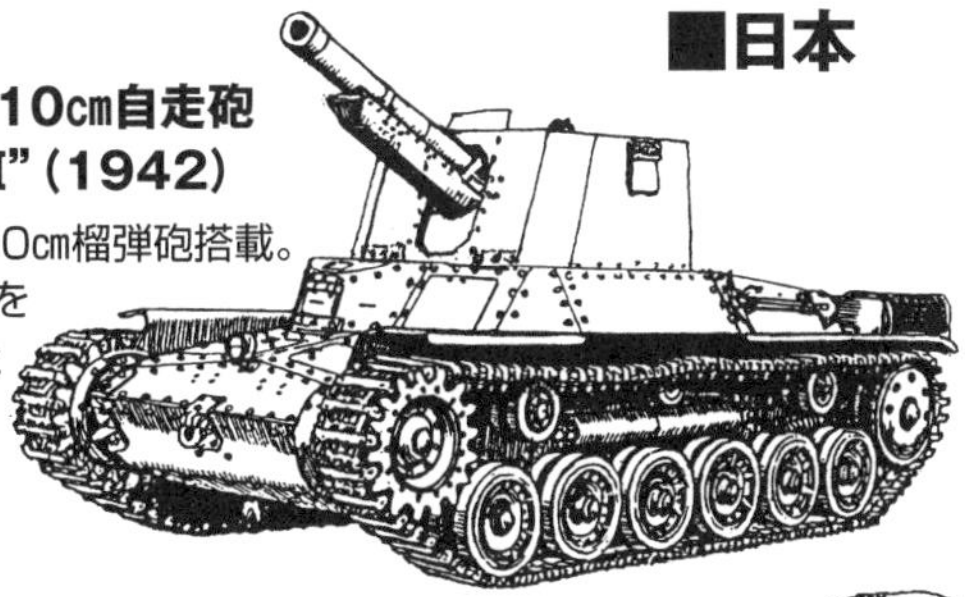

●一式10㎝自走砲 “ホニⅡ” (1942)

九一式10㎝榴弾砲搭載。75㎝砲を搭載したホニIの姉妹車

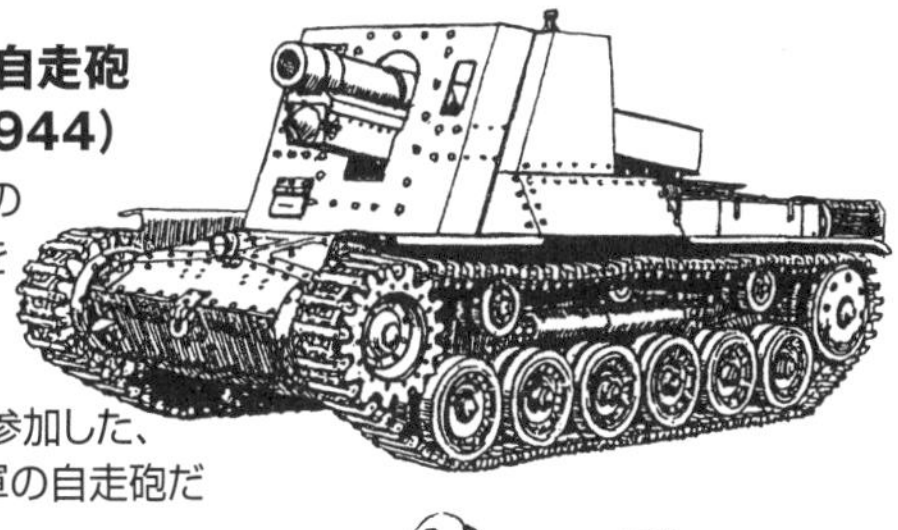

●四式15㎝自走砲 “ホロ” (1944)

口径149.1㎜の三八式榴弾砲を搭載 ホニIとともにフィリピン戦に参加した、数少ない日本軍の自走砲だ

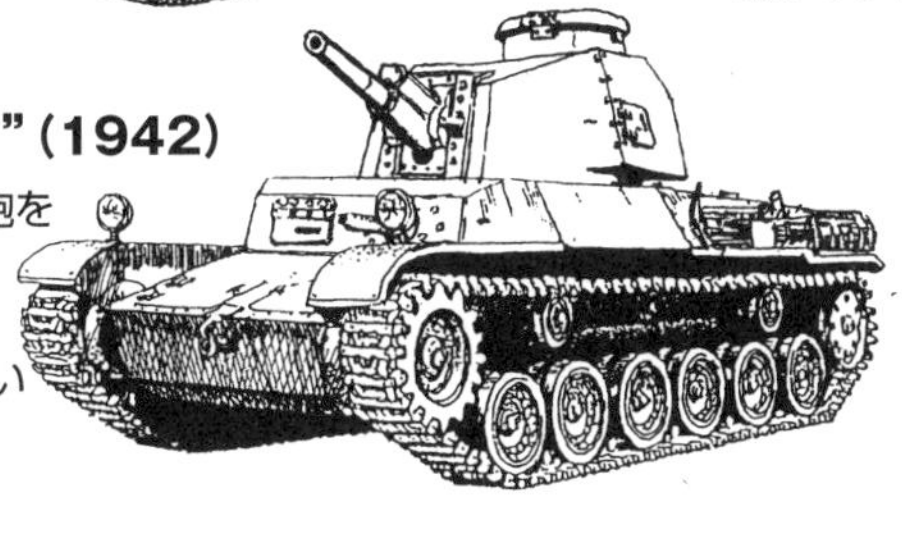

●二式砲戦車 “ホイ” (1942)

旋回砲塔に75㎜榴弾砲を装備した自走砲。30両が生産されたが実戦には参加していない

●短12㎝自走砲 (1945)

日本海軍が製作 12㎝砲を搭載した自走砲

■ソ連

●SU-100Y自走砲（1940）

130㎜艦砲を搭載。
フィンランド戦用に
1両造られた

●SU-14-Br-2自走砲（1935）

152㎜カノン砲

上の2両はいずれも試作だが
1941年秋のモスクワ攻防戦で
使われている

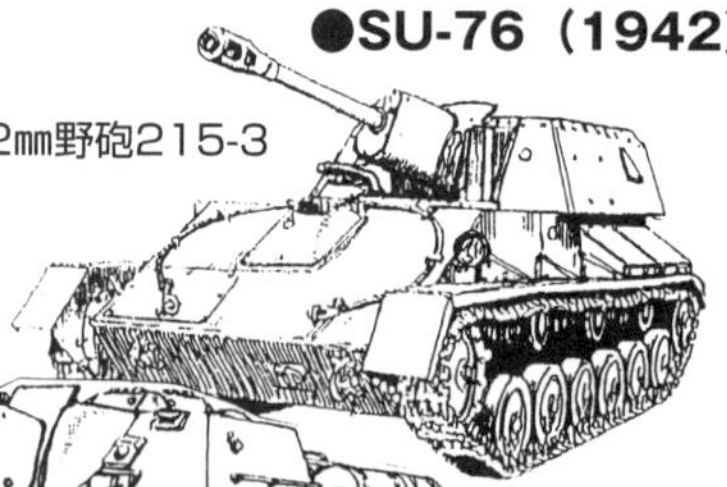

●SU-76（1942）

76.2㎜野砲215-3

●KV-2重戦車（1940）

152㎜榴弾砲M-10を搭載
回転砲塔をもつ砲兵戦車で自走砲といっていい

●SU-122（1942）

122㎜榴弾砲M-30

●JSU-152自走砲（1943）

152㎜榴弾砲ML-20を搭載

●S-51自走砲（1943）

KV-ISの車体に
203㎜榴弾砲B-4を載せ
自走化。
試作のみに
終わる

赤軍
誕生以来、
つねに
砲兵を
“軍の神”
と呼び重視してきたが、
自走砲の開発には
あまり熱心ではなかった

**●203㎜榴弾砲
M1931（B-4）**

一見、自走できそうだが、装軌砲架というだけで
動力は無い。この点カール砲とは大違いです

ソ連軍は自走砲を突撃砲のように歩兵支援、対戦車用に使用しています

■ドイツの特殊戦闘車両

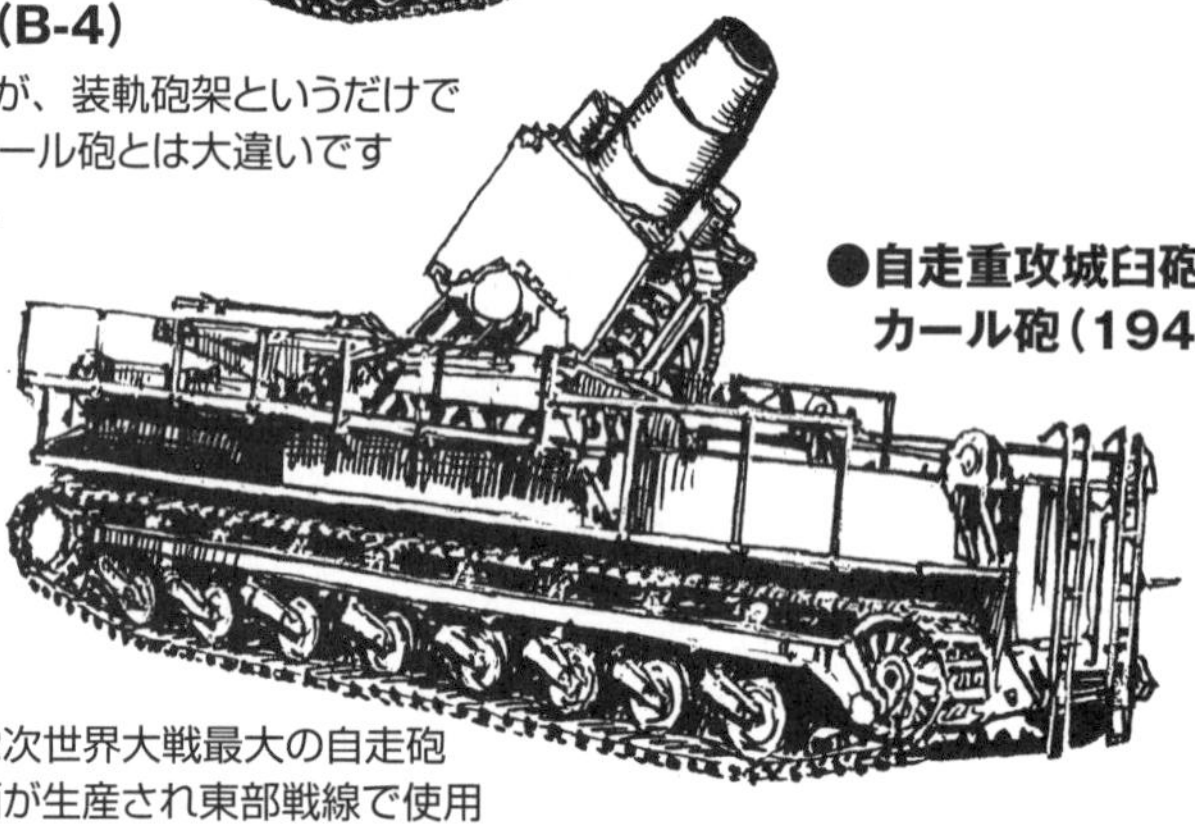

**●自走重攻城臼砲
カール砲（1940）**

第2次世界大戦最大の自走砲
6両が生産され東部戦線で使用
口径60㎝臼砲を搭載。最大速度は10㎞/hで陣地へ侵入
最大射程は6800m
射程を10㎞と伸ばした口径54㎝長砲身型も3門造られている
全備重量124tもの巨体で長距離移動は不可能なので
鉄道輸送した

**●ホイシュレッケ
10.5㎝軽野戦榴弾砲
クルップ社開発型**

ドイツでは“ホイシュレッケ”と呼ばれる
兵器運搬車も1943年に
開発している

10.5㎝軽野戦
榴弾砲の
自走化計画で
誕生したが
“ヴェスペ”が成功したので必要性がなくなってしまった

砲塔を降ろしてトーチカとして使用できる

もう1個の砲塔を牽引できる

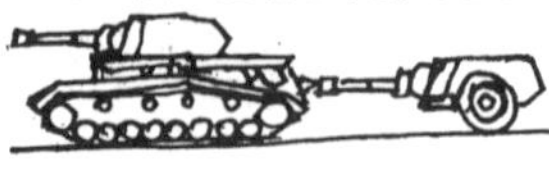

砲塔着脱用のクレーンは
他の車両の支援にも使える

**●ホイシュレッケ
ラインメタル・ホジッヒ社開発型**

自走砲
第2次世界大戦以降

■日本

●74式自走105㎜榴弾砲(1974)

30口径105㎜砲(43発)
射程14,458m
浮航可能

国産初の自走砲
威力不足とされ
生産は20両

●75式自走155㎜榴弾砲(1975)

陸自主力自走砲
として開発
30口径155㎜砲
(28発)
射程19,064m

●99式自走155㎜榴弾砲(1999)

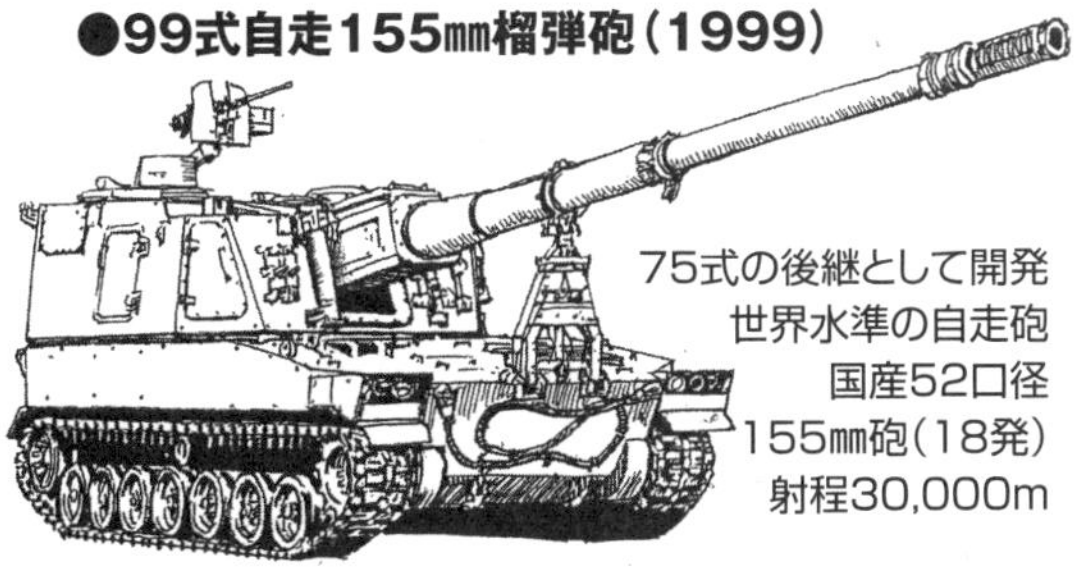

75式の後継として開発
世界水準の自走砲
国産52口径
155㎜砲(18発)
射程30,000m

●M52A1 105㎜自走榴弾砲(1966)

アメリカ軍より
購入
口径105㎜

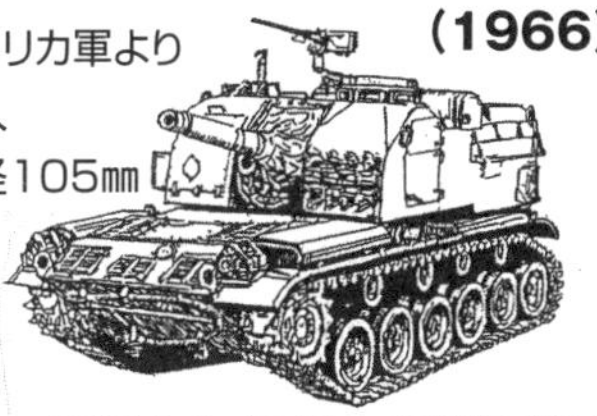

●M44 155㎜自走榴弾砲(1965)

口径155㎜

アメリカ軍では
すでにM109が就役している

●203㎜自走榴弾砲(1983)

アメリカ軍のM110A2を国産化したもの(ただし、砲身とエンジンは輸入)

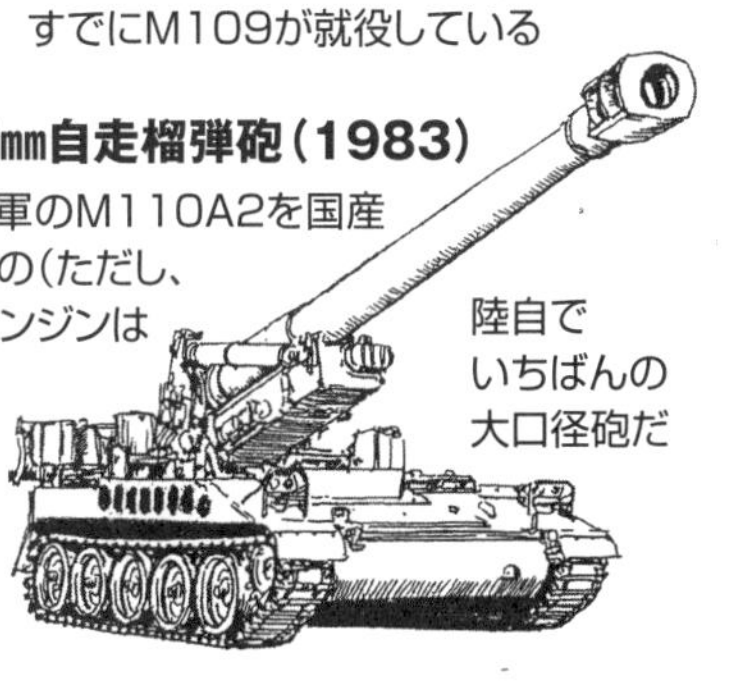

陸自で
いちばんの
大口径砲だ

第二次大戦後、自走砲は専用車体の開発、密閉式砲塔、射程の延伸、発射速度の増、等の改良が続けられ砲兵の自走化は必須となっている。

※陸上自衛隊の正式な表記では
「りゅう弾砲」と平仮名まじりとなる

■アメリカ

●M109（1963）

M108と並行開発され
車体・砲塔とも共用化されていた
射程14,600m

20口径
155㎜砲
（28発）

●M108（1963）

105㎜砲(87発)
射程11,500m
M52の後継として制式化されたが
この年アメリカ陸軍は
155㎜砲を主力と
決めたので
少数生産
のみに
終わる

●M52（1951）

24口径105㎜砲(102発)

密閉式
限定旋回
砲塔

M41軽戦車の
車台をベースに
M44と
共に開発
最大射程
11,270m

●M109A1（1970）

砲身長33口径
射程18,100m
ロケット推進弾
24,000m
発射速度毎分3発

●M109G

西ドイツ型

●M44（1952）

19口径155㎜砲
（24発）
最大射程
14,600m

●M109A2（1976）

改修キットにより弾数は
+22発

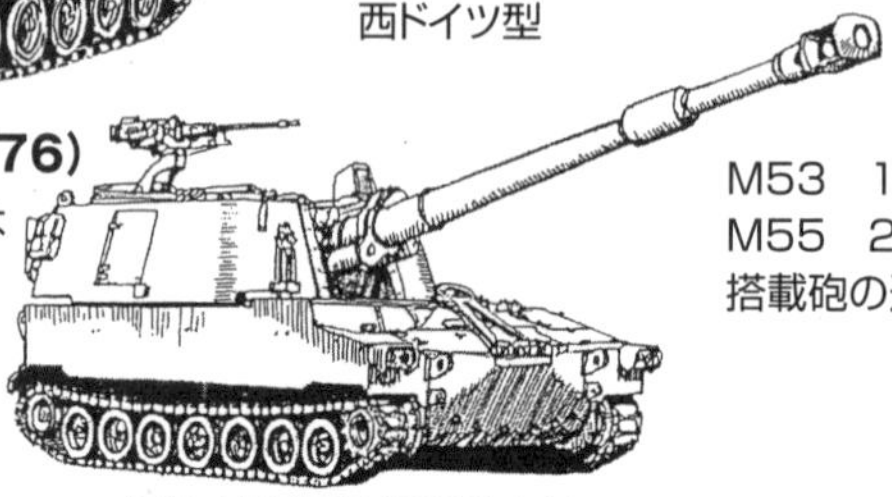

毎分4発の発射速度となる

●M53/●M55（1952）

M53　155㎜砲：最大射程23,500m
M55　203㎜砲(10発)：最大射程16,800m
搭載砲の違いで同一車種だ

●M109AL

イスラエル型

●PzH74 スイス型
発射速度6発／分

**●M992FAASV
(1983)**

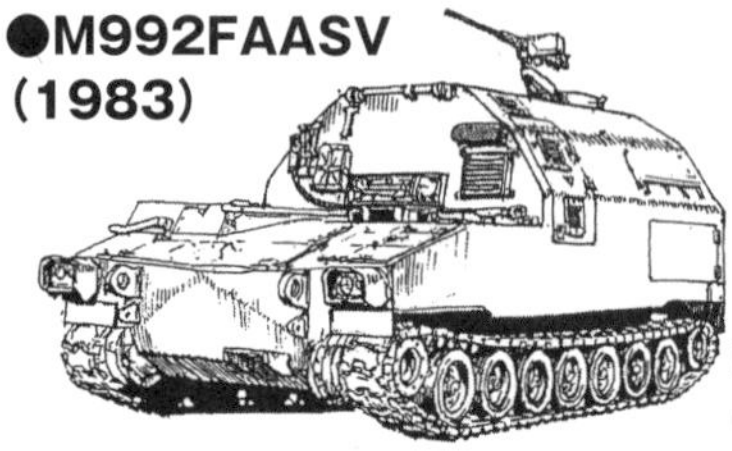

M109用弾薬補給車
（100発）

●M107（1961）

旧式化した上の自走砲の
後継としてM110と
並行して開発された

175㎜砲(2発)
射程32,700m

長大な射程を誇ったが
その分、砲身の
命数は短く300発
と言われる

●M109A6パラディン（1990）

M109は採用国が20数ヵ国にもなる大ベストセラー自走砲だ

39口径の長砲身搭載
射程30,000m

M109はアメリカ陸軍の
砲兵主力装備とされたので西側諸国の標準自走砲となり
現在も第一線で使用されている

●M110（1961）

25口径203㎜砲(2発)
射程16,800m

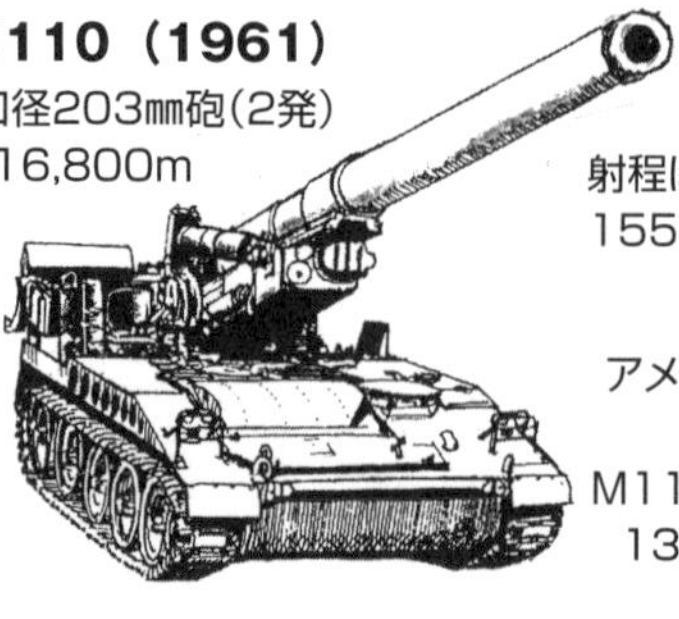

射程は短いが威力は
155㎜砲の倍もある

アメリカ以外ではM107は
５ヶ国での使用だが
M110はその威力を買われ
13ヶ国で使用されている

■イギリス

●アボット(1963)

105㎜砲(40発)
射程17,000m

FV430APCと
部品を共用して
開発

水上浮航
能力有り

イギリス初の自走砲だったが、やはり105㎜砲では
威力不足とされM109を購入している

●AS90（1989）

155㎜砲(48発)
射程24,700m
M109の後継として開発

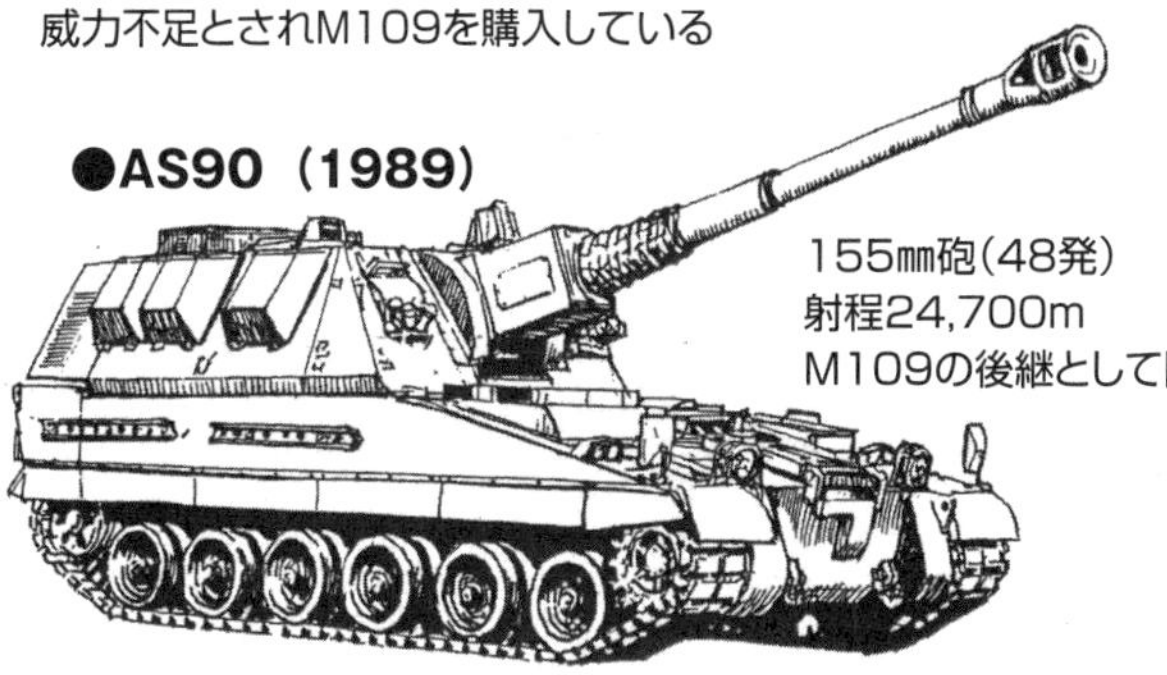

●SP70（1979）

ドイツ・イギリス・イタリア
共同開発の自走砲
コスト高など問題があり
結局採用されなかった

155㎜砲

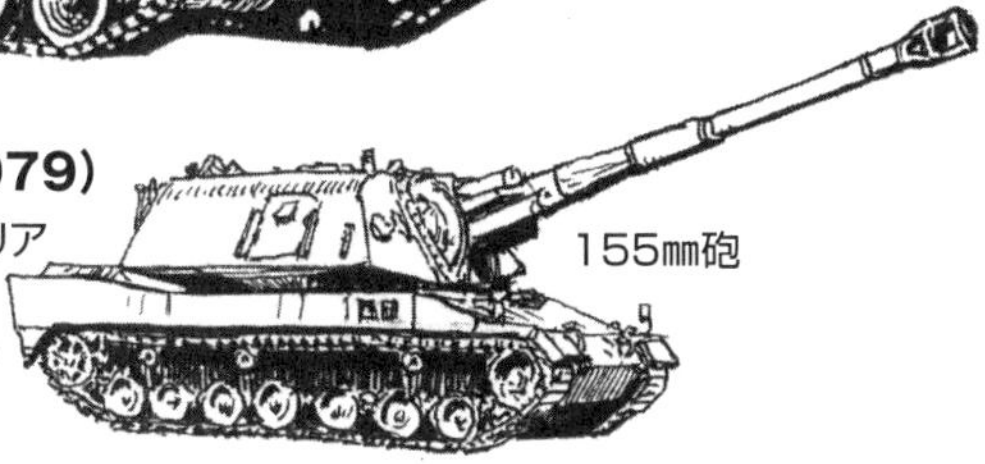

■フランス

●Mk61（1958）

30口径105㎜砲(56発)
射程15,000m

●MkF3（1958）

射程20,000m

車体はコンパクトで
砲弾は搭載
できない

両車共に
AMX-13の車台を流用

●GCT AUF1（1977）

155㎜砲(42発)
射程21,200m
ロケット推進弾：32,000m
発射速度8発／分

■スウェーデン

●バンドカノン1A（1961）

50口径
155㎜砲(14発)
射程25,600m

独創的な給弾機構で
14発全弾を48秒で発射できる
60年代では画期的な
車両だったが
運用性に欠けて
いた

■イタリア

●パルマリア(1982)

イタリア版M109といえる
車両でベースはOF40戦車
41口径155㎜砲(30発)
射程24,700m
発射速度4～9発／分

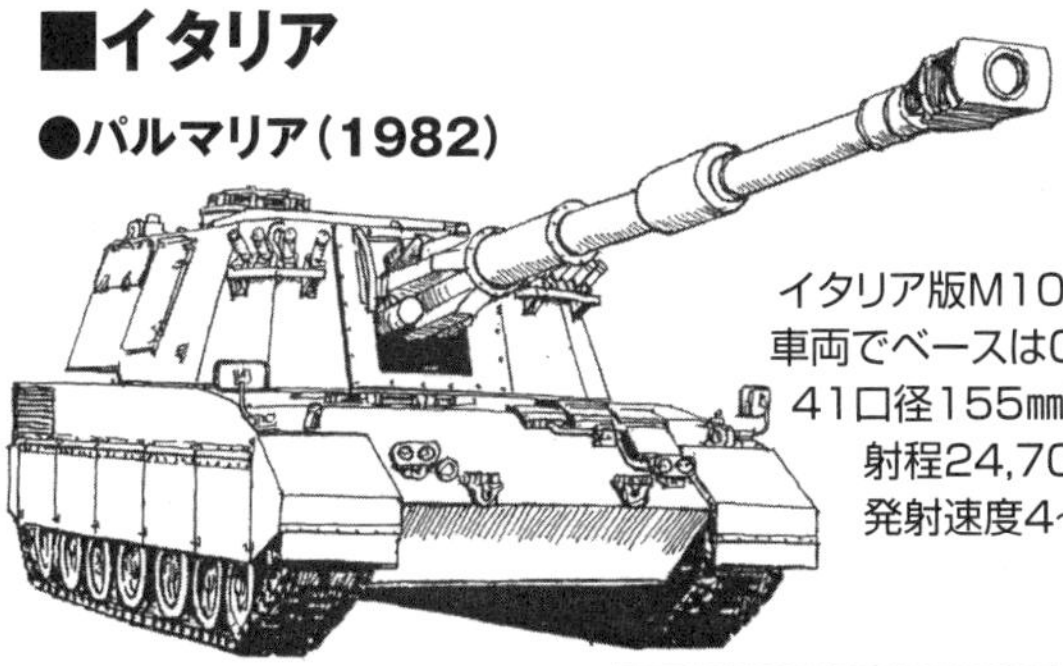

■ドイツ

●Pz2000（1996）

ドイツが2000年代の
運用をめざし開発
機動力にも優れ戦車王国の
面目躍如の自走砲だ
52口径155㎜砲
(60発)
射程30,000m
発射速度9発／分

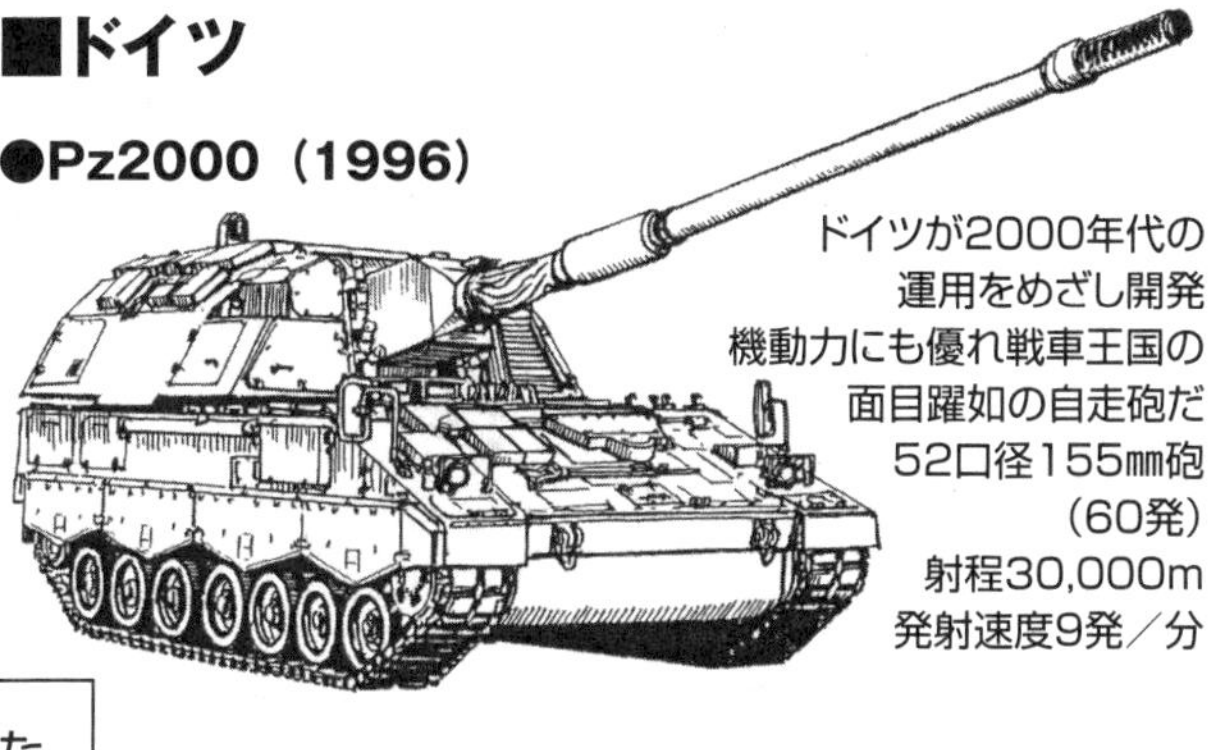

長らくM109自走砲を使用してきた
西側諸国もそれぞれ国産自走砲の
開発に着手している

■韓国

●K9（1998）

52口径155㎜砲(48発)
射程30,000m
発射速度6発／分

■イスラエル

予備車両に榴弾砲を搭載した改造自走砲を製作
車体ベースはM4シャーマン

●ソンタムL33（1967）

155㎜砲
(60発)

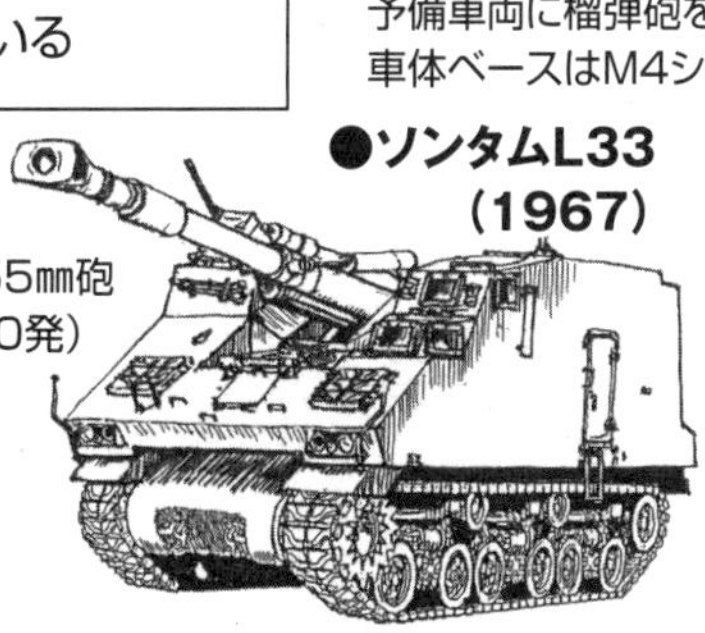

●m50（1963）

155㎜砲
(52発)

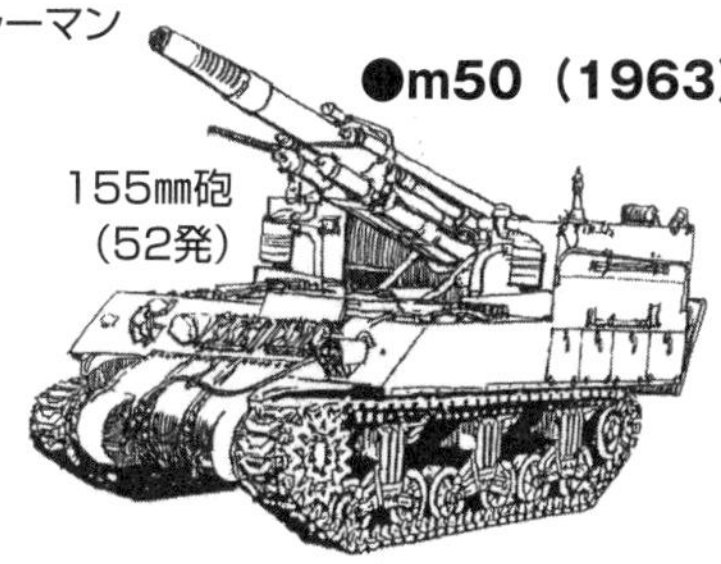

■ソ連／ロシア

●2S1“グヴォーチカ”（1971）

122㎜砲（40発）
射程15,200m
ソ連初の
本格的
自走砲。
ベースの
MT-LB同様の
浮航能力をもつ

●2S3M“アカツィヤ”（1971）

152㎜砲（46発）
2S1と同時に
採用された
砲兵部隊の
主力自走
榴弾砲

●2S5“ギアツィント”（1974）

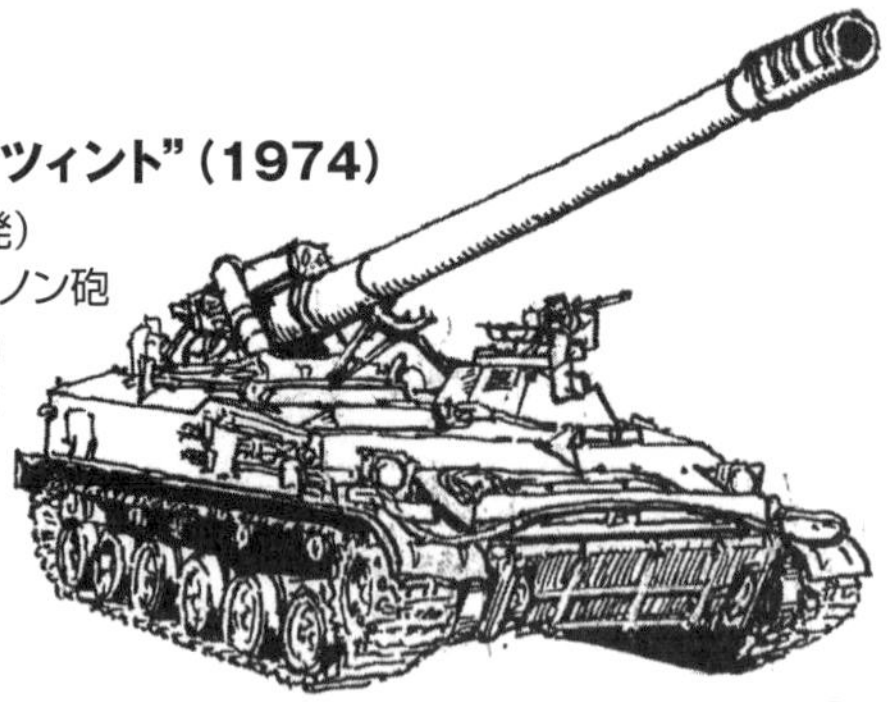

152㎜砲（30発）
長射程の自走カノン砲
射程28,500m
ロケット推進弾：
37,000m

●2S19 “ムスターS”（1985）

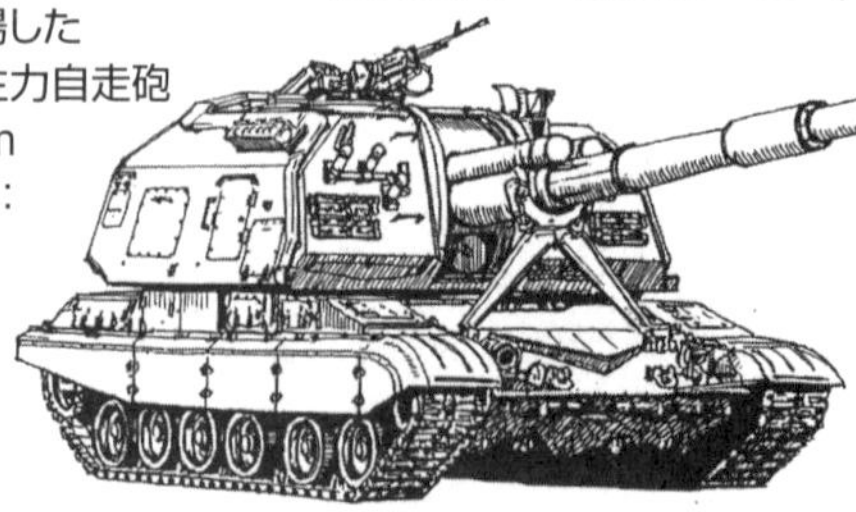

152㎜砲（50発）
ソ連末期に登場した
現ロシア軍の主力自走砲
射程24,700m
ロケット推進弾：
28,900m

発射速度7〜8発／分

●2S7 “ピオン”（1975）

203㎜砲（44発）
現用自走カノン砲としては最大射程
37,000mを誇る（ロケット推進弾：55,000m）

砲身長12m

●2P自走砲（1957）

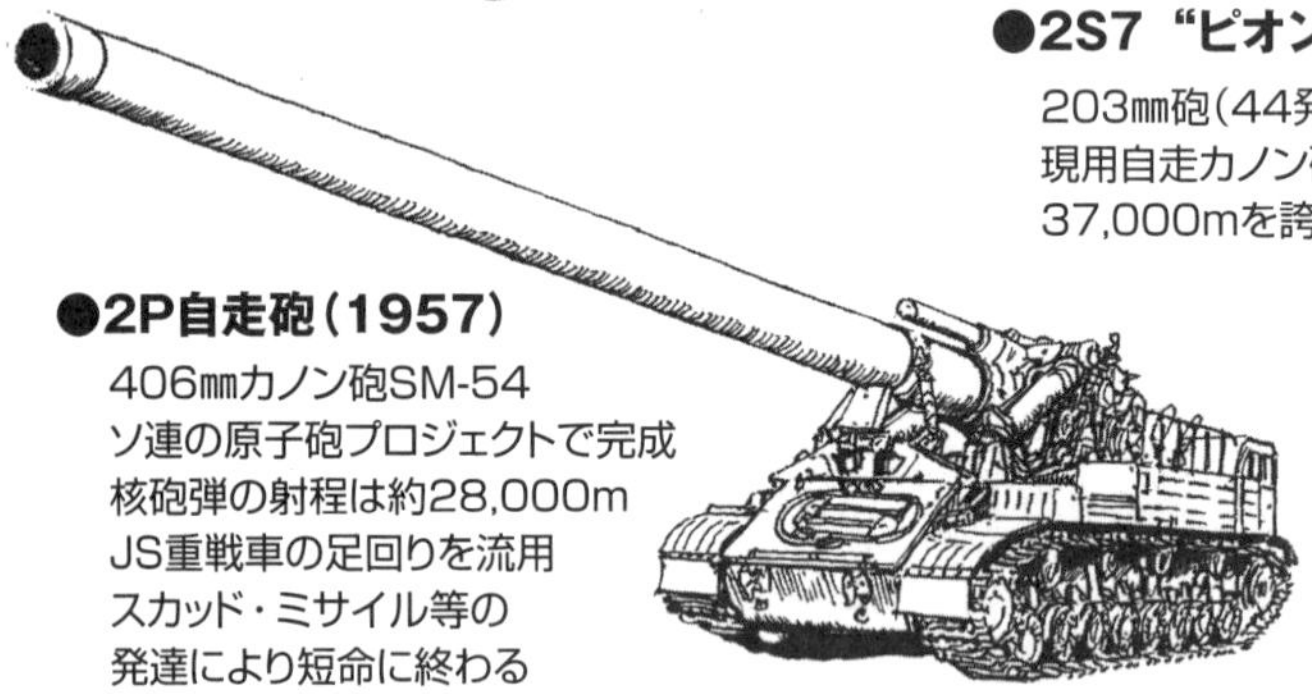

406㎜カノン砲SM-54
ソ連の原子砲プロジェクトで完成
核砲弾の射程は約28,000m
JS重戦車の足回りを流用
スカッド・ミサイル等の
発達により短命に終わる

■中国

●PLZ45（1997）

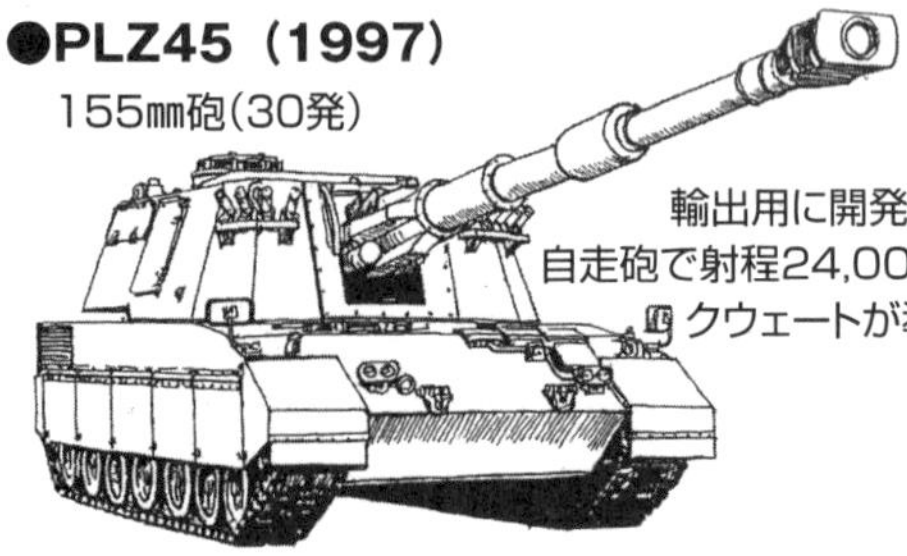

155㎜砲（30発）
輸出用に開発した
自走砲で射程24,000m
クウェートが導入

●54-1式（1965）

122㎜砲（40発）
射程11,800m
中国初の
自走砲
ベースは
531型APC

●PLZ05（2005）

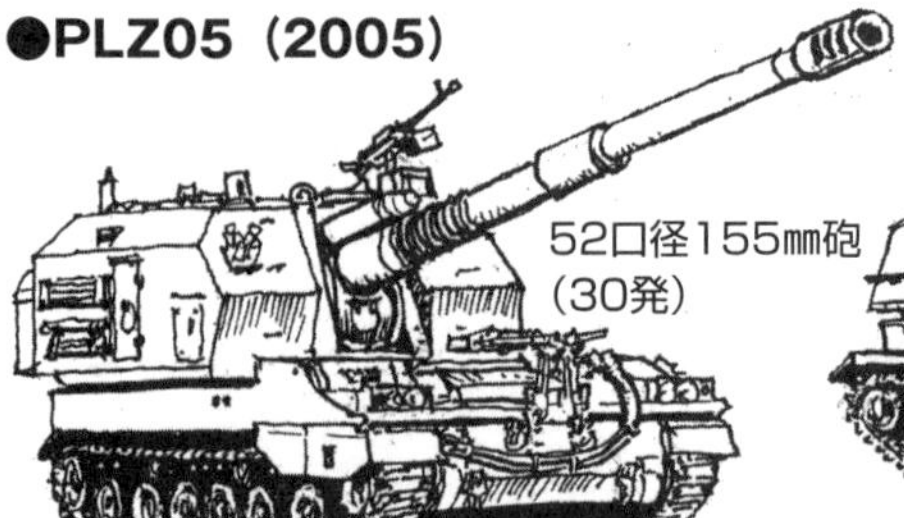

52口径155㎜砲
（30発）
射程40,000m以上のいわゆる新鋭自走砲

●83式（1983）

19口径152㎜砲
（30発）
54-1式に替わる
近代的な
自走砲
射程17,230m

■北朝鮮

装甲車両に火砲を載せた各種自走砲が存在

●SPG（1977）

122㎜砲
車体は国産APC（※）

●M1978（1978）

170㎜砲
北朝鮮で開発された
長距離自走砲
ベースはT-54で
詳細は不明

※APC=装甲兵員輸送車

対戦車自走砲

自走砲のなかには敵戦車の撃破を狙う「対戦車自走砲」と分類されるものがある。自国の戦車砲や、それを凌駕する高射砲などを改造した強力な火砲を搭載し、ひたすら敵戦車を待ち受ける車両である。

■対戦車自走砲

火砲（大砲）を車両に載せて自走式にしたものが自走砲です。

そのなかでも対戦車砲を搭載して敵の戦車を攻撃するのが対戦車自走砲です。

自走砲形式の車両では戦車といえるのは車台だけで、砲塔はなく、主砲はまわりを薄い装甲板で囲んだ戦闘室に装備されています。

この構造のおかげで戦車よりも大きな主砲を装備できるのです。

しかし、強力な主力戦車を大量に生産配備できたアメリカやソ連は、対戦車自走砲の試作はしたものの制式化されることはなく、結局は主力戦車不足のドイツがこの種の自走砲を次々と生み出し、駆逐戦車へと発展させていきました。

早急にT-34をやっつける兵器がほしい！という戦場の声に応えた急場しのぎの対戦車兵器だったのです

■ドイツ

旧式化した戦車に強力な対戦車砲を搭載して、タンクキラーの誕生だ！

ドイツ軍の
I号戦車は
ポーランド戦で
早くも第一線では
使えないこと
がわかり、
対戦車砲の移動
車台として利用
されました。
そして、これが
旧式化した戦車を
自走砲化して
再利用する原点と
なったのです

※当時のドイツ軍では鹵獲したソ連軍の7・62㎜野砲が一番強力な対戦車砲であった。

●4.7㎝PaK(t)搭載I号(1940)

搭載したチェコ製対戦車砲はドイツ軍の3.7㎝PaKより強力だった

●4.7㎝PaK(t) ルノーR35 (1941)

I号に続く2番目の対戦車自走砲だ

●3.7㎝PaK搭載 ブレンガン・キャリアー

●7.62㎝II号“マルダーII” (1941)

ソ連戦車に対抗するPaK40の開発が間に合わず捕獲したソ連軍の7.62㎝野砲を搭載

●7.5㎝II号“マルダーII”(1942)

新型の7.5㎝PaK40を搭載II号戦車の車台はほとんどが本車へと改造された

●7.62㎝38(t) “マルダーIII” (1941)

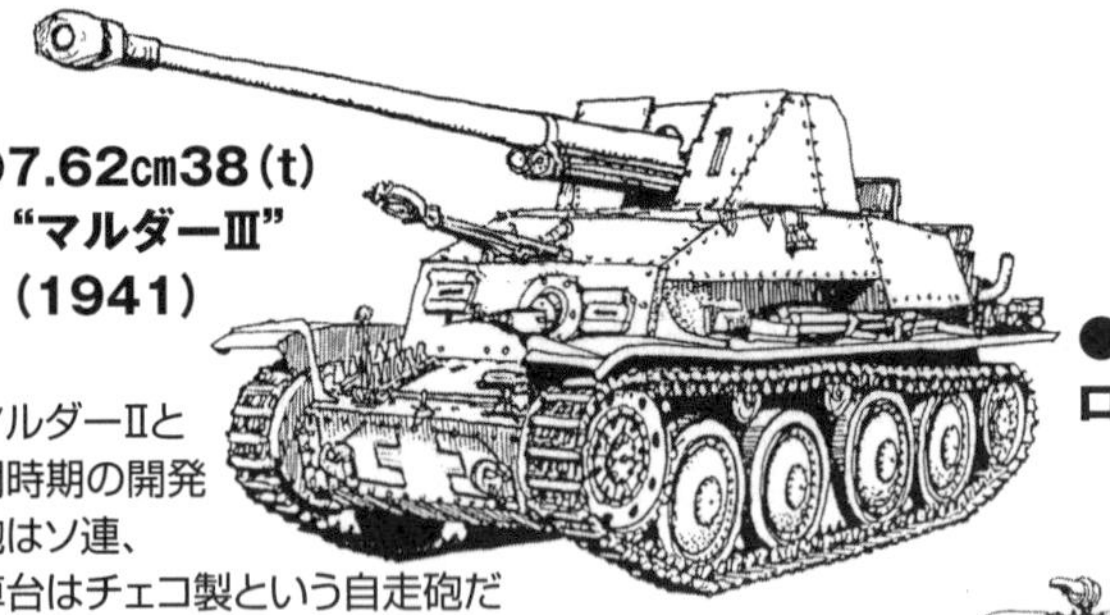

マルダーIIと同時期の開発砲はソ連、車台はチェコ製という自走砲だ

●5㎝PaK搭載II号(1942)

現地改造の自走砲制式車種ではない

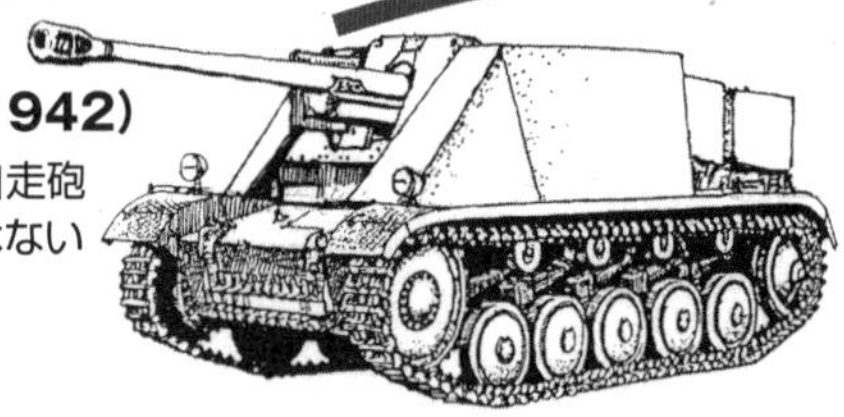

●4.7㎝PaK(f) ロレーヌ・シュレッパー (1942)

◎捕獲戦車改造対戦車自走砲

戦車不足のドイツ軍は降伏したフランスの戦利品戦車を自走砲の車台に流用。これらは主にフランス駐留部隊が使用しノルマンディ戦線で米英軍と戦火を交えた

●7.5㎝38(t) マルダーIIIH (1942)

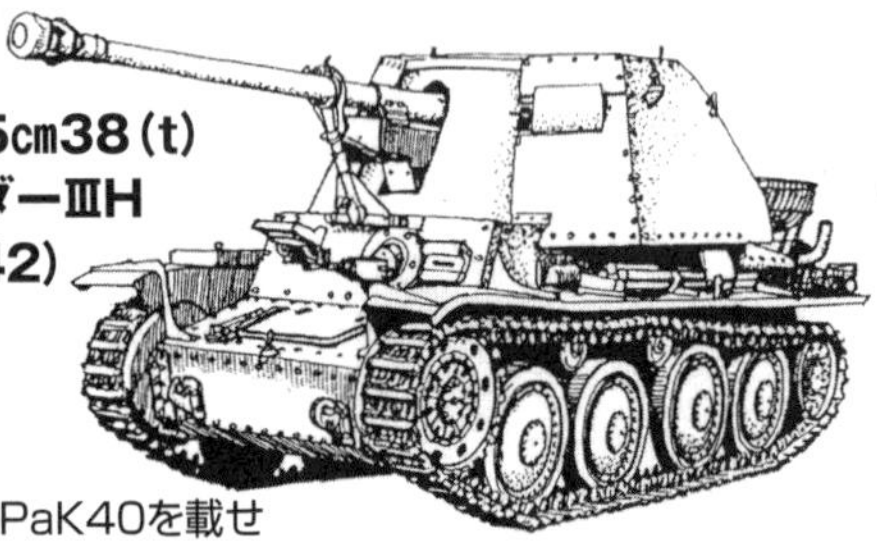

本命のPaK40を載せ戦闘室も改造した実用的な対戦車自走砲全戦線で使用された

●7.5㎝PaK40 ロレーヌ・シュレッパー (1942)

●7.5㎝PaK40 ホッチキスH39 (1942)

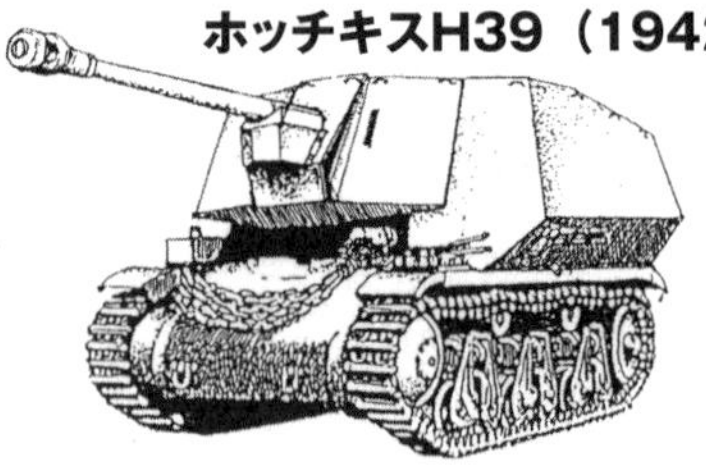

●7.5㎝38(t) マルダーIIIM (1943)

全ての38(t)戦車を自走砲化することになりより使いやすい自走砲として戦闘室を後部に配置

●7.5㎝R50 (1943)

マルダー系に続くPaK40自走砲

●7.5㎝PaK40 ルノーFCM (1943)

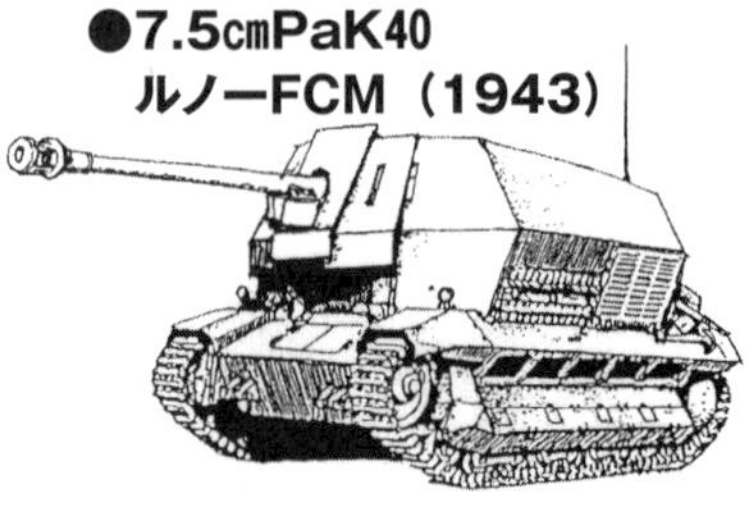

■ソ連

戦車不足で対戦車自走砲を作り出したドイツとちがい
ソ連は戦車の量産(T-34)に専念したため
自走砲はあまり生産していません。

ドイツ軍を
悩ませた
連合軍の
重装甲戦車たち

●SU-76自走砲(1942)

T-70軽戦車の車台に
7.62㎝野砲を搭載
この砲は対戦車砲としても
優秀で、対戦車戦に活躍

●SU-37自走砲(1935)

T-37浮航戦車をベースとして
4.5㎝対戦車砲を搭載
SU-37は
浮航性能はなく
採用もされなかった

●ZIS-30自走砲(1941)

コムソモーレツ装甲牽引車に5.7㎝対戦車砲を搭載
102両製作され、モスクワ攻防戦に投入された

●シャール B1重戦車

装甲60㎜
ドイツ軍が最初に遭遇した
重戦車だ

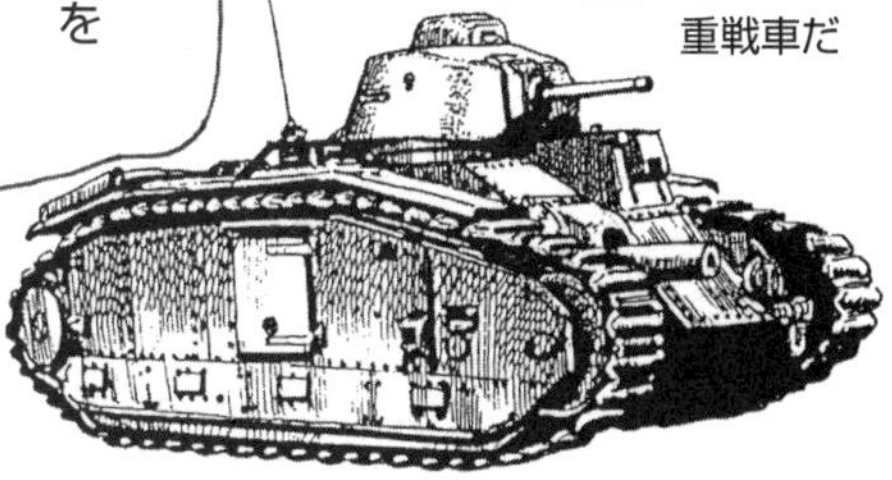

●歩兵戦車マチルダII(1937)

装甲78～13㎜

初期に
装備していた
3.7㎝対戦車砲では
正面からの攻撃は通用しなかった

●KV-1重戦車(1940)

装甲120～90㎜
重装甲で8.8㎝砲以外
では撃破は難しかった

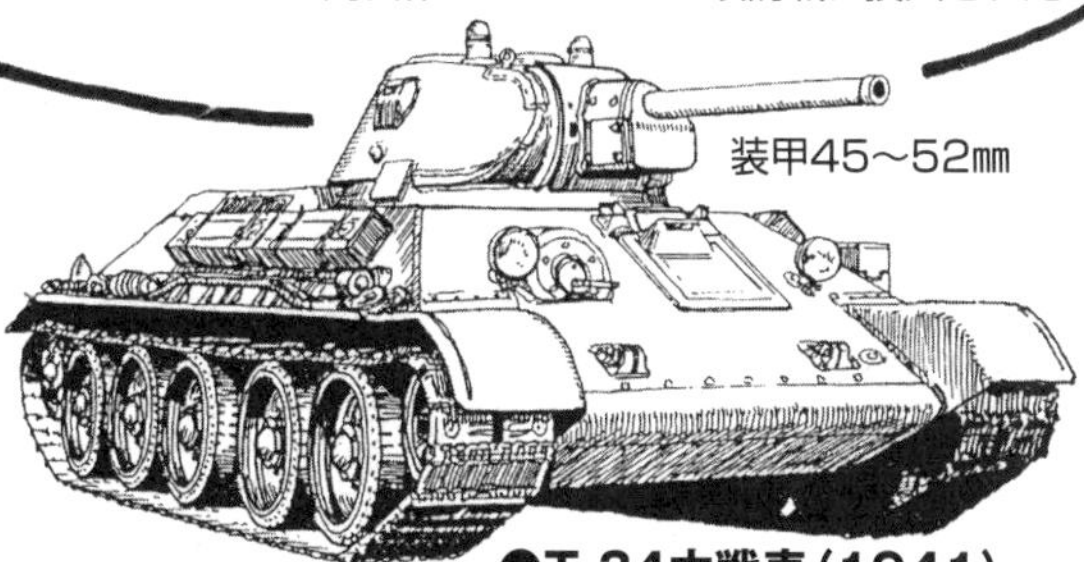

装甲45～52㎜

●T-34中戦車(1941)

独ソ戦初戦、ドイツ軍の対戦車砲火をすべてはじき返し暴れまわったソ連戦車
とくにT-34は機動性も良くドイツ軍の天敵となる

■ソ連軍戦車を迎撃する ドイツ軍重対戦車自走砲

●8.8㎝PaK搭載車"ナースホルン"(1943)

T34やKV-1を破壊すべく開発された
8.8㎝ PaK43を搭載
ちなみにこの砲は
ティーガーIIにも装備
すべての
連合軍戦車を
撃破できる威力をもつ

●10.5㎝IV号対戦車自走砲(1941)

当初は要塞攻撃用として2両が製作されていたが、
独ソ戦の開始後は対戦車用として実戦に投入されて
いる

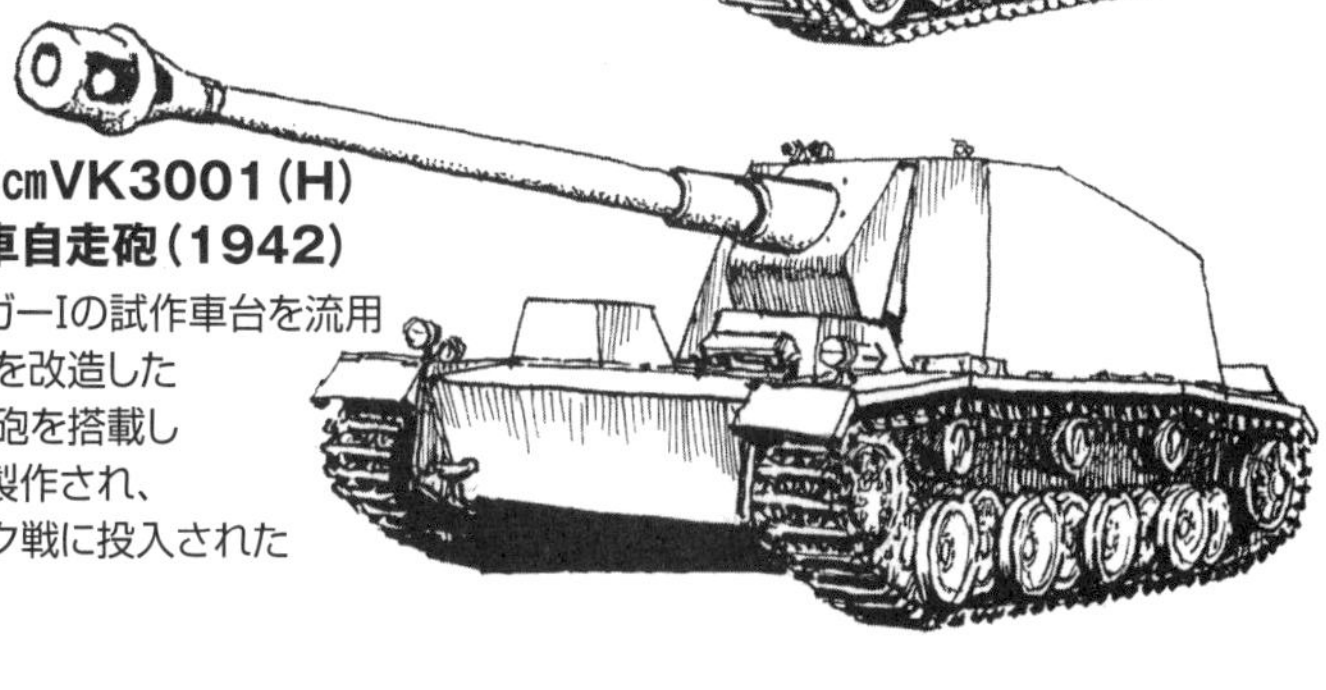

●12.8㎝VK3001(H)対戦車自走砲(1942)

ティーガーIの試作車台を流用
高射砲を改造した
大口径砲を搭載し
2両が製作され、
クルスク戦に投入された

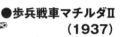

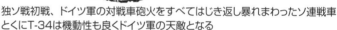

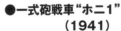

■イギリス

第2次世界大戦のイギリスの戦車は装備砲の威力不足で、
ドイツ戦車に押されっぱなしでした
そこで大口径の17ポンド砲(76.2㎜)を開発しましたが、
これを搭載できる戦車がなく、
とりあえず対戦車自走砲アーチャーを製作しました

●アーチャー自走対戦車砲(1943)

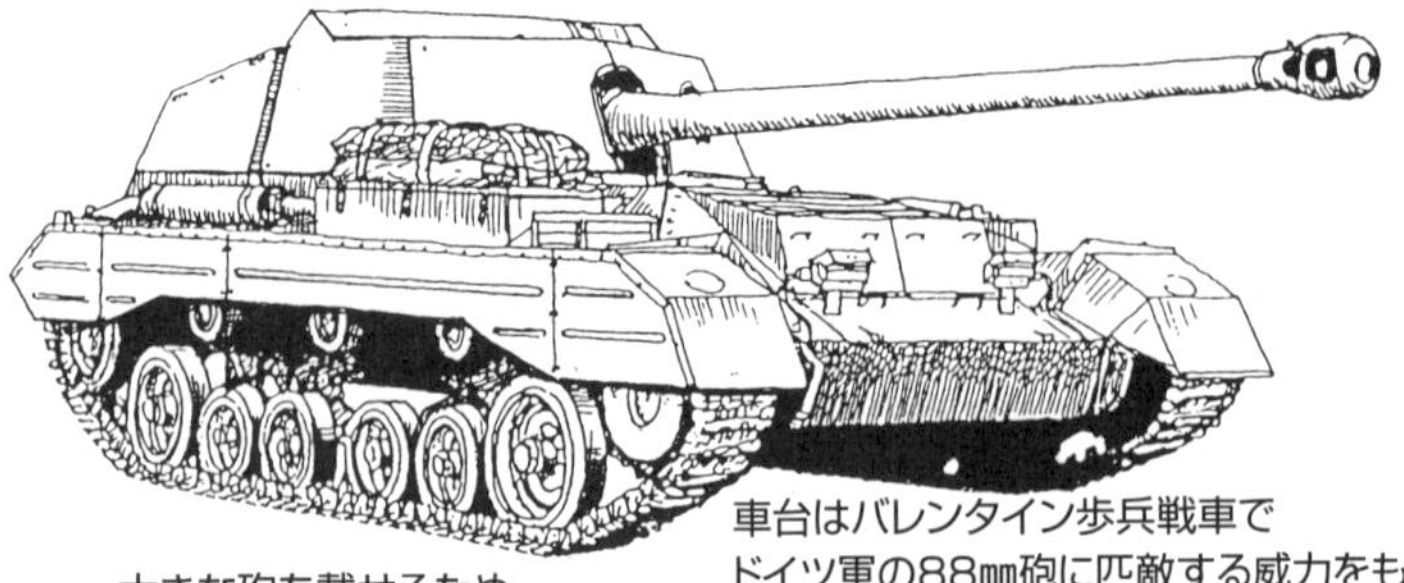

大きな砲を載せるため
砲は後ろ向きに配置されており
進行方向の逆向きに
射撃することになっている

車台はバレンタイン歩兵戦車で
ドイツ軍の88㎜砲に匹敵する威力をもつ
17ポンド砲を装備

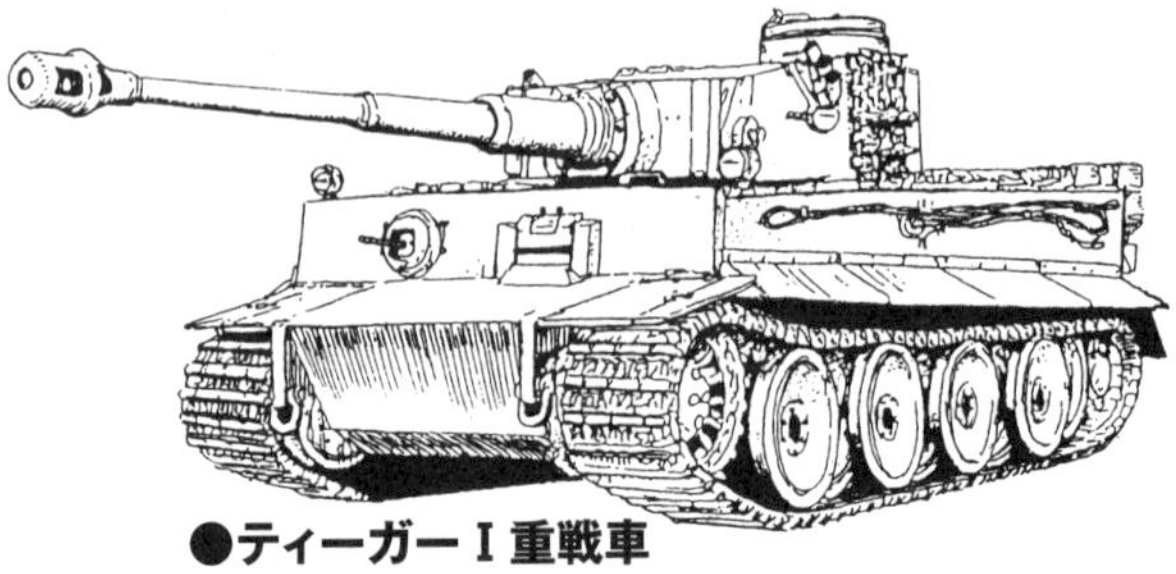

●ティーガーⅠ重戦車

連合軍、特にイギリス軍には
これに対抗できる戦車がなかった

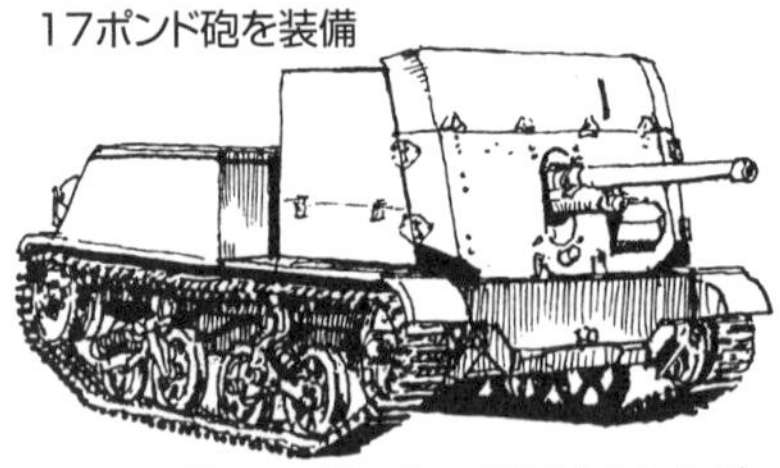

●ロイド・キャリア(1942)

2ポンド搭載対戦車自走砲
当時すでに2ポンド砲は
役立たずといわれ試作のみ

●ギャリア・スイス・ガン

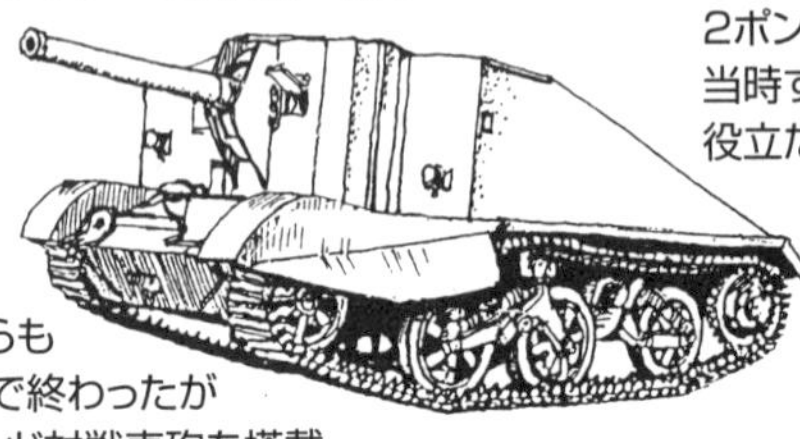

こちらも
試作で終わったが
6ポンド対戦車砲を搭載

■イタリア

●セモベンテL40 47/32 (1941)

L40軽戦車に
47㎜対戦車砲を装備
北アフリカなどで
使用されたが
英・米軍の戦車には威力不足だった

イタリア・日本ともに
戦車は歩兵支援車両とされ
対戦車戦闘ができる
戦車はなかった

●セモベンテM41Mda90/53 (1942)

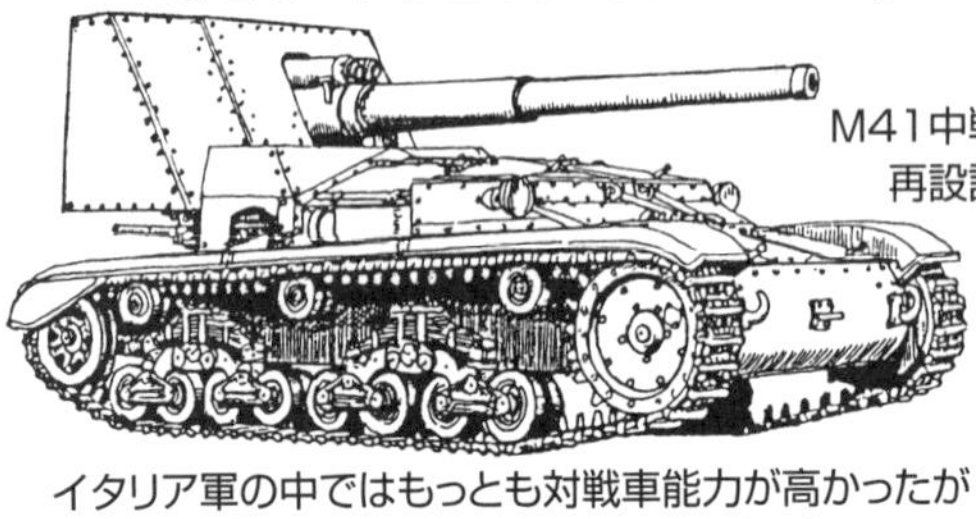

M41中戦車をベースに
再設計された車台に
90㎜砲を搭載

イタリア軍の中ではもっとも対戦車能力が高かったが
30両しか生産されずあまり活躍できなかった

●M4シャーマン中戦車

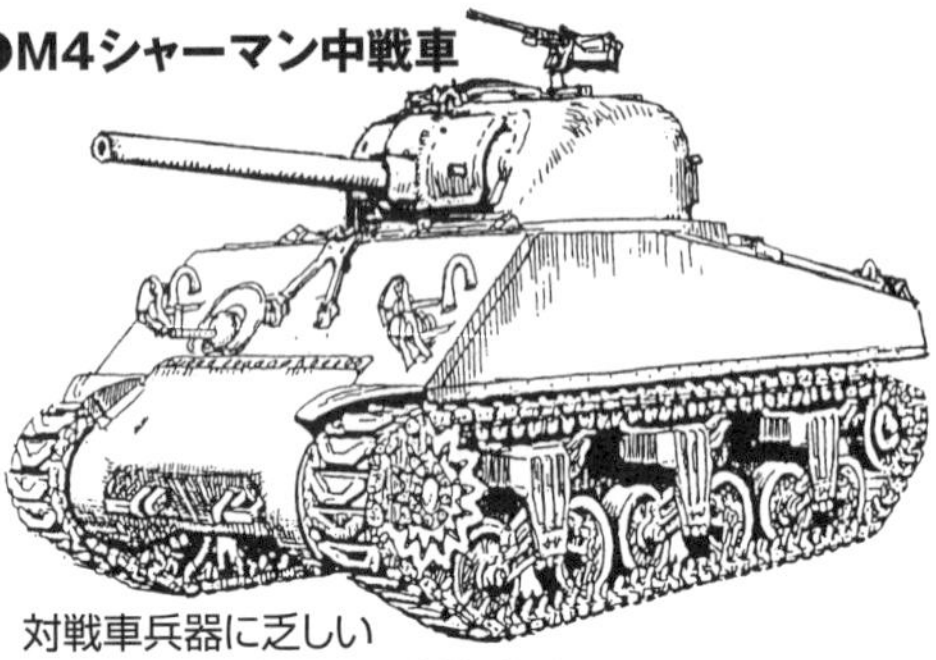

対戦車兵器に乏しい
イタリア・日本軍には強敵だった

■日本

●試製75㎜対戦車自走砲"ナト"(1945)

M4を正面より撃破できる
高射砲改良の対戦車砲を搭載
試作車2両で終戦となる

●一式砲戦車"ホニ1" (1941)

九七式中戦車の車台に
九〇式75㎜野砲を
搭載
M4対策として、
フィリピン戦へ投入されたが
上陸前に大半が海没して、活躍できなかった対戦車自走砲を進化させ、主敵を戦車としたのが駆逐戦車だ。
強力な戦車砲を持ち、防御力のある戦闘室で反撃してくる敵戦車を撃破する、まさにタンクキラー車両である。

駆逐戦車
タンクキラーの登場

●SU-152
クルスク戦に投入されティーガーやパンターを撃破したことから「猛獣殺し」の異名を与えられる

陸上戦闘の主役である戦車を攻撃する任務を主とするのが「駆逐戦車」でこれは対戦車自走砲をより攻撃的に進化させた車種といえます。

ドイツ軍は突撃砲の主砲を対戦車戦闘用に長砲身に換装。これでソ連軍のT-34に対抗しました。

この成功により、戦車不足のドイツはとりあえず駆逐戦車の生産に力を入れることになります。

う～ん、
対戦車自走砲と
駆逐戦車の違いは
オープントップ式
ではなくて、
防御力のある
戦闘室を持っている
ことかな

◎Ⅲ号突撃砲（長砲身型）

●F型（1942）

43口径75㎜砲を搭載

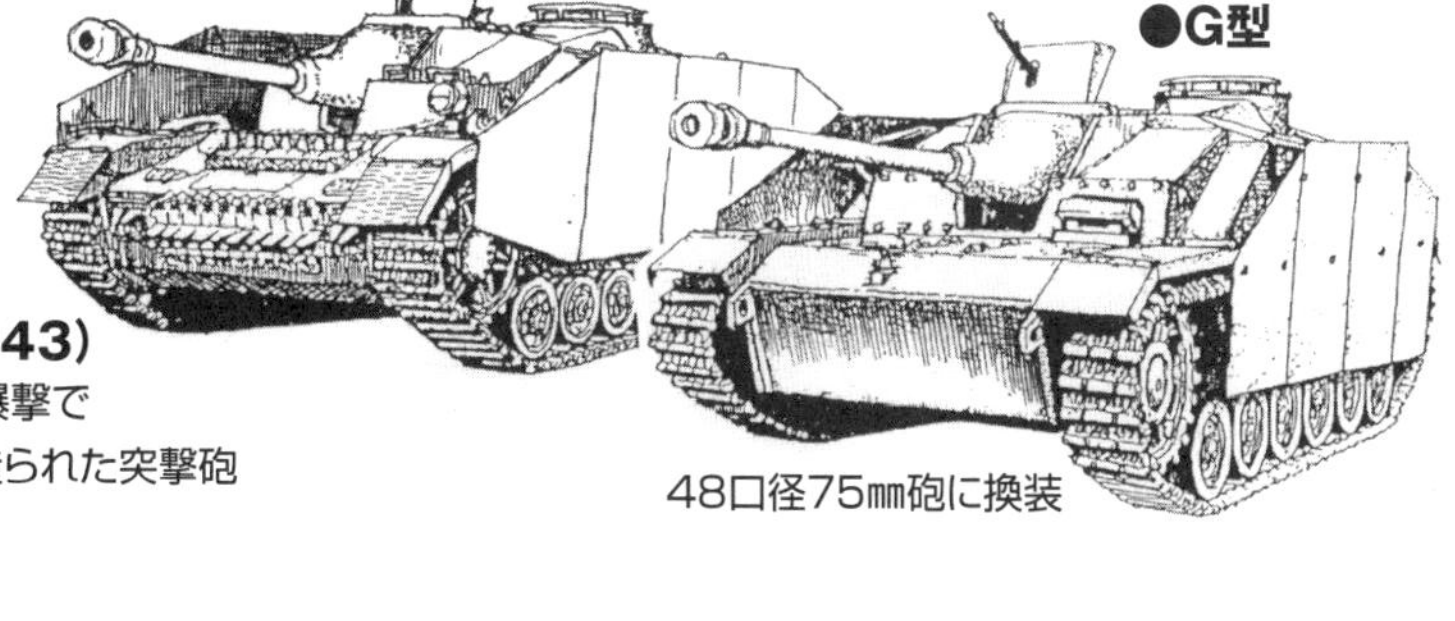

●G型

48口径75㎜砲に換装

●Ⅳ号突撃砲（1943）
Ⅲ号突撃砲の工場が爆撃で生産が止まったため造られた突撃砲

■ドイツ

対戦車自走砲を進化させた駆逐戦車も
やはりドイツ軍が次々と開発している

●ヤークト・ティーガー（1944）
12.8㎝砲を搭載、前面装甲250㎜という超重駆逐戦車
登場したのが遅く、おまけに重すぎてあまり活躍できなかった

●ヤークトパンター（1944）
ドイツ軍の駆逐戦車の中で
最も攻走守のバランスがいい車両

88㎜砲

●エレファント(1943)
ドイツ軍最初の本格的駆逐戦車
クルスク戦がデビューで
ソ連軍はその防御力と
強力な主砲に驚き
最も警戒すべき
敵戦車に
指定している

◎Ⅳ号駆逐戦車　シリーズ(1944)

●ZL型
Ⅳ号戦車の車体を
あまり改造しないで
生産できた

●ヘッツァー（1944）
車体はチェコの38（t）戦車で
75㎜砲を装備
大戦末期に戦車の
代用として使用されている

●L70型

●F型
Ⅳ号駆逐戦車は70口径75㎜砲を搭載するはずだったが
F型はその砲が生産不足で48口径75㎜砲を搭載した車両

■イタリア

これらはイタリア降伏後、ドイツ軍が使用

●セモベンテ
M43 75/46
装備した
75㎜砲は
ドイツ軍の弾薬を使用できたが
生産が遅れ、実戦はならず

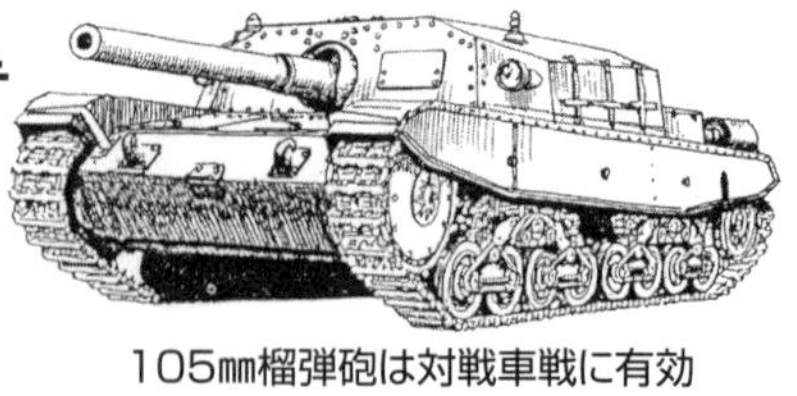

●セモベンテ
M43
105/25
(1943)
105㎜榴弾砲は対戦車戦に有効

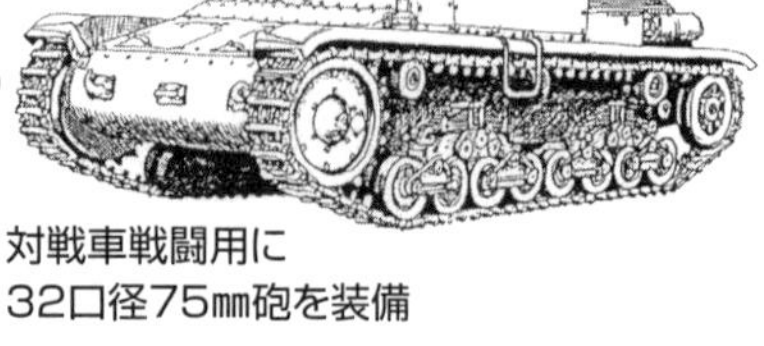

●セモベンテ
M42
75/34
(1943)
対戦車戦闘用に
32口径75㎜砲を装備

※アメリカ軍は大量の戦車を持っており、空からも対戦車攻撃を加えることができたので駆逐戦車はあまり必要のない兵器といえた。

■アメリカ

アメリカ軍の駆逐戦車は、機動力を重視し、全周旋回式の砲塔にドイツ戦車を撃破できる砲を搭載しておれば良いという考えで装甲はあまり厚くない

■ソ連

ティーガー戦車用に開発された猛獣狩りたち！

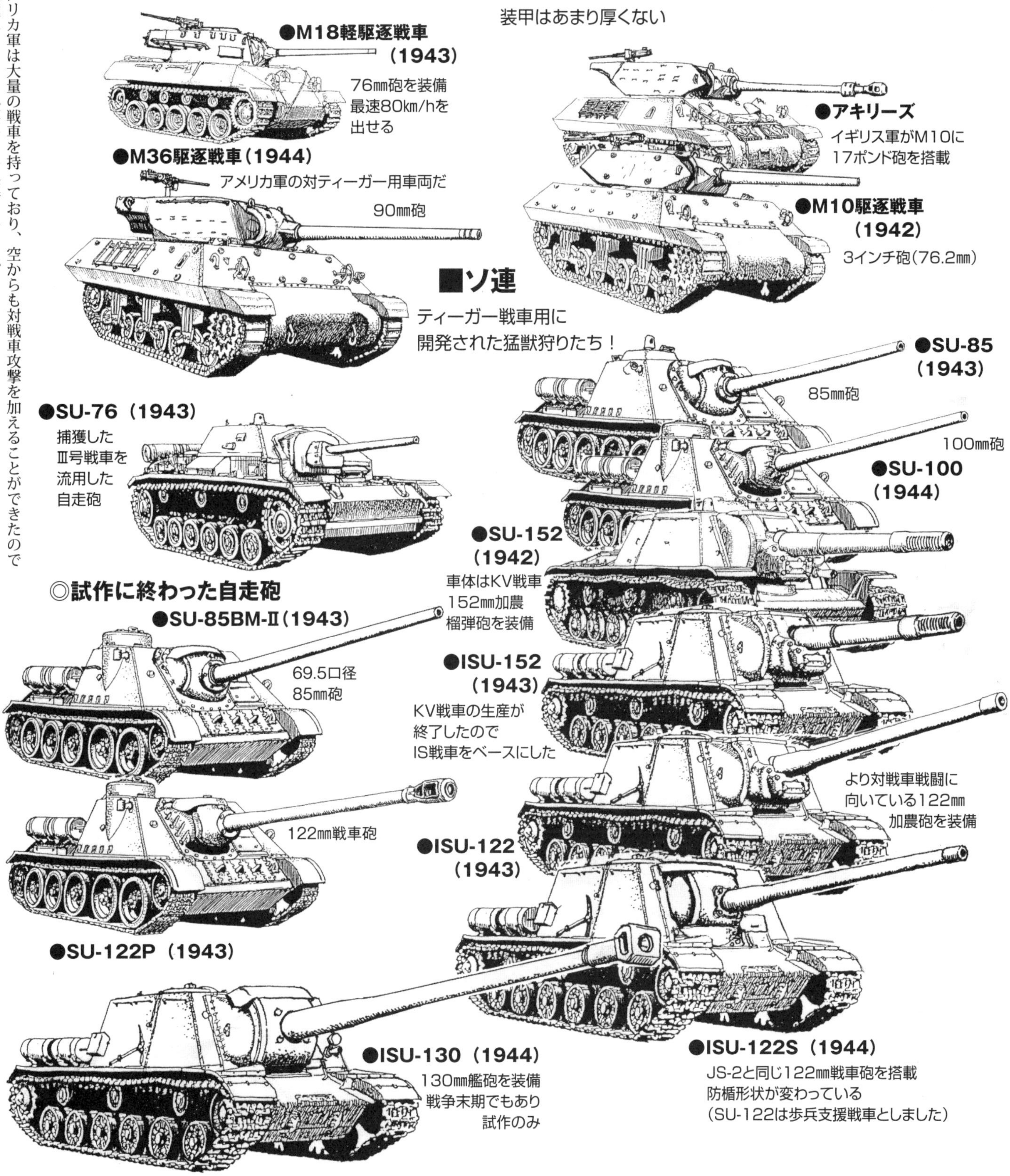

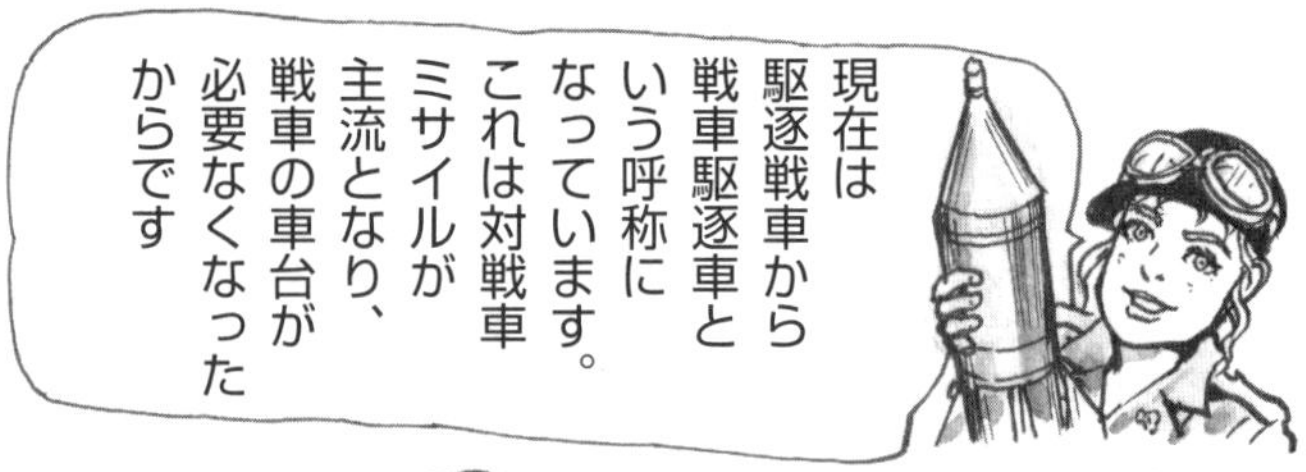

戦後の駆逐戦車

■ソ連

●SU-122-54（1954）

T-54戦車の車体に122㎜砲を搭載
アメリカのM103や
イギリスのコンカラーに
対抗するため
製作された
戦車を
ベース
とした
最後の
駆逐戦車だ

■西ドイツ

●ヤークトパンツァー・カノーネ（1965）

90㎜砲を搭載

戦後ドイツ初の駆逐戦車
1960年には対戦車ミサイルを装備する
ラケーテも登場

空挺歩兵を
敵戦車から守る
空挺自走砲や
対戦車戦闘の軽戦車も
ここでは
駆逐戦車としました

■スウェーデン

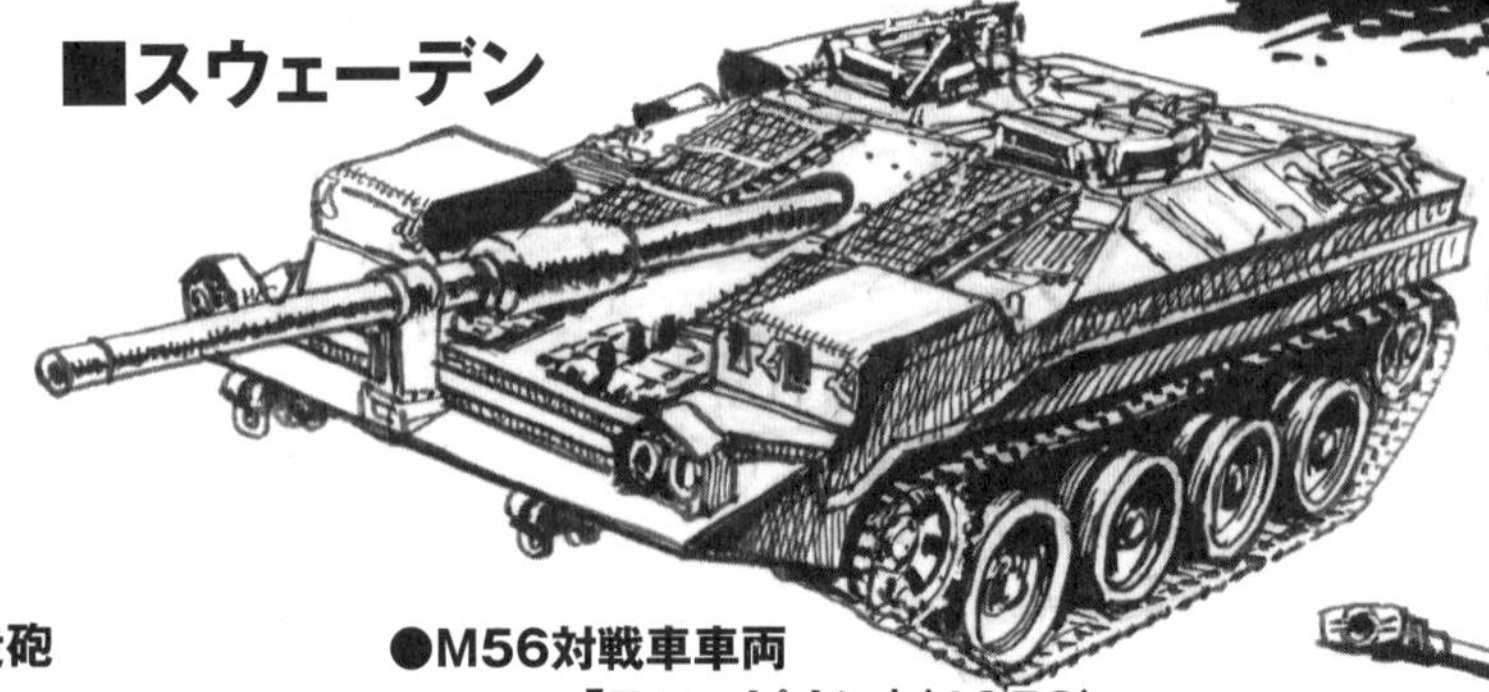

●Strv103戦車

無砲塔戦車Sタンク
62口径105㎜砲を装備
どう見ても駆逐戦車だと思います

●ASU-57空挺自走砲（1951）

57㎜対戦車砲

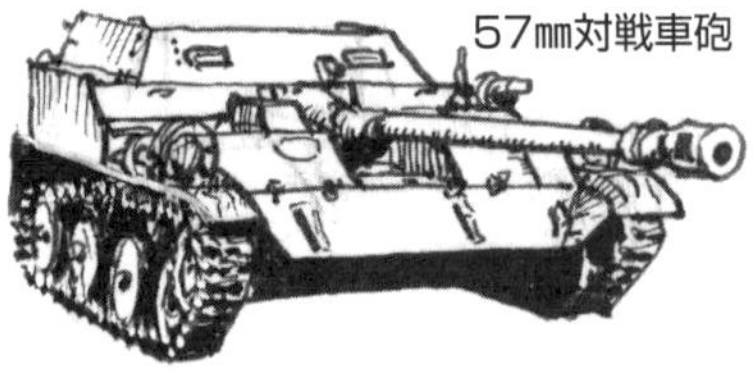

●M56対戦車車両「スコーピオン」（1953）

90㎜砲

●AMX-13軽戦車（1952）

61口径75㎜砲を搭載
フランスの
空輸可能な
軽戦車

●ASU-85空挺自走砲（1960）

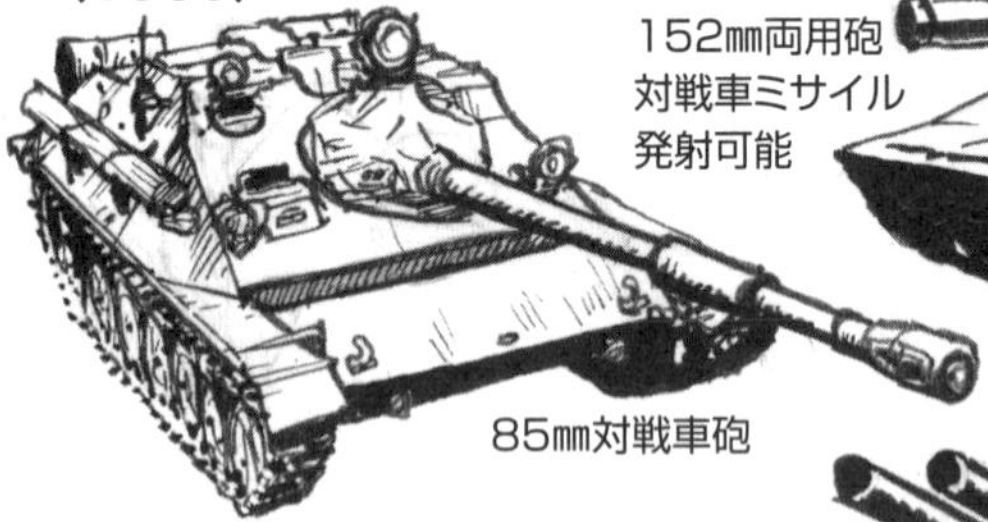

85㎜対戦車砲

●M551空挺戦車（1966）

152㎜両用砲
対戦車ミサイル
発射可能

●SK105軽戦車（1965）

105㎜砲

オーストリアが開発した駆逐戦車

歩兵用対戦車ミサイルが
実用化されるまで
西側で最も有効な
軽対戦車火器だった
106㎜砲は
対戦車自走砲となった

●M50自走無反動砲“オントス”（1954）

アメリカ海兵隊が
採用した
歩兵支援車両
106㎜無反動砲6門を装備

●60式自走106㎜無反動砲（1960）

戦後初の
日本国産装甲戦闘車両

敵戦車の撃破を第一義として発達してきた駆逐戦車は、第２次世界大戦後にミサイルが実用化されると
それを主兵器とするものに進化していった。

駆逐戦車
ミサイル戦車

敵戦車を撃破するにはミサイルが最高！
SS11対戦車ミサイルを
4発装備75㎜主砲は
完全自動式
●AMX13（1952）
第二次世界大戦後
初めてフランスで開発された軽戦車で
フランス軍だけでなく
世界各国で使用されている
誘導装置
●AMX13HOTミサイル6発搭載型

■対戦車ミサイルの登場

駆逐戦車という車種が出現したのは
第２次世界大戦中頃からでしたが、
戦後の１９５０年代中頃から
実用化され初めた対戦車ミサイルは
長い射程、高い命中精度と破壊力を持ち
さらに一番の長所として
発射装置が簡易なものでよい
というものでした。
　小型の対戦車ミサイルであれば
歩兵が持ち運べるし
大型のものでも
ジープ程度の車両に搭載できます。
　そんな訳で、
戦後に駆逐戦車として開発された車両は
少ないのですが、
対戦車車両の流れで
ミサイルを発射する戦車を
集めてみました。

「敵戦車、発見!!
距離１０００メーター
対戦車ミサイル発射!!」
シュルシュル～
フランスの誇る
SS11対戦車ミサイルだ。
どんな重戦車でも
狙ったら最後、
一発でふっとばす！
という強烈な
キャッチコピーで
登場したのが
フランスのＡＭＸ13軽戦車です。

◎西ドイツのミサイル駆逐戦車　ヤークトパンツァー・ヤグアル

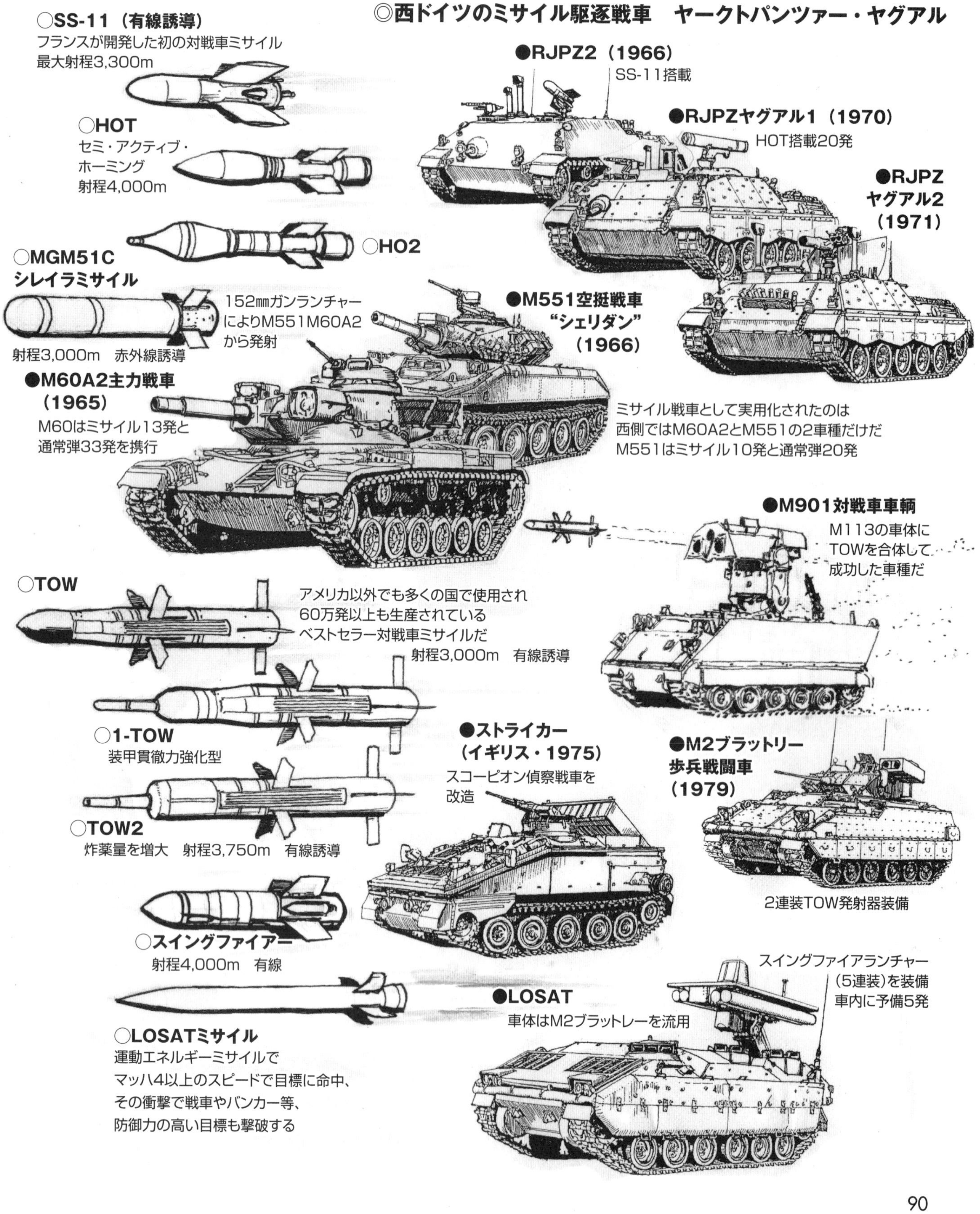

命中率と威力において戦車砲に優るミサイルだが弱点は飛翔時間で3000mだと命中するまで十秒くらいかかり同じ時間なら戦車砲では3～4発射て、ミサイルを避けることも可能なのだ

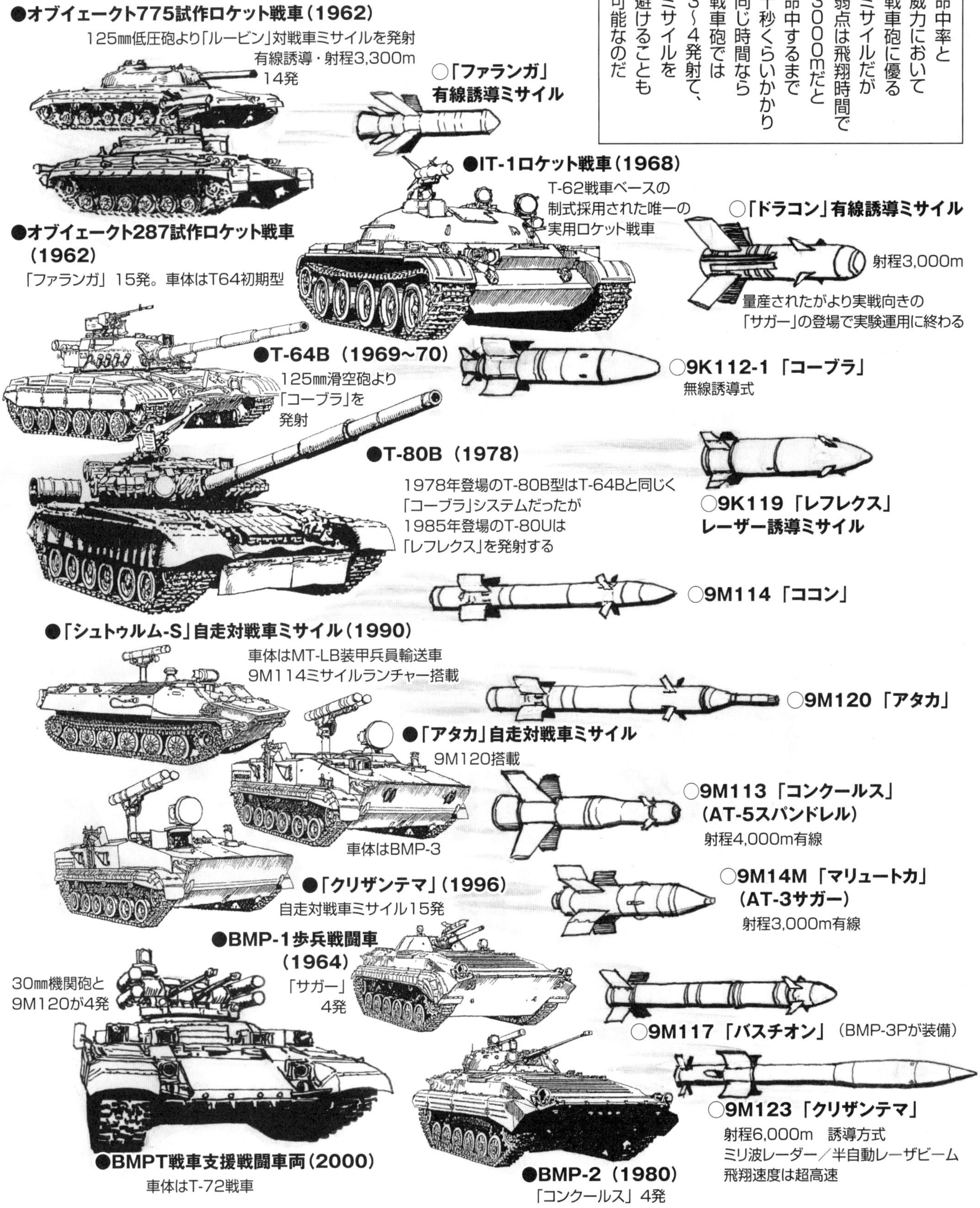

幻の最強戦車
MBT70大図解

1970年代の
最新鋭戦車として
アメリカと
西ドイツが共同で
開発した戦車で
当時の最新技術を
とりいれ、
未来戦車にふさわしい
多くの優れた特徴を
もっていました。

◎操縦手は砲塔に

操縦席は
砲塔内にあり
まるい筒の中に
いるため
砲塔と関係なく
つねに正面を
向いていられる

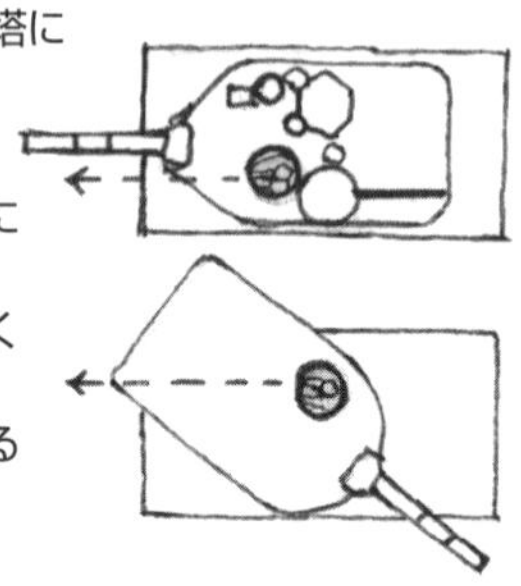

●西ドイツ側MBT-70/kpz70
(1967)

◎レーザー測遠機
光により目標までの距離を
正確に測れるので
照準はひじょうに
正確だ

◎ひっこみ式対空機関砲
対空用20㎜機関砲は通常は
砲塔と平行にねているが
必要に応じて姿を現わす

◎152㎜ガンランチャー
ミサイルも射てる主砲

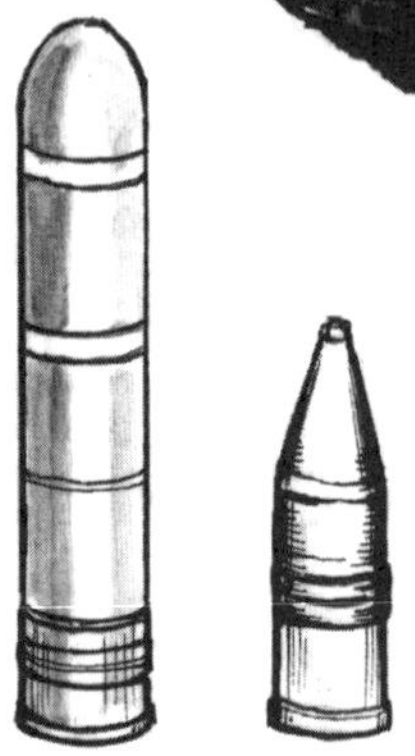

ふつうの弾丸はもちろん
ミサイルも発射できる
超威力の152㎜砲を装備

◎上下する車体
油圧式バネを使用　車高を
50㎝ほど自由に変えられる

◎対空機関砲

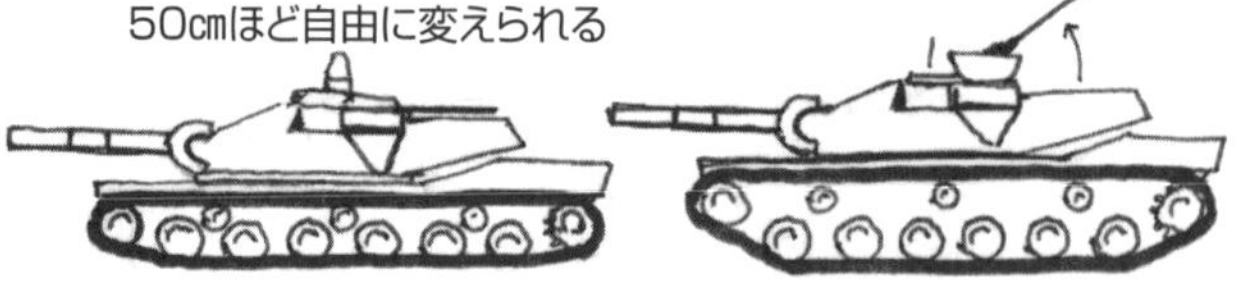

◎弾丸は自動装填式

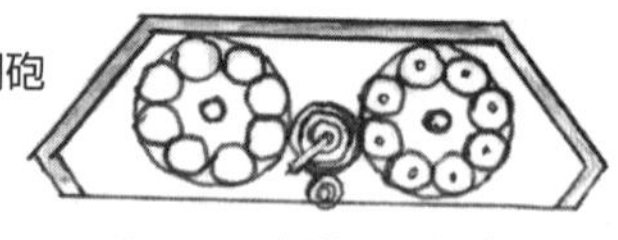

ミサイルも砲弾も、自動的に
装弾できるので装填手がいらず、
乗員はわずか3人だ

◎ABC兵器防御装置装備
(エアフィルター)

●XM803試作車

MBT-70の簡略化モデルとしてアメリカが
最終的に製作したモデル

対空用リモコン
12.7㎜機銃

アメリカと西ドイツが共同で開発したMBT-70は当時の最新装置を目いっぱいつめこんだ主力戦車だった。しかしその結果、複雑で高価なうえ信頼性の乏しい兵器となってしまい、西ドイツは主砲の考え方の違い(ガンランチャーに批判)と開発費用のかかりすぎで降り(レオパルト戦車開発)、アメリカは各所にコストダウンをはかったXM803の開発を進めたが、価格と機構上のトラブルから1971年に計画中止となる。

戦車の武装がミサイルと
ならない最大の理由は
ミサイルが高価だからです。
また、最小射程という
誘導が効き始めるまでの
距離があり、
接近戦に弱いことも
理由となります。
最近、ロシアや
イスラエルで主砲から
発射できるミサイルも
開発されていますが
主流となるかまだ
分かりません。

第2次世界大戦後、核兵器を搭載したミサイルが登場するとこれの発射台となるミサイル戦車も開発されるようになる。さらに対空ミサイルを搭載し、これまた進化著しい航空機を攻撃する対空ミサイル戦車も出現している。

ミサイル戦車
最新ソ連の新兵器！
強力な爆薬または核弾頭をつけ自走できる攻撃兵器の決定版！
ミサイル戦車出動！
轟音とともに飛び出す
核弾頭付きミサイル‼
移動しながら
攻撃目標に発射できる
ミサイル戦車の威力は
計り知れないほど
大きいものです。
1960年代には将来の
原子力時代の地上戦は
ミサイル対ミサイルの
決戦になると
いわれていました。
放射能防護服が
なんとも不気味でした。

ソ連のミサイル戦車。
◎印はソ連の名称で
○印は西側でつけた
コードネームと
確認された年代です。

ミサイルはランチャーを
垂直に立ててから発射
スカッドB　射程280km
スカッドC　射程700km

◎8K11（1955）
射程150kmの地対地ミサイルを搭載
車体はスターリン戦車

◎RT-20（1964）
○スクルージ（1965）
射程7000km級のミサイルを
スキャンプと同じ車体に搭載
発射位置を移動しながら発射できる
大陸間弾道ミサイル

◎RT-15（1961）
○SS14 スキャンプ（1965）
射程2500kmのRT-15戦略弾道
ミサイルをスターリン系の車台に搭載
発射ランチャーは起倒式だ

●パーシング（アメリカ・1962）
射程300～640kmの地対地ミサイル
パーシングの運搬車

●MLRS（アメリカ・1983）
多連結ロケットシステムだが
大型ロケット弾ATACMSを実用化
したのでここに入れた
ブロックⅡAの最大射程300km

自走ランチャー

野砲にかわる地上攻撃用の兵器として、ソ連軍はロケット兵器に力を入れてきたが、
第二次大戦後は地対空ミサイルや、戦術・戦略ミサイル開発にも精を出し、
数々のロケット・ミサイル兵器を作り出しこれらの自走化にも熱心だった。
自走ランチャーはつねに発射位置を移動できるという
機動性と隠密性を持っている秘密兵器なのだ。

◎2P16「ルナ」(1956)
○フロッグ3(1960)
PT76水陸両用戦車の台車に
ルナ戦術ミサイルを載せたもの
機動性がよくなった
射程44.5㎞。

◎2P4「フィリン」(1955)
○フロッグ1
ソ連最初の戦術地対地ミサイル3R・2を
JSU-152車台を改造して搭載
射程23㎞

●プリュートン戦術核ミサイル(フランス・1974)
有効射程10～120㎞の核弾頭付きミサイルを
AMX30の車台に載せて搭載

●M752(アメリカ・1972)
地対地ミサイル「ランス」の
自走式ランチャー
射程120㎞

■対空ミサイル戦車

対空ミサイルの分野でも制空権に自信のないソ連は
機関砲と組み合わせて自軍をカバーすべく
開発に力を入れてきた。

◎2K11「クルーグ」(1958)
○SA2 ガネフ(1961)
ラムジェット式の
対空ミサイルを搭載
有効射程670㎞
射高18,000m

◎2K12「クーブ」(1957)
SA6ゲインブル(1967)
第4次中東戦争では
イスラエル空軍機を痛めつけた
有効射程24㎞　射高11,000m

◎9K37「ブーク」(1980)
○SA11ガドフライ
2K11の後継だ
有効射程32㎞
射高20,000m

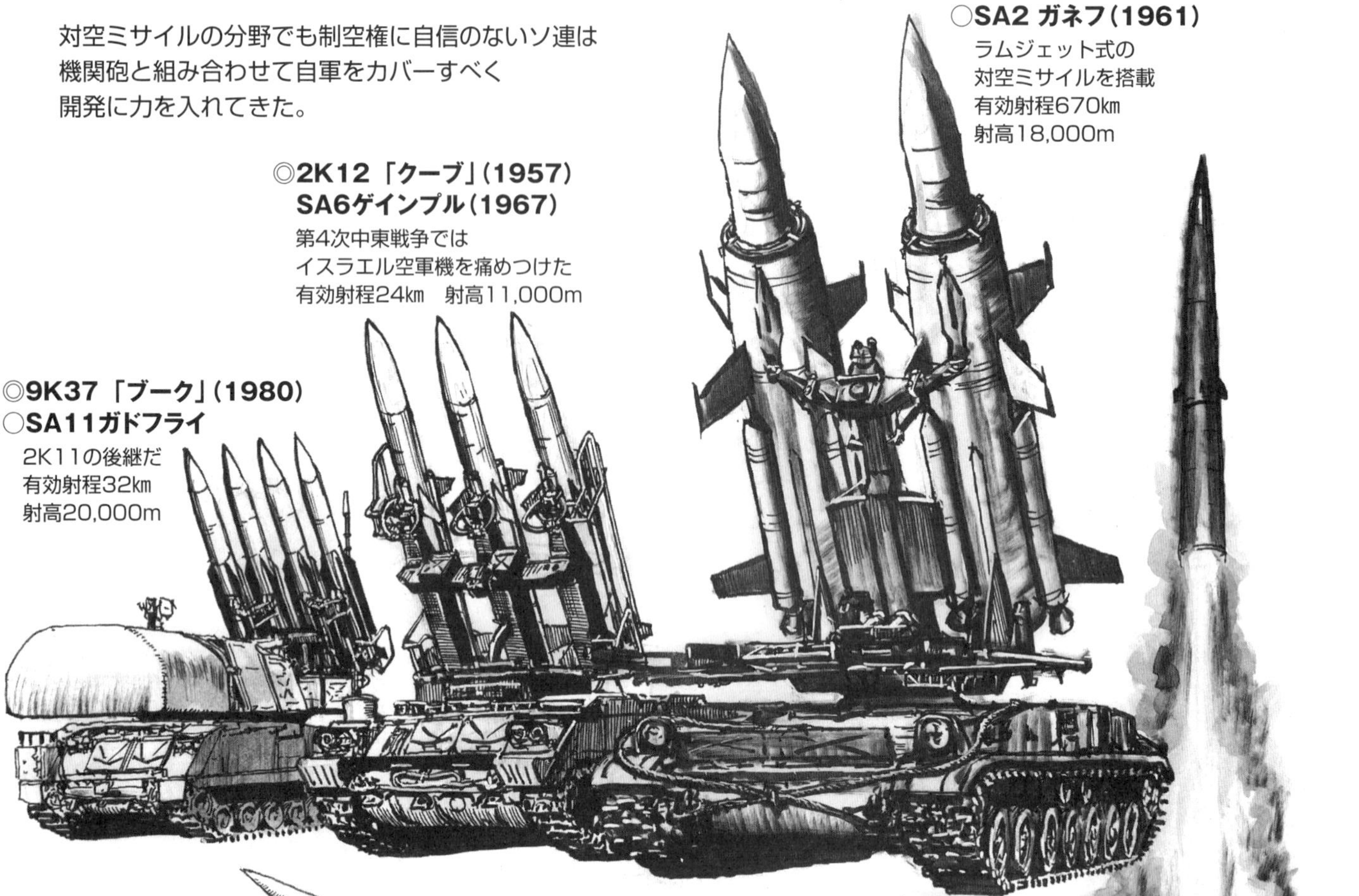

●ホーク
(アメリカ・1960)

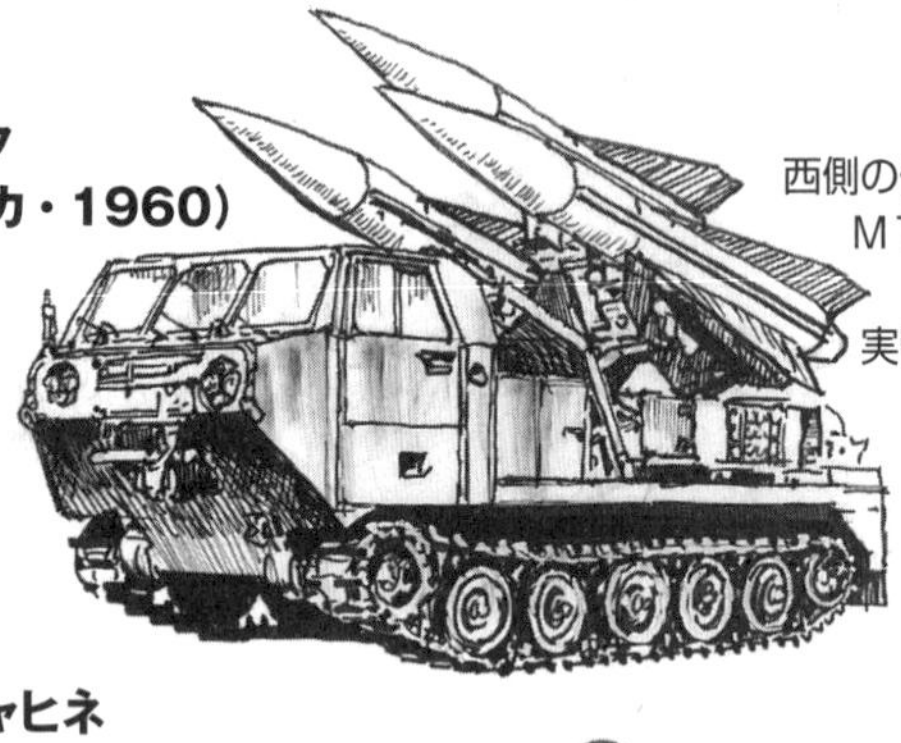

西側の代表的な低空用対空ミサイル
M113改造の車台に搭載されて
いるが、これは一部で、
実際には牽引式のランチャーで
使用されている

●シャヒネ
(フランス・1980)
ランチャー 6基を
AMX30の車台に
搭載

◎S-300Y(1969)
○SA17グリズリー
高々度の敵機や
弾頭ミサイルの迎撃を
目的とした自走対空ミサイル
小型(4連装)と大型(連装)があり
大型の有効射程は75㎞
射高25,000m

対空戦車
第2次世界大戦

戦車の最大の敵である「航空機」に反撃するのが対空戦車だ。

装甲車両を改造したものは、対地攻撃の激しくなった第２次世界大戦後半より本格的なものが登場する。

大戦中の対地攻撃の
象徴ともいうべき
ソ連のシュトルモビク
(嵐を呼ぶ男、の意)は
戦闘機でも撃墜しにくく
ドイツ戦車の天敵
でした。

●イリューシンIL-2シュトルモビク(ソ連)
地上攻撃を専門として開発された機体
口径20㎜以上の地上砲火でなければ
撃墜は至難のワザだった
23㎜機関砲×2、7.62㎜×2、12.7㎜旋回機銃×1
爆弾600kg、後期型はロケット弾8発

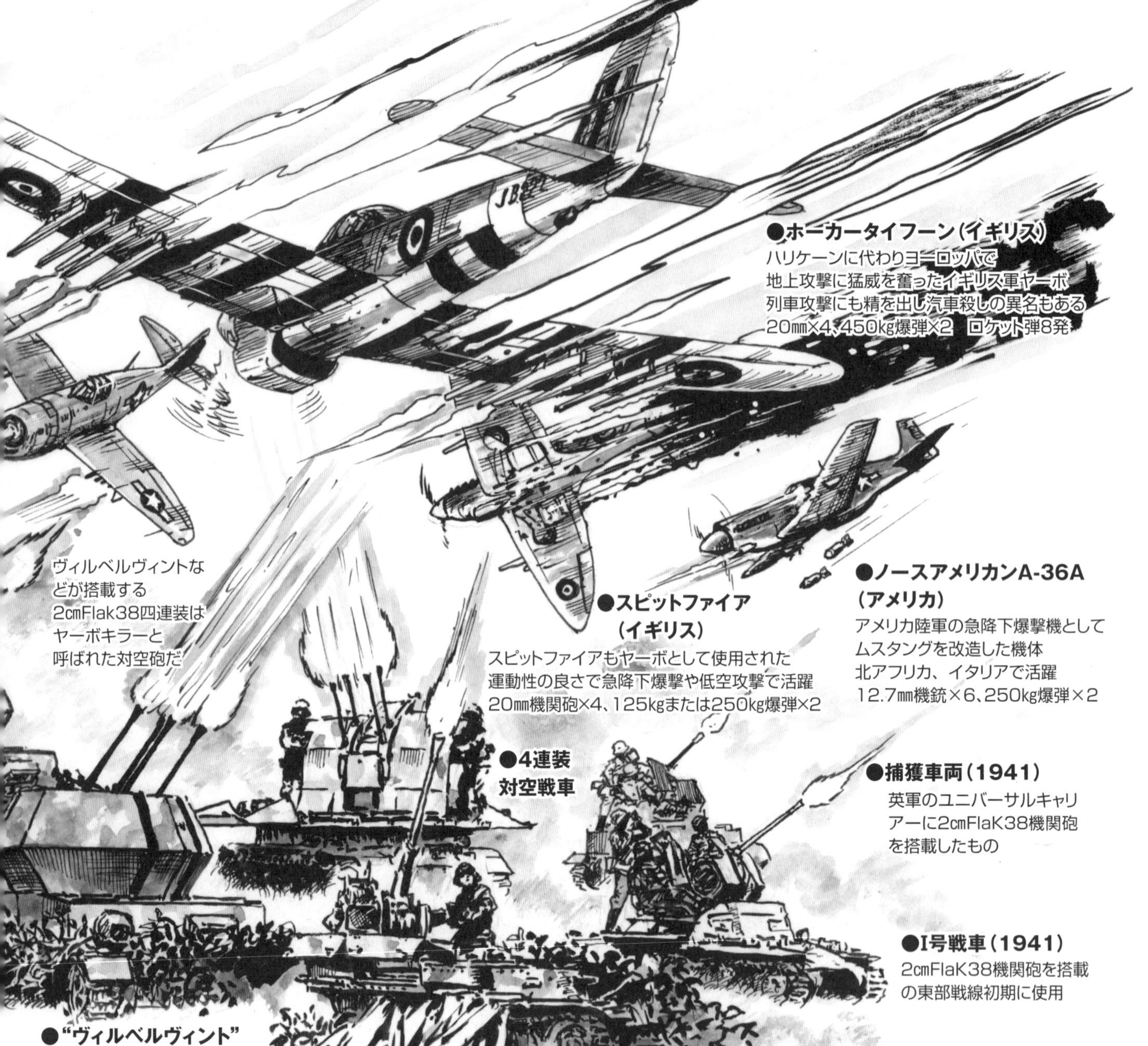

●ホーカータイフーン（イギリス）
ハリケーンに代わりヨーロッパで
地上攻撃に猛威を奮ったイギリス軍ヤーボ
列車攻撃にも精を出し汽車殺しの異名もある
20㎜×4、450㎏爆弾×2　ロケット弾8発

ヴィルベルヴィントな
どが搭載する
2㎝Flak38四連装は
ヤーボキラーと
呼ばれた対空砲だ

●スピットファイア
（イギリス）
スピットファイアもヤーボとして使用された
運動性の良さで急降下爆撃や低空攻撃で活躍
20㎜機関砲×4、125㎏または250㎏爆弾×2

●ノースアメリカンA-36A
（アメリカ）
アメリカ陸軍の急降下爆撃機として
ムスタングを改造した機体
北アフリカ、イタリアで活躍
12.7㎜機銃×6、250㎏爆弾×2

●4連装
対空戦車

●捕獲車両（1941）
英軍のユニバーサルキャリ
アーに2㎝FlaK38機関砲
を搭載したもの

●I号戦車（1941）
2㎝FlaK38機関砲を搭載
の東部戦線初期に使用

●“ヴィルベルヴィント”
Ⅳ号対空戦車

●38（t）対空戦車L型（1943）
ノルマンディー戦に多く投入された

●ニムロッド
（ハンガリー・1940）
スエーデンの
L-62対空戦車を
ライセンス生産
したもの
東部戦線に参加
ボフォース40㎜砲搭載

●イタリア
車台はM15/42で
日本と同じく試作のみ
ブレダ20㎜4連装機銃搭載

■日本の試製対空戦車（1944）

●20㎜単砲

●20㎜双連

九八式軽戦車の車台を利用
20㎜高射機関砲を
搭載したもの等
数種類製作されたが
いずれも試作で終わる

ヤーボ(戦闘爆撃機)を迎え撃て!

制空権を失ったドイツ軍は連合軍機の低空攻撃に悩まされ
数多くの対空自走砲を造り出している。
その多くは半装軌式が多かったので
戦車部隊に同行でき装甲も充分な対空戦車が切望された。

●リパブリックP-47
サンダーボルト(アメリカ)
P-51の登場で爆撃機護衛任務をとかれ
戦闘爆撃機となる
大馬力で頑丈、搭載能力も高く
アメリカ軍ヤーボの代表として
ドイツ軍を痛めつけた
12,7㎜×8、454㎏爆弾×2
後期型ではロケット弾8発
●8.8㎝FlaK搭載対空自走砲
図はFlaK41型(1944)
FlaK37型(1943)も製作されたが
試作に終わる
●3.7㎝2連
パンター対空戦車
“ケーリアン”
●3.7㎝
FlaK43
“オストヴィント”
●グリレ38t対空戦車
(1945)
3㎝FlaK103/38を
搭載した現地改造車両
クーゲルブリッツやケーリアンなどの
本格的対空戦車は量産はできなかった
●3㎝2連
Ⅳ号対空戦車
“クーゲルブリッツ”
●MG34 口径7.92㎜
車載用機銃を対空砲架に
付けて使用したが
威力不足であった
●“メーベルヴァーゲン”対空戦車
●ボートF4U-1Dコルセア(アメリカ)
太平洋戦線で大暴れした海軍/海兵隊の
戦闘爆撃機
12.7㎜×6
445㎏爆弾×3
または
ロケット弾8発
●ホーカー・ハリケーンⅡD(イギリス)
北アフリカにおいて20㎜機関砲4門で地上掃射
ⅡC型は40㎜砲2門を装備する
他に225㎏爆弾2発
運動性が悪く
地上砲火に弱かった
●カーチス・キティーホーク
(アメリカ)
●ベルP-39エアラコブラ
(アメリカ)
ソ連ではレンドリース
(武器貸与)された本機を
地上攻撃と低空戦闘に
使用し成功している
20㎜(モーターカノン)×1
12.7㎜×2、7.7㎜×2
227㎏爆弾×1
頑丈さを買われ
戦闘爆撃機に早くから使用された
12.7㎜機銃×6、225㎏爆弾×1
すでに2戦級戦闘機だった
ハリケーンやキティホークも
北アフリカ戦線では戦闘爆撃機に
転用されて大活躍した。

制空権下の連合軍対空戦車

ドイツ軍と違い航空優勢となった連合軍側は対空戦車の必要がなくなり、ほとんどが試作で終わっている。

■アメリカ

●T-36対空自走砲
M3中戦車に
40㎜ボフォース砲塔を
搭載（1942年試作）

●フォッケウルフFw190F（ドイツ）
Ju87に代わる地上攻撃・急降下爆撃機
東部・西部両戦線で
出動している

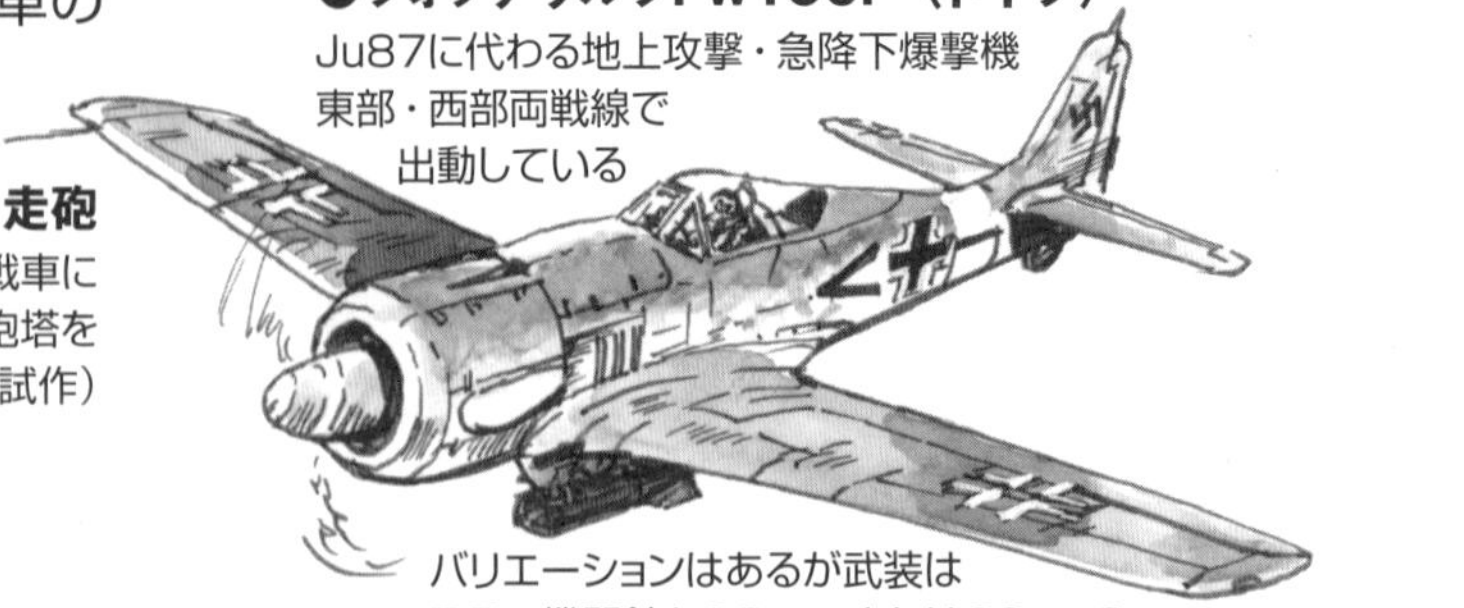

バリエーションはあるが武装は
7.7㎜機関銃か13㎜、または20㎜×2
胴下に500㎏爆弾1発と翼下に100㎏2発を装備した

●T77対空自走砲
（1944年試作）
M24に
12.7㎜機銃6挺の
集中火力は
すごかったが
大戦に間に合わず

■イギリス

●スコーピオンAA（1942）
マークⅥ軽戦車の車台に
ベサ7.92㎜機銃4挺搭載

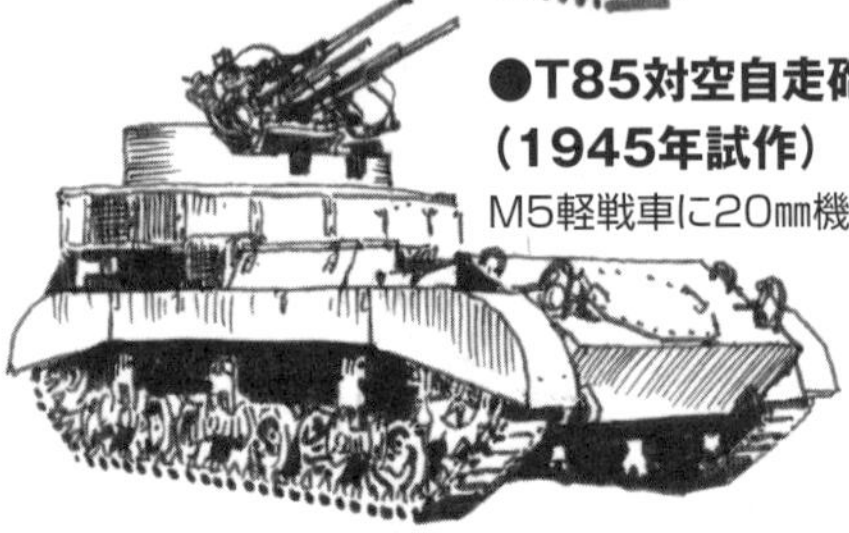

●T85対空自走砲
（1945年試作）
M5軽戦車に20㎜機関砲4門

●クルセーダーAA MkⅠ
（1944年試作）
オープントップの砲塔に
40㎜ボフォース
機関砲を搭載

同じ砲塔に
ポールステン20㎜砲を
装備したセントーAAも
試作されている。

●M19対空自走砲
（1945）
連装40㎜機関砲を
装備
車台はM24
第二次世界大戦
には間に合わず
朝鮮戦争で実戦参加
アメリカ初の対空戦車となった

●クルセーダーAA MkⅡ
（1944年）
エリコン20㎜機関砲を搭載
対空戦車として
大陸反攻作戦に
参加

■カナダ

●スキンクAA
（1944）
シャーマンのコピーである
グリズリー戦車に
4連装20㎜機関砲を装備
量産されず

●ブローニングM2重機関銃
口径12.7㎜
対空射撃にも
威力を発揮

■ソ連

●ZSU37（1944）
SU-76の車台に
37㎜ミリ機関砲を搭載

第2次世界大戦後になると対空戦車の機銃は砲塔に収まった動力式が主流になり、敵である航空機がジェットエンジンに移行するに伴い、ミサイルとの組み合わせで使用されるようになった。

対空戦車
第2次世界大戦以降

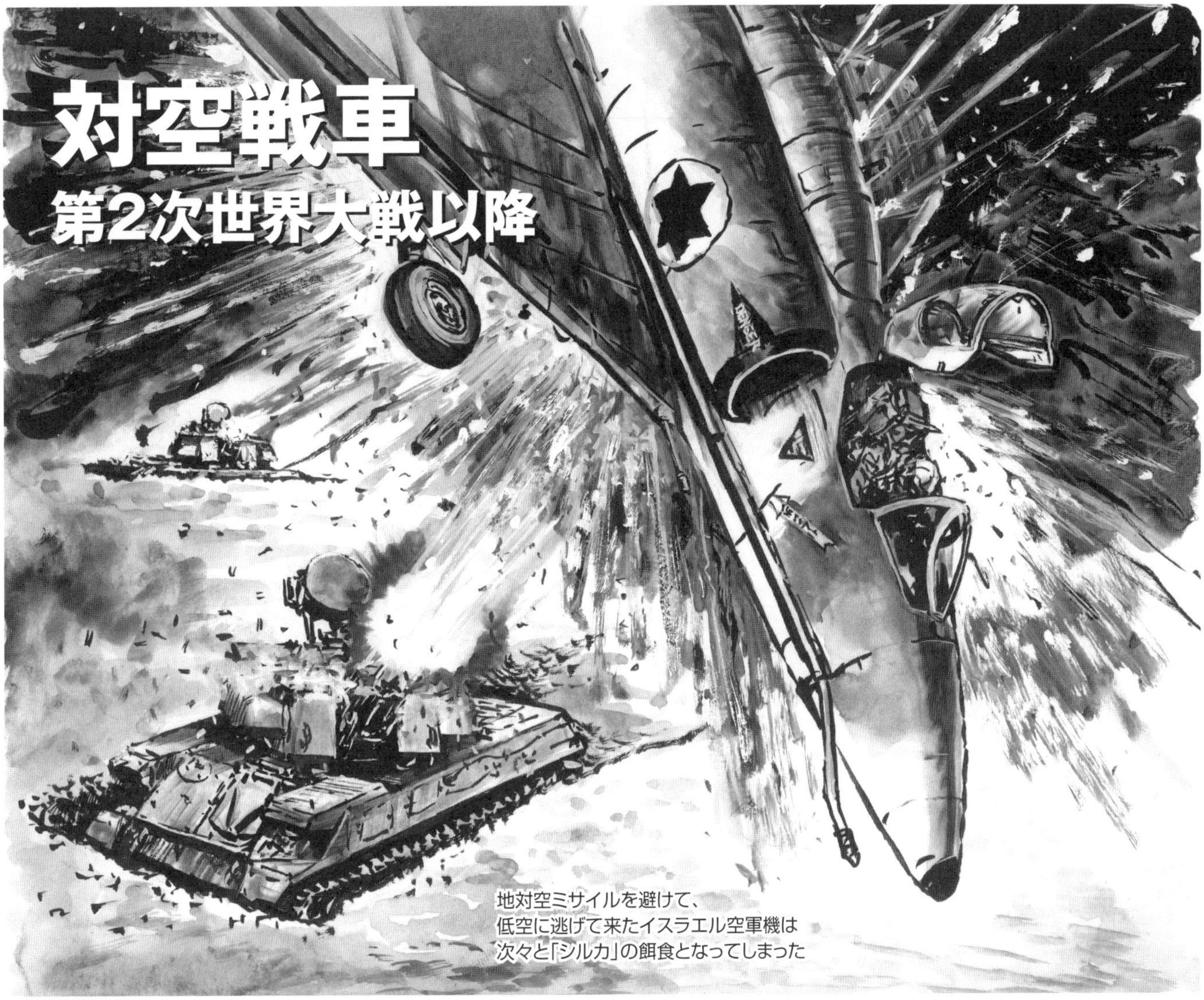

地対空ミサイルを避けて、低空に逃げて来たイスラエル空軍機は次々と「シルカ」の餌食となってしまった

■アラブの防空ミサイル陣

射程の違う
各種地対空ミサイルを
組み合わせて
自軍を守る防空の傘を
広げていた

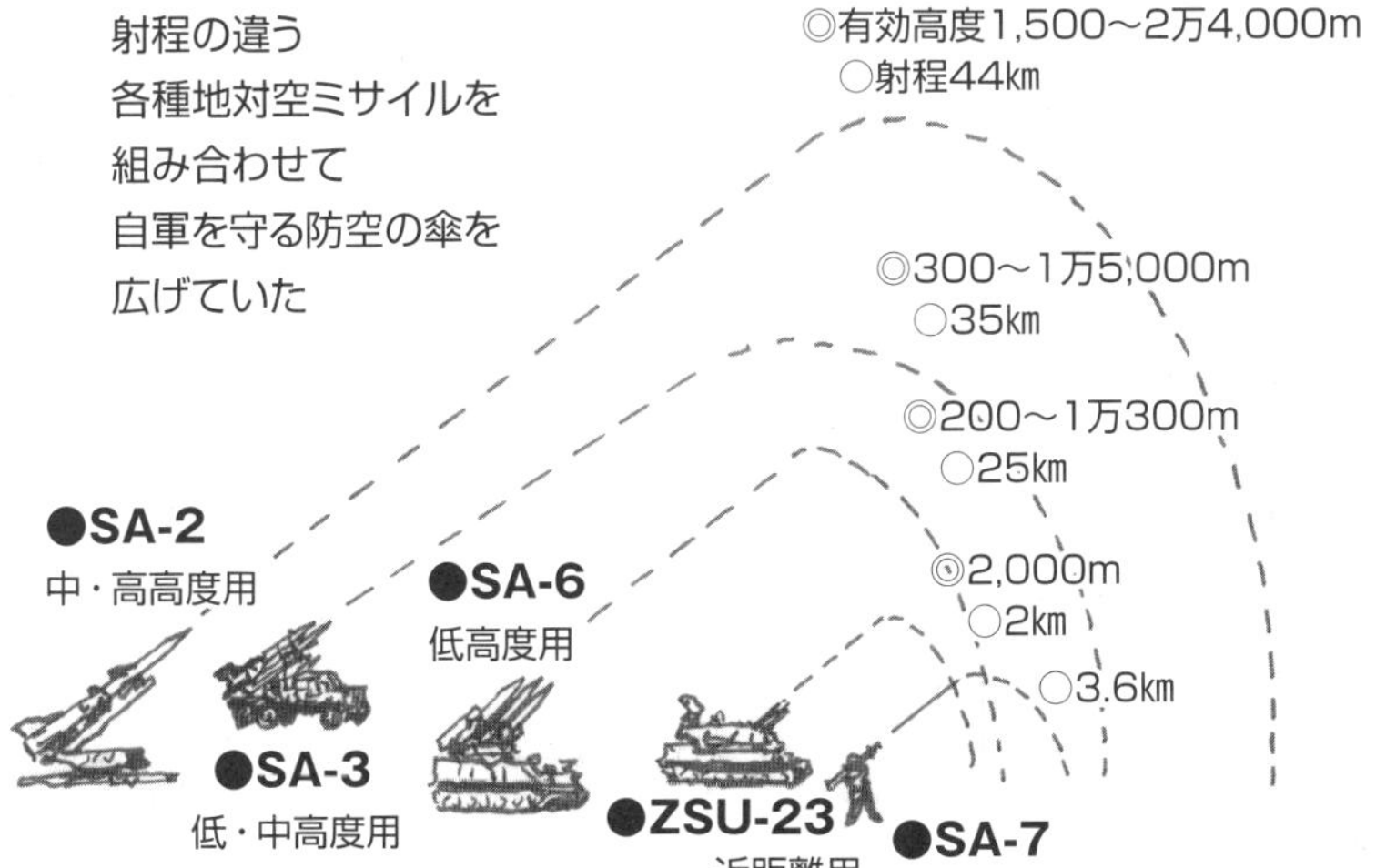
◎有効高度1,500〜2万4,000m
○射程44㎞
◎300〜1万5,000m
○35㎞
◎200〜1万300m
○25㎞
◎2,000m
○2㎞
○3.6㎞
●SA-2
中・高高度用
●SA-3
低・中高度用
●SA-6
低高度用
●ZSU-23
近距離用
●SA-7
携行対空ミサイル

1973年の第四次中東戦争で、アラブ側は、ソ連から提供された対空ミサイルや高射機関砲を組み合わせて、強力な防空網をつくり上げ、中東最強のイスラエル空軍を迎え撃ち多大なる損害を与えたのでした。

「シルカ」は地上部隊の直掩用として活躍したみたいよ

●9K35「ストレーラ」(ロシア・1969)

SA-13対空
ミサイル×4

●ZSU-23-4「シルカ」(ロシア・1957)

23mm砲×4

レーダー照準
システムをもつ
世界初の対空戦車

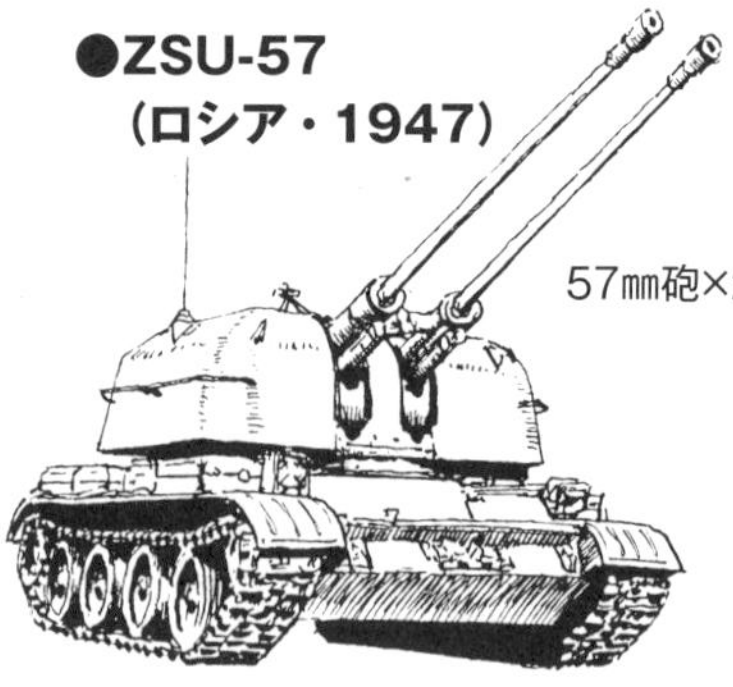

●ZSU-57
(ロシア・1947)

57mm砲×2

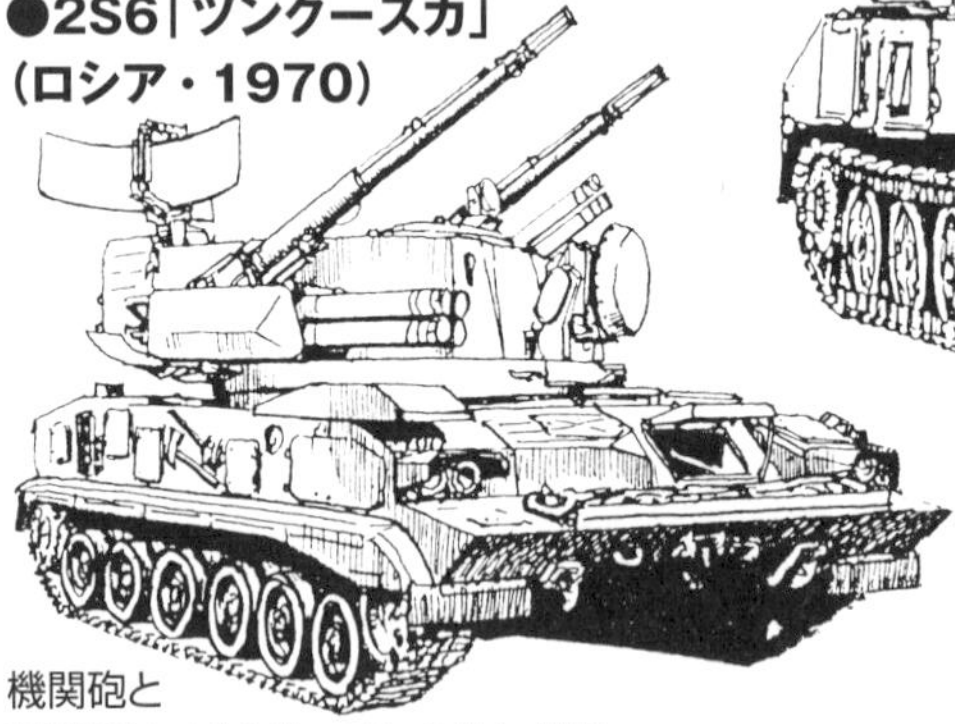

●2S6「ツングースカ」
(ロシア・1970)

機関砲と
対空ミサイルをもつハイブリッド型
30mm砲×2、9M311ミサイル×8

●63式(中国・1963)

37mm砲×2
車体はT-34

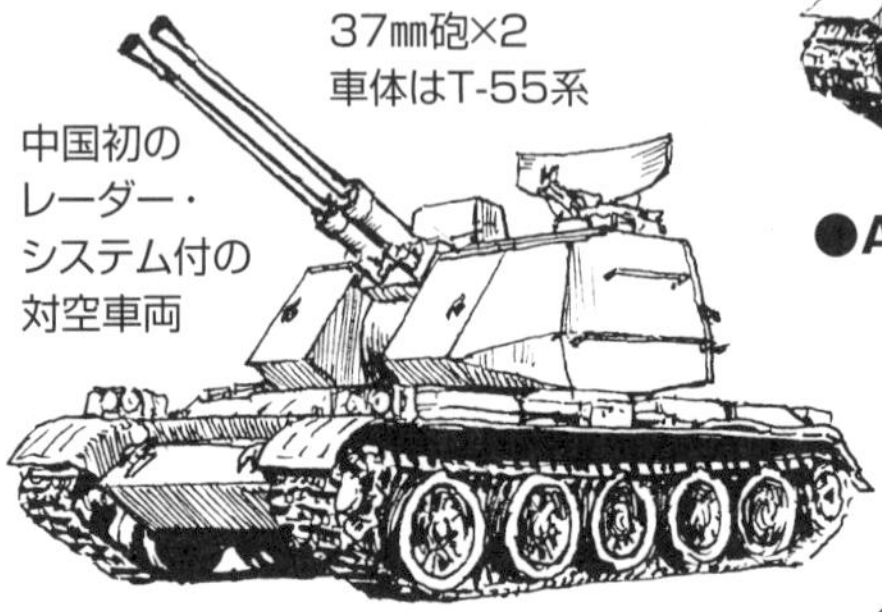

●88式(中国・1988)

37mm砲×2
車体はT-55系

中国初の
レーダー・
システム付の
対空車両

●AMX-13DCA (フランス・1967)

30mm砲×2
車体は
AMX-13
軽戦車

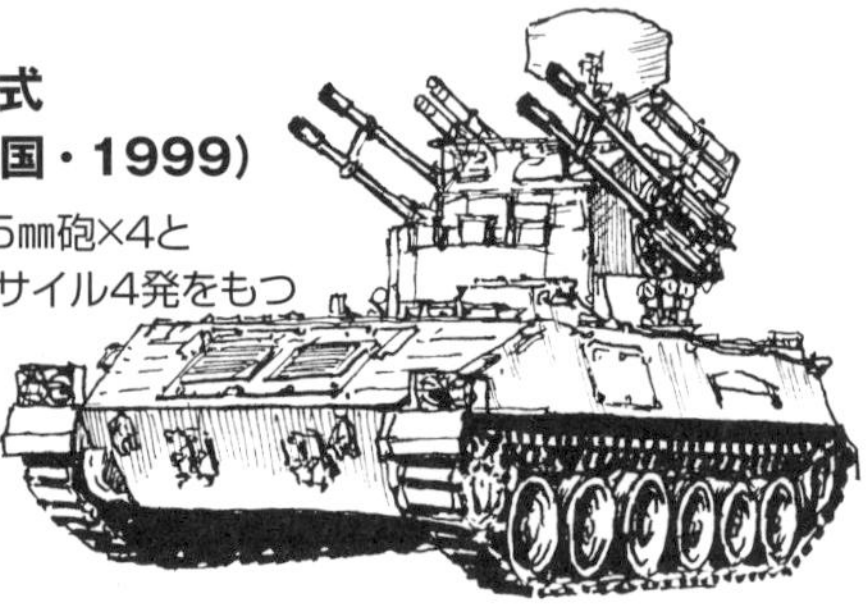

●95式
(中国・1999)

25mm砲×4と
ミサイル4発をもつ

●ファルコン(イギリス・1970)

30mm砲×2
車体はアボット

●AMX-30DCA (フランス・1970)

30mm砲×2
車体は
AMX-30

フランスでは
不採用

●SIDAM25
(イタリア・1989)

25mm砲×4

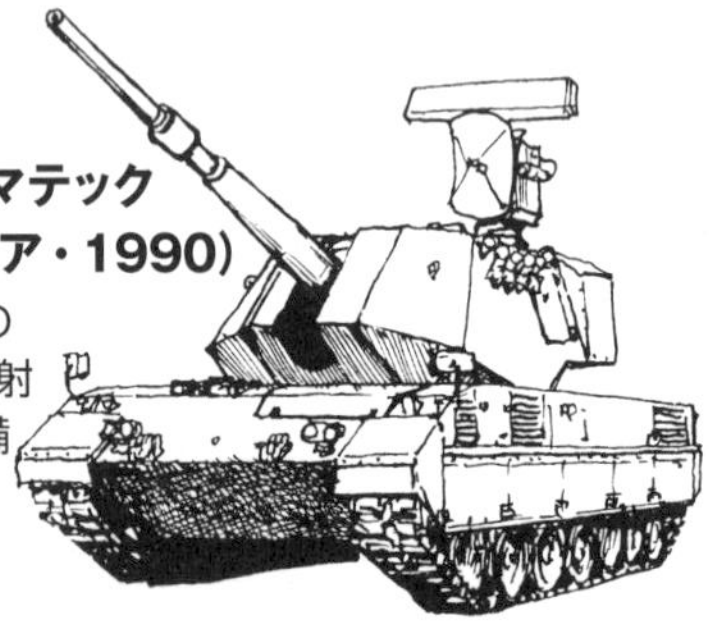

●オトマテック
(イタリア・1990)

長射程の
76mm速射
砲を装備

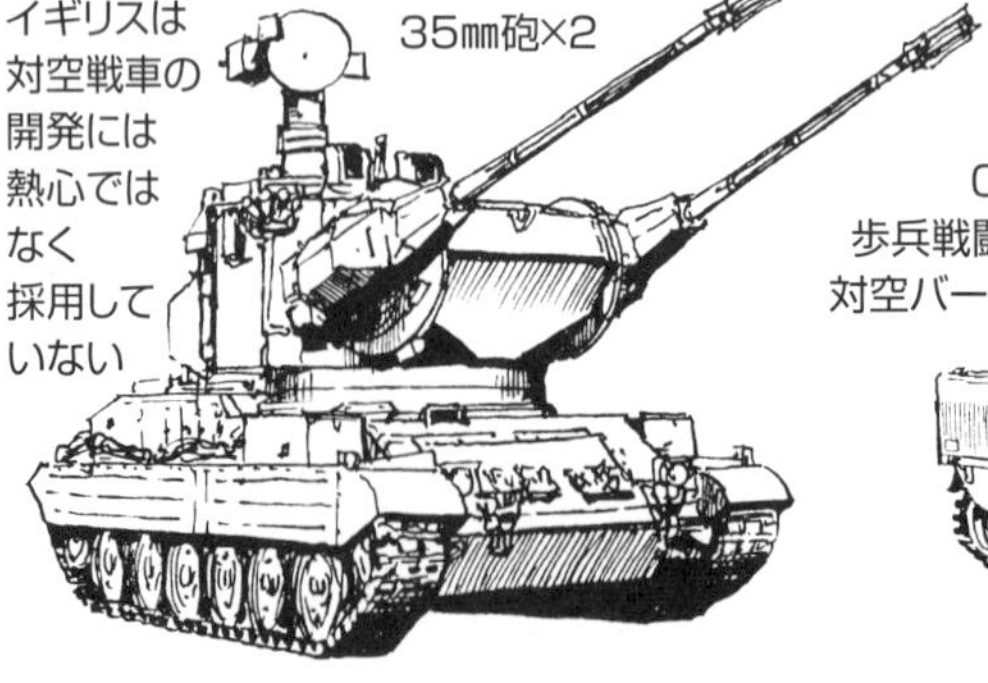

●マークスマン(イギリス・1990)

イギリスは
対空戦車の
開発には
熱心では
なく
採用して
いない

35mm砲×2

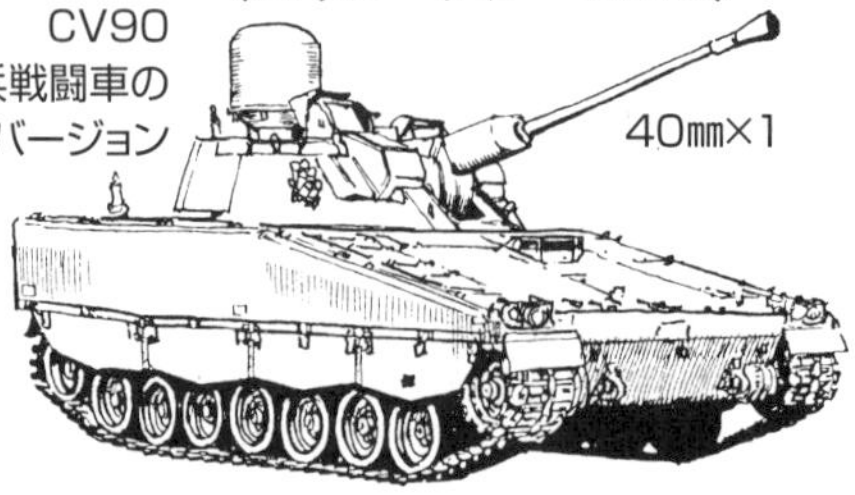

●CV9040カメレオン
(スウェーデン・1993)

CV90
歩兵戦闘車の
対空バージョン

40mm×1

※4連装機関砲は現代でも低空を攻撃してくる航空機を迎撃するのに打ってつけで、航空機にとっては鬼門となっている。

自走対空車両、集結せよ！

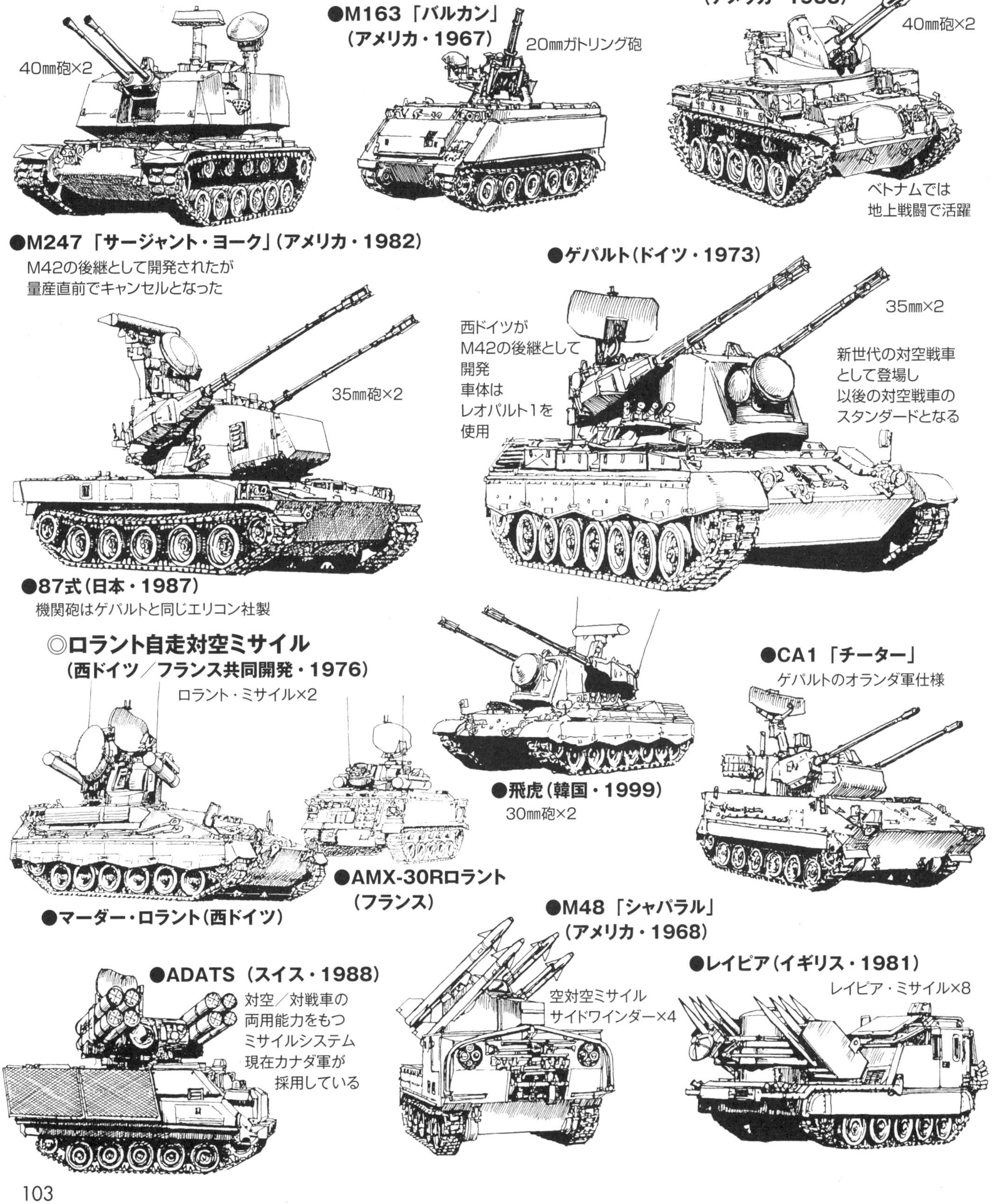
40㎜砲×2
●M247「サージャント・ヨーク」(アメリカ・1982)
M42の後継として開発されたが
量産直前でキャンセルとなった
●M163「バルカン」
(アメリカ・1967)
20㎜ガトリング砲
●M42「ダスター」
(アメリカ・1953)
40㎜砲×2
ベトナムでは
地上戦闘で活躍
35㎜砲×2
●87式(日本・1987)
機関砲はゲパルトと同じエリコン社製
●ゲパルト(ドイツ・1973)
35㎜×2
西ドイツが
M42の後継として
開発
車体は
レオパルト1を
使用
新世代の対空戦車
として登場し
以後の対空戦車の
スタンダードとなる
◎ロラント自走対空ミサイル
(西ドイツ／フランス共同開発・1976)
ロラント・ミサイル×2
●マーダー・ロラント(西ドイツ)
●AMX-30Rロラント
(フランス)
●飛虎(韓国・1999)
30㎜砲×2
●CA1「チーター」
ゲパルトのオランダ軍仕様
●ADATS (スイス・1988)
対空／対戦車の
両用能力をもつ
ミサイルシステム
現在カナダ軍が
採用している
●M48「シャパラル」
(アメリカ・1968)
空対空ミサイル
サイドワインダー×4
●レイピア(イギリス・1981)
レイピア・ミサイル×8

対空戦車が何だっ!!

片っ端からシラミ潰しだぜ!

現用対地攻撃機は高い対地攻撃能力をもち長時間戦場に滞空でき機関砲や対戦車ミサイルを装備して戦車の天敵ぶりを最近の戦争でも発揮している

火薬を推進剤とするロケット弾は古くから戦争に活用されていたが、第2次世界大戦になると装甲車両に搭載して火力の増強を図ったものが出現した。ここではロケット弾を搭載した戦車を紹介する。

ロケット砲戦車

ドイツ軍を震え上がらせたカチューシャロケット砲戦車

（昭和38年少年マガジン口絵より）

■ロケット砲戦車

ドイツの戦車を撃ち破った無敵のソ連戦車隊。

私が少年だったころこのカラーイラストの戦車を見てびっくり。

いま見ると、なんとＪＳＵ152とＳＵ100の合体モデルに「カチューシャ」を搭載したものとわかります。

「カチューシャ」ロケット砲というソ連の強力な火力支援兵器は、トラック搭載のスターリンのオルガンといわれた強力な火力支援兵器でした。

ミリタリー小僧の私はそのことを当然知っていましたが、「戦車に搭載していたとは！」と、当時の少年誌の情報に感服した次第でした(後に誤報と知りました)。

ここではその戦車とロケット砲を合体させた戦車をみてみましょう。

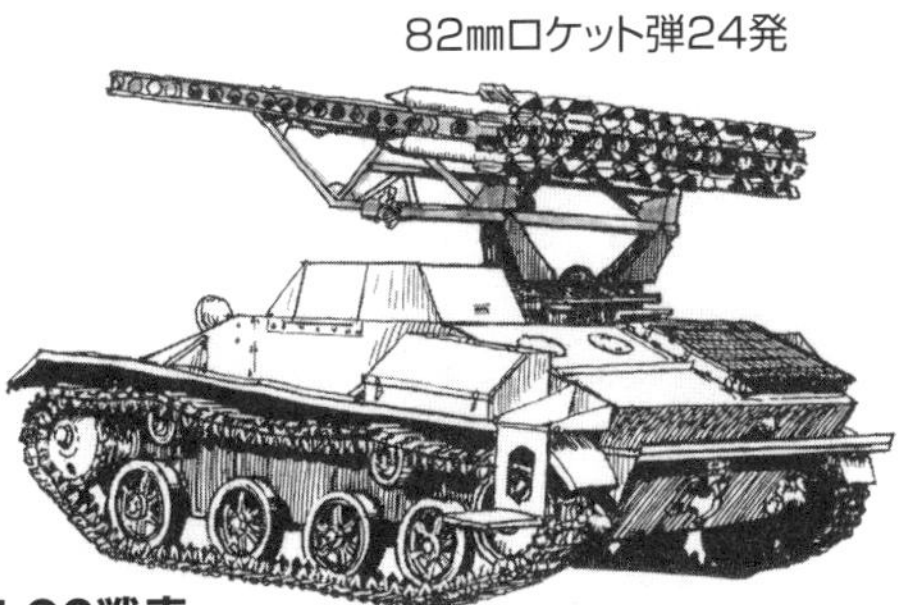

●T-60戦車
BM8-24ロケットランチャー付

ソ連軍が戦車にカチューシャを載せたのは
このT-60だけだったようです

ロケット弾発射の音は凄まじく、兵士たちはスクリューミング・ミューミューズとあだ名した。なお、ドイツ軍のロケット砲も同じあだ名で呼んでいる

●RBT-5ロケット戦車（ソ連）

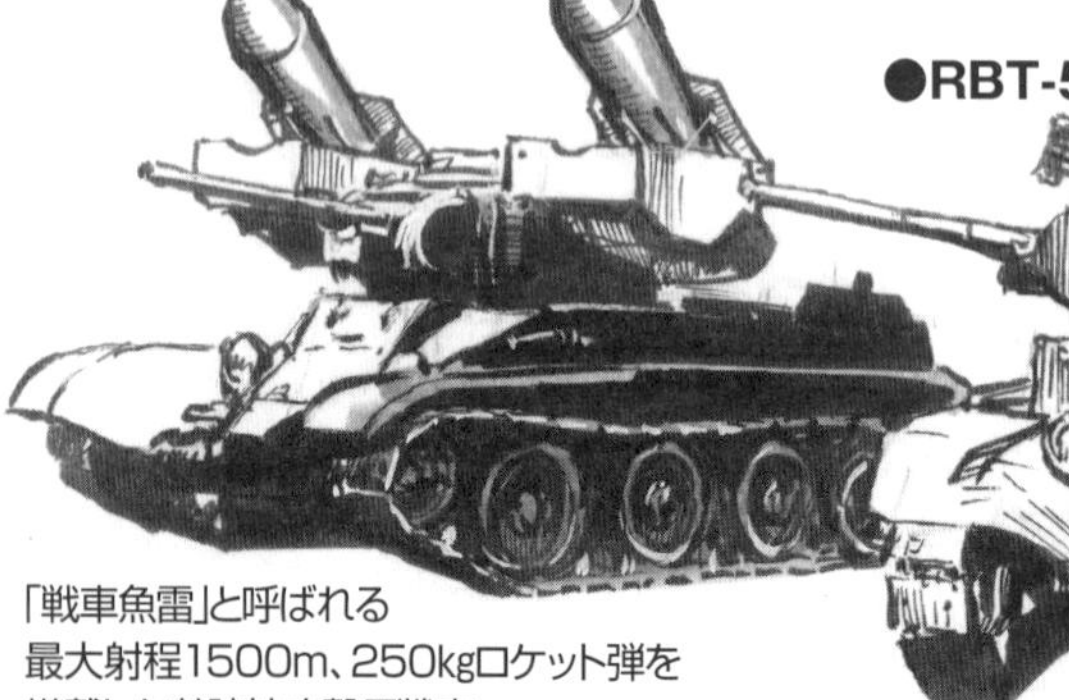

「戦車魚雷」と呼ばれる
最大射程1500m、250kgロケット弾を
搭載した敵陣地攻撃用戦車

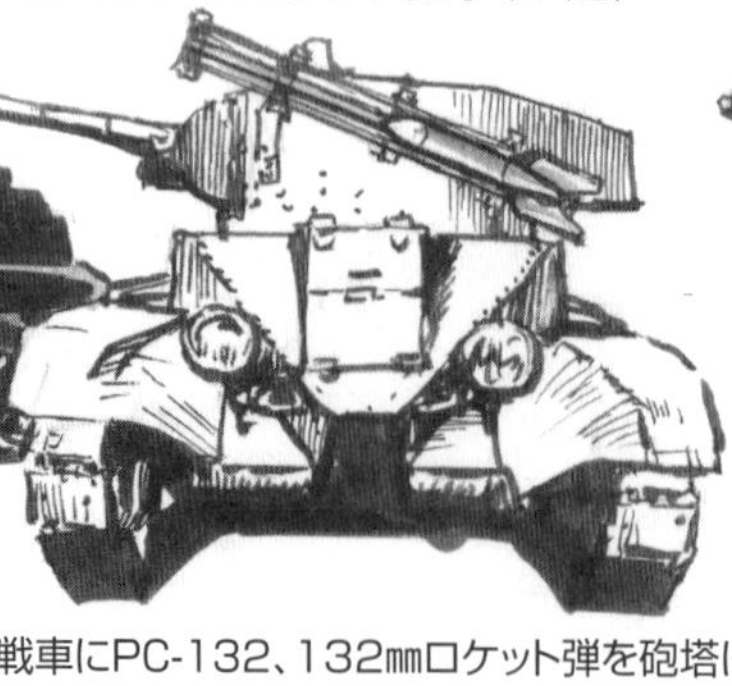

BT戦車にPC-132、132㎜ロケット弾を砲塔に搭載

イギリス軍が現地改造したもの
航空機用ロケット弾をランチャーごと砲塔に装備
3インチ（7.62㎜）ロケット弾は
前方360〜730mに着弾する

敵軍を粉砕せよ!! ロケット砲戦車“カリオペ”

「カリオペ」とはオルガンの意味のソ連軍のロケット砲を
ドイツ軍が「スターリンのオルガン」と呼んだのと似ている。
ロケット弾の発音がそう聞こえるのだろう。

●7.2インチT37ロケット弾（182.8㎜）
海軍の対潜ロケット弾ヘッジホッグを
もとに開発された
大型のロケット弾だが
射程がわずか200mだった
●M26重戦車
M8ロケット弾22発を装塡するランチャーを
砲塔両側に搭載
発射後はランチャーを投棄して戦えた
カリオペ以外の車両はいずれも試作、研究に
終わっている。
●多連装ロケットランチャーT99
●M5A1軽戦車
T39を搭載、図は
シャッターを閉じている
発射後は油圧投下
装置で投棄できる。
敵陣地破壊用戦車
機甲工兵用に開発
●ロケットランチャーT76
190.5㎜ロケット発射筒をもち
7.2インチロケット弾を発射できる
●T31破壊戦車
T94ロケットランチャーを2門
中央の砲身はダミーで
ボールマウントに2挺の機関銃を
装備する大きな砲塔をもつ
T94ランチャーは5発の
ロケット弾を収容する
シリンダーを備えていて
連発も可能
テスト段階で終戦となり
開発中止
●ロケットランチャーT105
T76と同じロケット弾を
発射するが、箱形の
発射筒だ。

トミーもアーミーもまとめてブッとばせ!!

もともと、多連装ロケット発射器の車台には大型トラックが流用されていましたが近年これらの装甲化が進み専用の装軌式車両の開発もされています。その代表MLRSは湾岸戦争等で威力を発揮しました。

●自走式ロケット発射器MLRS（アメリカ）
直径227㎜×12発
最大射程32,000m

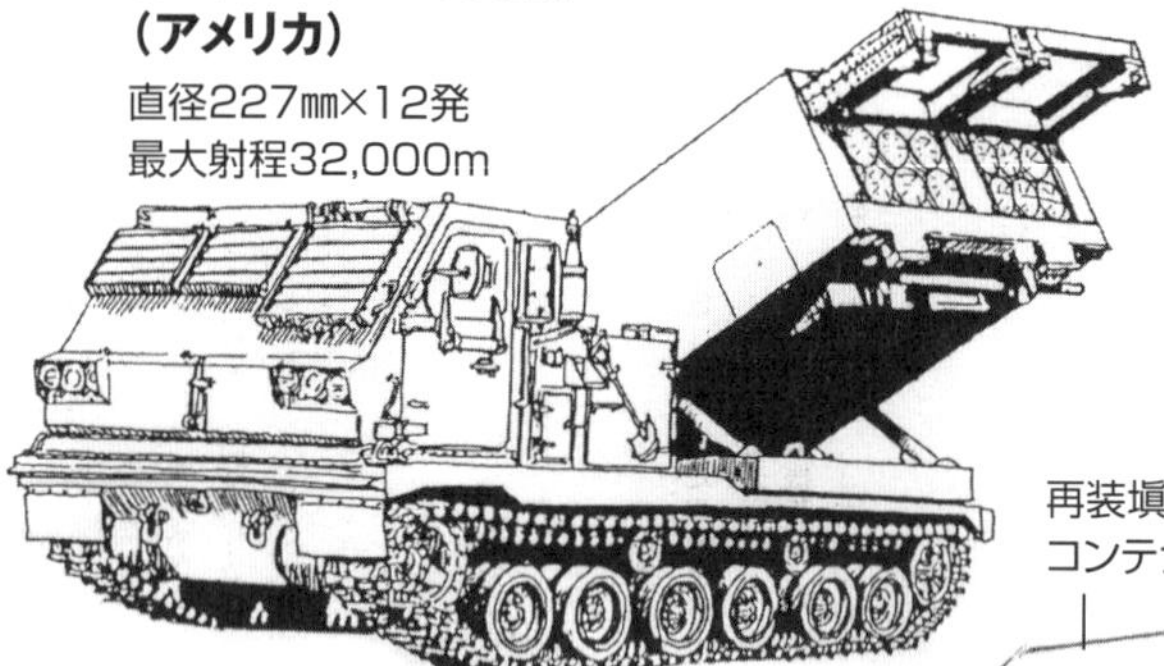

●160㎜LAR（イスラエル）
18連ランチャー×2　最大射程30,000m
車台はAMX-13

第3次中東戦争後に開発
イスラエル軍には採用されず

●89式MRL（中国）
122㎜40連ランチャー
最大射程20,580m
車台は83式152㎜自走砲

●75式130㎜ MRS（日本）
30連
最大射程
14,500m

車台は
73式装甲車

●T0S-1 220㎜MRS（ロシア）
30連ランチャー
有効射程
3500m
チェチェン紛争で
使用

車台は
T-72戦車

第3章

対戦車兵器

World Tank Episode Collection

対戦車兵器

第1次世界大戦で初めて戦車が運用された瞬間から、それに相対した相手側は戦車に対抗する兵器と戦術の必要性に迫られました。

以来、戦車がつねに攻撃力（火砲）と防護力（装甲）のシーソーゲームを繰り返しながら発達してきたように、戦車と対戦車兵器も、いかに新しいアイディアや技術を投入して相手を出し抜き、勝利を収めるかの競争を続けてきたといえます。

第2次世界大戦後の戦車は、概ね火砲の威力が装甲を上回っており、成形炸薬の技術を応用した対戦車ミサイルや携行対戦車兵器の登場は戦車を攻撃する側の優位を決定的としました。

ところが、セラミックスなどを利用した複合装甲がそれに「待った」をかけ、さらに毒をもって毒を制する発想の爆発反応装甲や、敵弾が戦車に達する前に空中で迎撃するアクティブ防護システム（APS）も開発され、今では防護側有利かと思わせます。

しかし、やはり攻撃側も成形炸薬弾頭の多重化や戦車の弱点を狙う誘導技術などでこれに対抗し、その戦いはますます熾烈となっています。

第3章では、このような対戦車兵器とその戦いの様相の変遷を見てゆきます。

（文／浪江俊明）

歩兵の対戦車兵器
第2次世界大戦

歩兵にとって戦車は味方ならば強力な助っ人、敵ならばこれほど嫌な存在はない。そんな敵戦車を撃破するために、各国では様々な対抗兵器を考案している。

A 有効射程	C 重量
B 装甲貫通力	D 炸薬量

敵戦車の突進に対する歩兵の近接戦闘では、バズーカやパンツァーファウストが出現するまで、結束手榴弾や地雷・爆薬の肉薄投入攻撃が最良の戦闘法だった。

有効な対戦車兵器を実用化できなかった日本軍の主力は手榴弾や爆雷の肉薄攻撃だ。

■日本軍

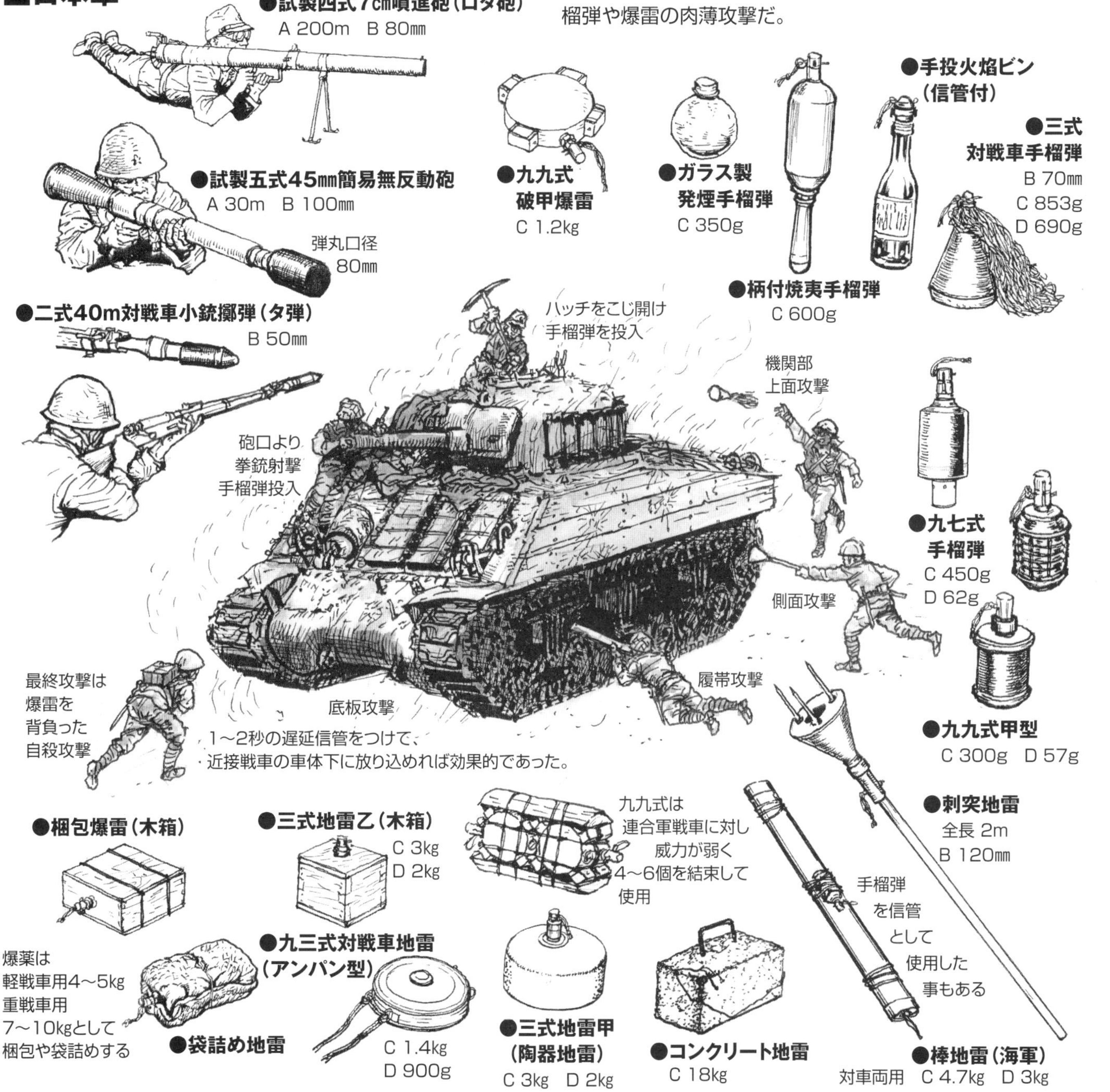

●試製四式7cm噴進砲（ロタ砲）
A 200m　B 80mm
●試製五式45mm簡易無反動砲
A 30m　B 100mm
弾丸口径
80mm
●二式40m対戦車小銃擲弾（タ弾）
B 50mm
●九九式
破甲爆雷
C 1.2kg
●ガラス製
発煙手榴弾
C 350g
●柄付焼夷手榴弾
C 600g
●手投火焔ビン
（信管付）
●三式
対戦車手榴弾
B 70mm
C 853g
D 690g
ハッチをこじ開け
手榴弾を投入
機関部
上面攻撃
砲口より
拳銃射撃
手榴弾投入
●九七式
手榴弾
C 450g
D 62g
側面攻撃
履帯攻撃
最終攻撃は
爆雷を
背負った
自殺攻撃
底板攻撃
1〜2秒の遅延信管をつけて、
近接戦車の車体下に放り込めれば効果的であった。
●九九式甲型
C 300g　D 57g
●刺突地雷
全長 2m
B 120mm
●梱包爆雷（木箱）
●三式地雷乙（木箱）
C 3kg
D 2kg
九九式は
連合軍戦車に対し
威力が弱く
4〜6個を結束して
使用
手榴弾
を信管
として
使用した
事もある
爆薬は
軽戦車用4〜5kg
重戦車用
7〜10kgとして
梱包や袋詰めする
●九三式対戦車地雷
（アンパン型）
●袋詰め地雷
C 1.4kg
D 900g
●三式地雷甲
（陶器地雷）
C 3kg　D 2kg
●コンクリート地雷
C 18kg
●棒地雷（海軍）
対車両用　C 4.7kg　D 3kg

■ドイツ軍

第1次、第2次世界大戦と、ドイツ歩兵は対戦車戦闘に苦戦の連続だった。しかし大戦後半に開発したパンツァーファウストは画期的な使い捨て対戦車兵器で、これから発展したソ連軍のRPG-7は現在、世界の歩兵対戦車兵器の主役となっている。

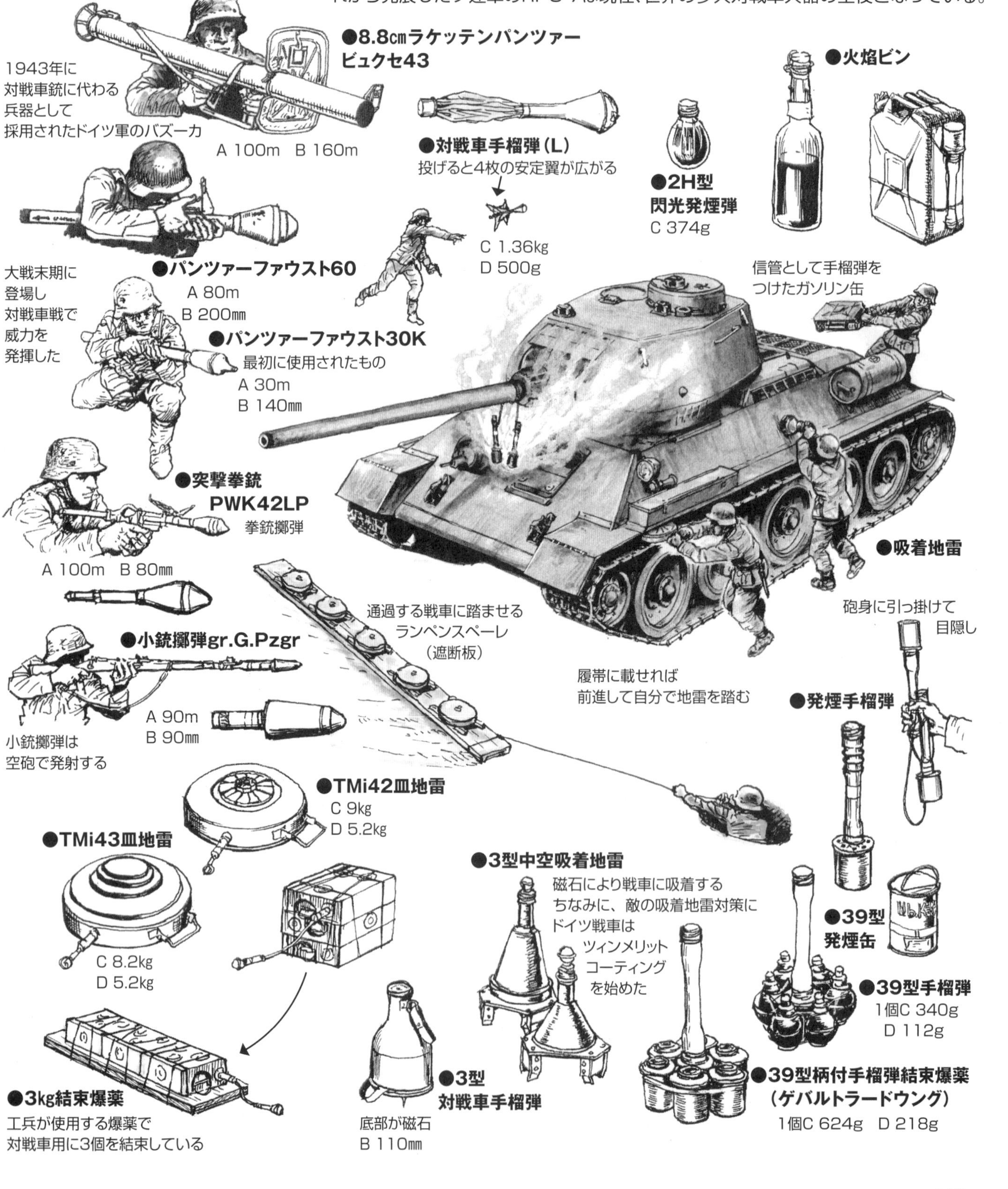

■連合軍

日独軍の様な接近戦闘はあまりしない。

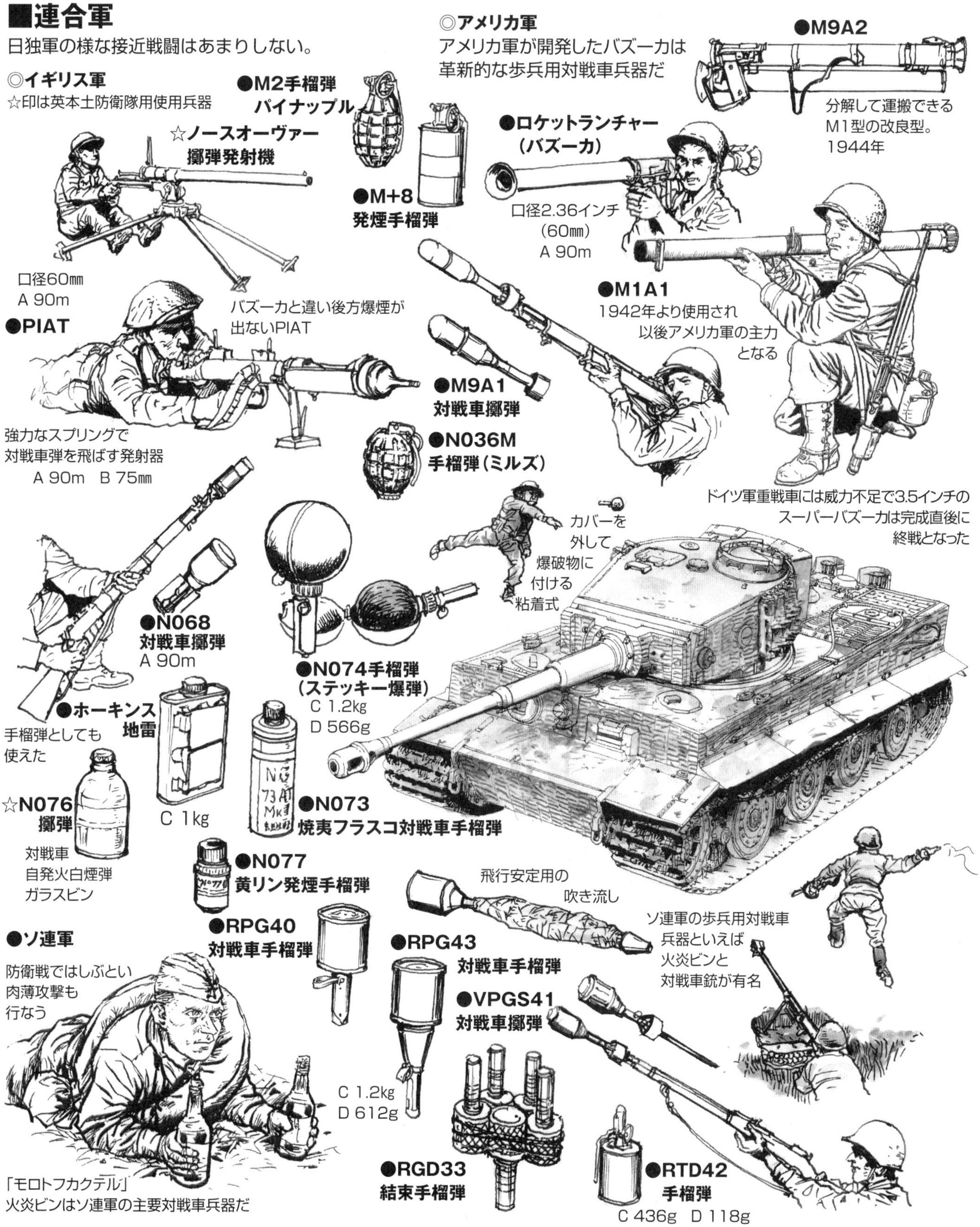

■対戦車ライフル

第1次世界大戦に出現した英軍戦車は装甲が薄く、5～10㎜程度だったので、ドイツ軍のK弾と呼ばれる特殊小銃弾でも貫通できた。

そのため最初の歩兵用対戦車火器は対戦車銃となり、各国で開発された。

※ソ連軍は対戦車銃を大量に使用。敵戦車の弱点を撃ちまくった。ドイツ戦車のシュルツェンはこの対策だった

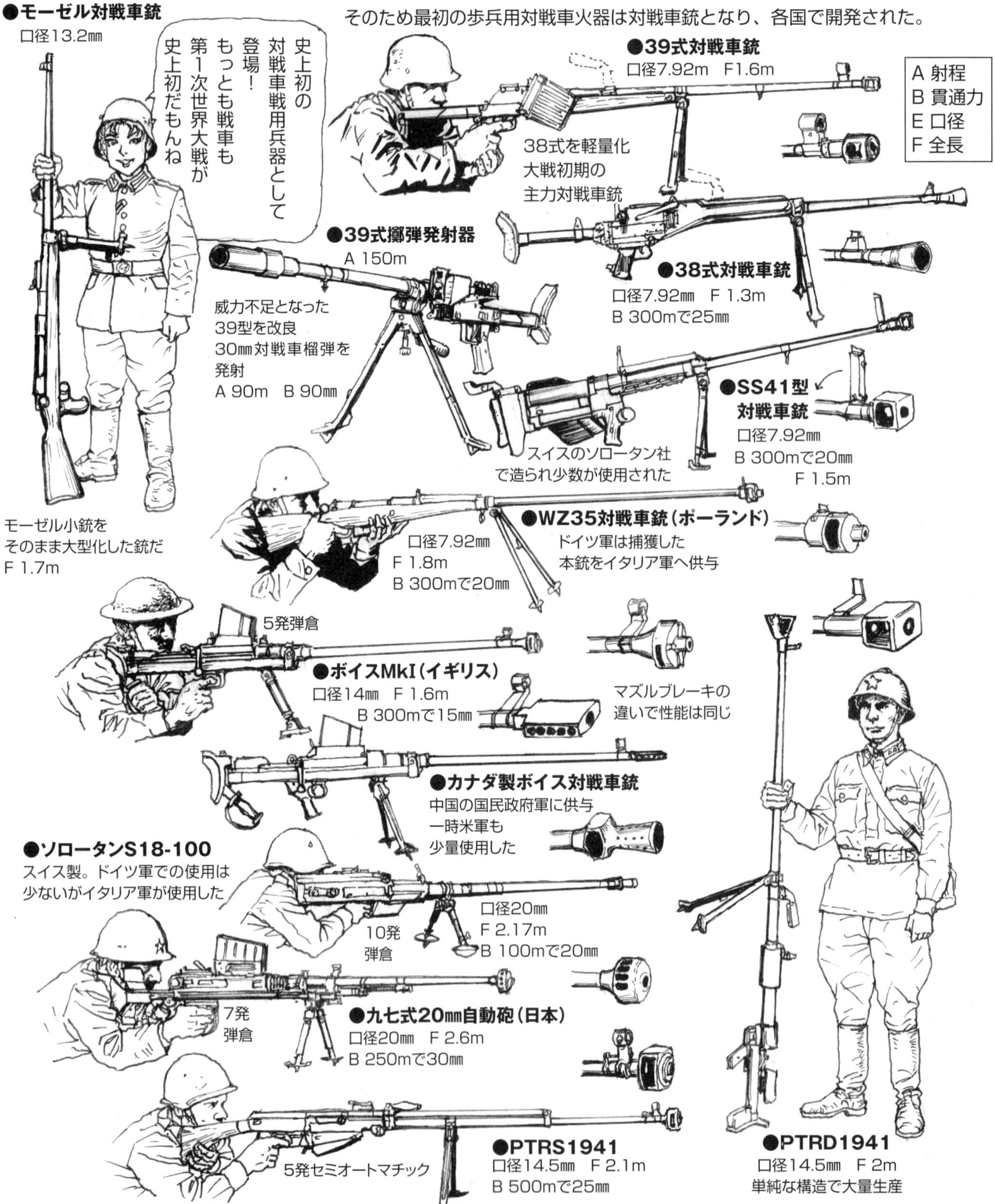

歩兵の対戦車兵器

第2次世界大戦以降

歩兵が携行できる対戦車兵器は第2次世界大戦でアメリカが実用化したバズーカが最高傑作となっている。戦後になるとそれを発展させた各種のロケットランチャー、無反動砲も開発されるようになった。

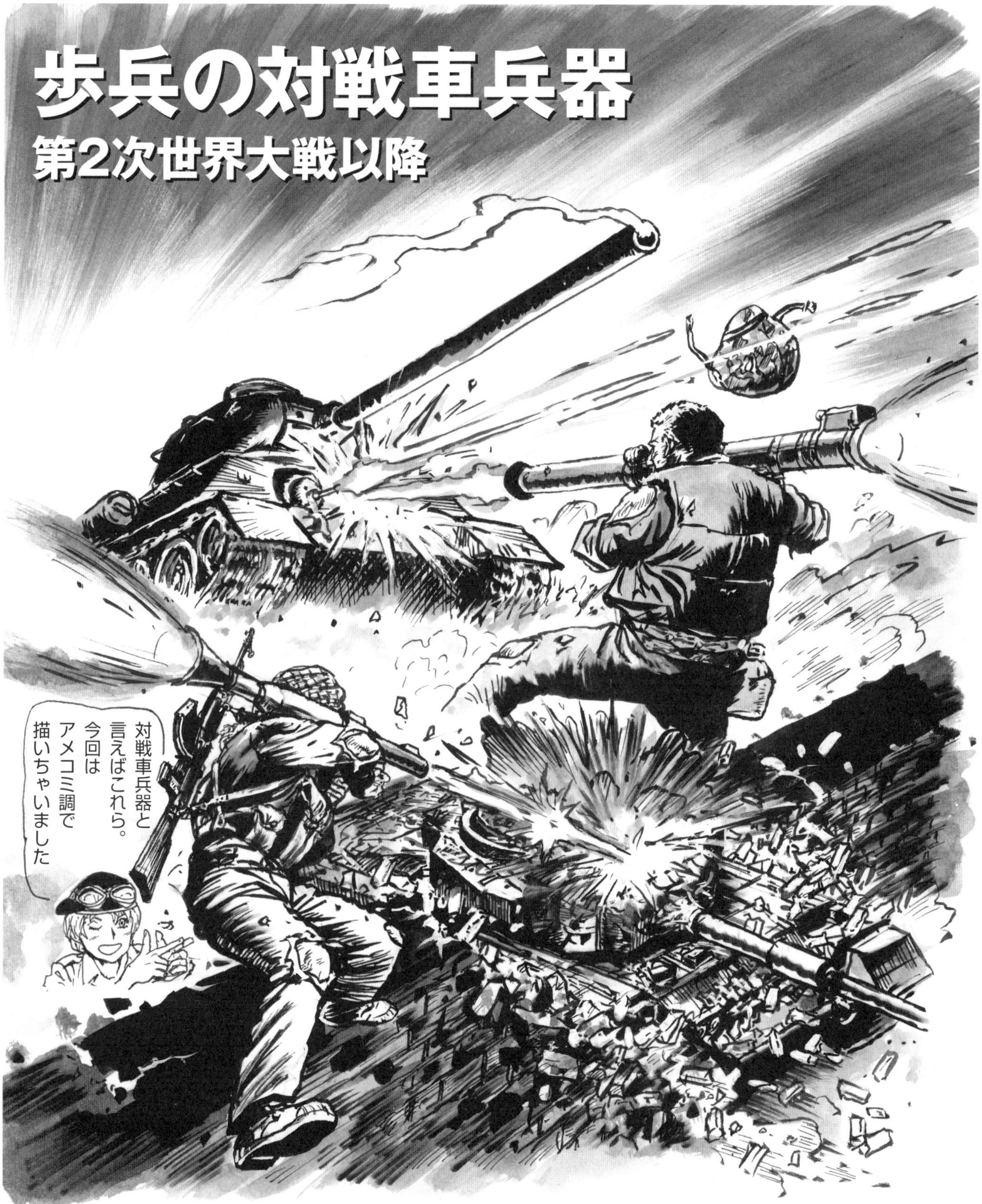
対戦車兵器と
言えばこれら。
今回は
アメコミ調で
描いちゃいました

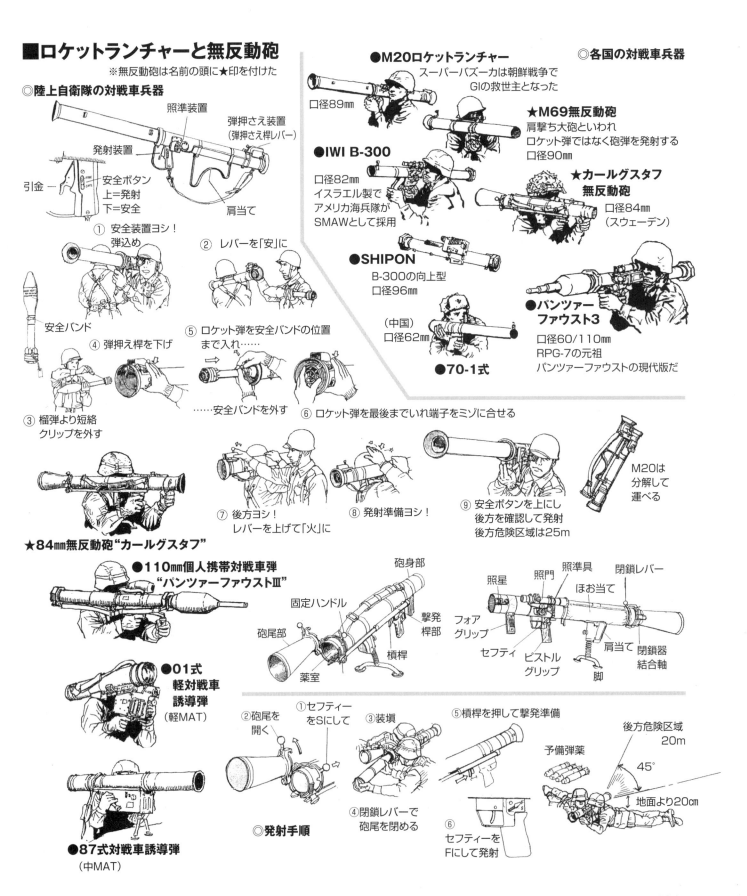

■ロケットランチャーと無反動砲

※無反動砲は名前の頭に★印を付けた

◎陸上自衛隊の対戦車兵器

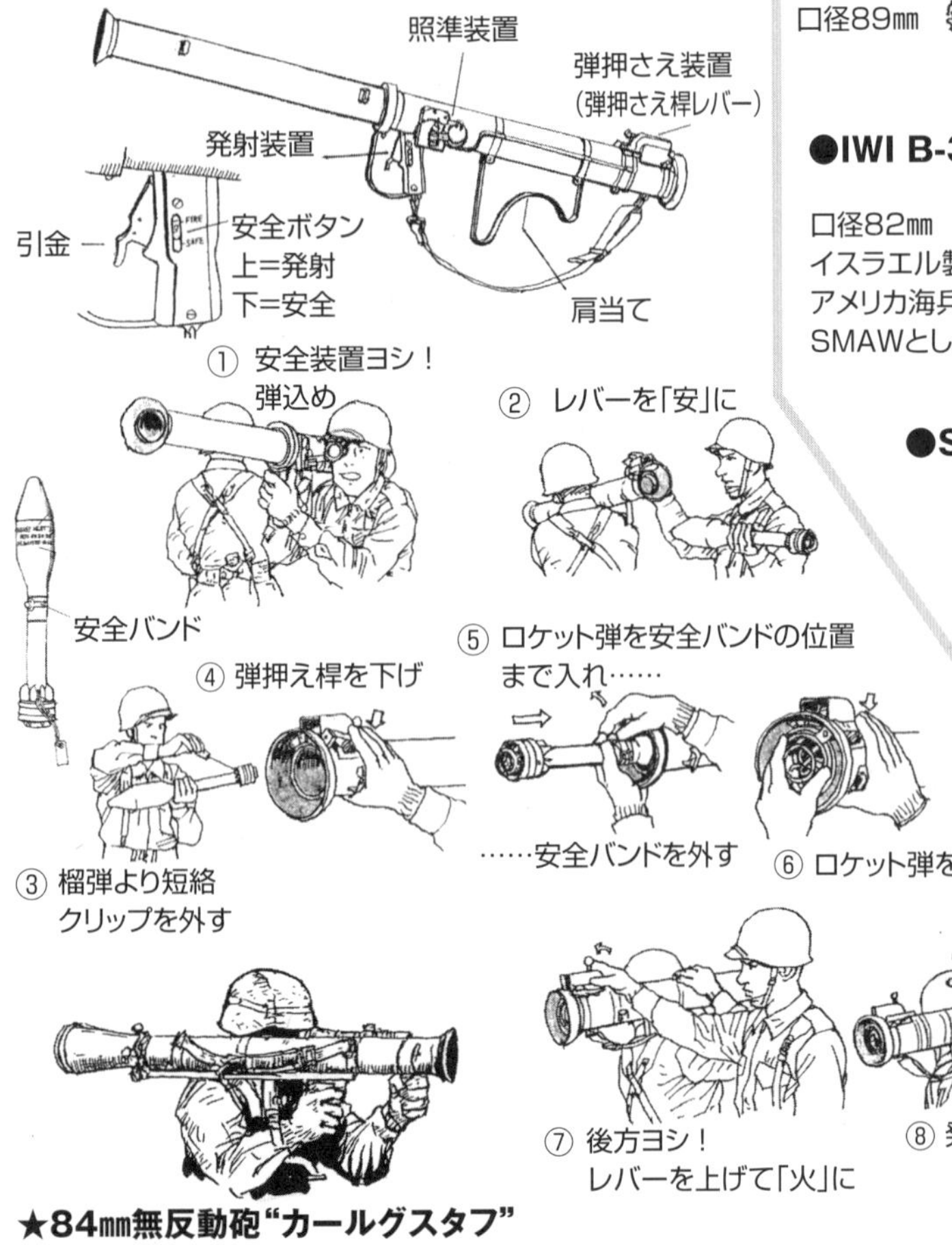

◎各国の対戦車兵器

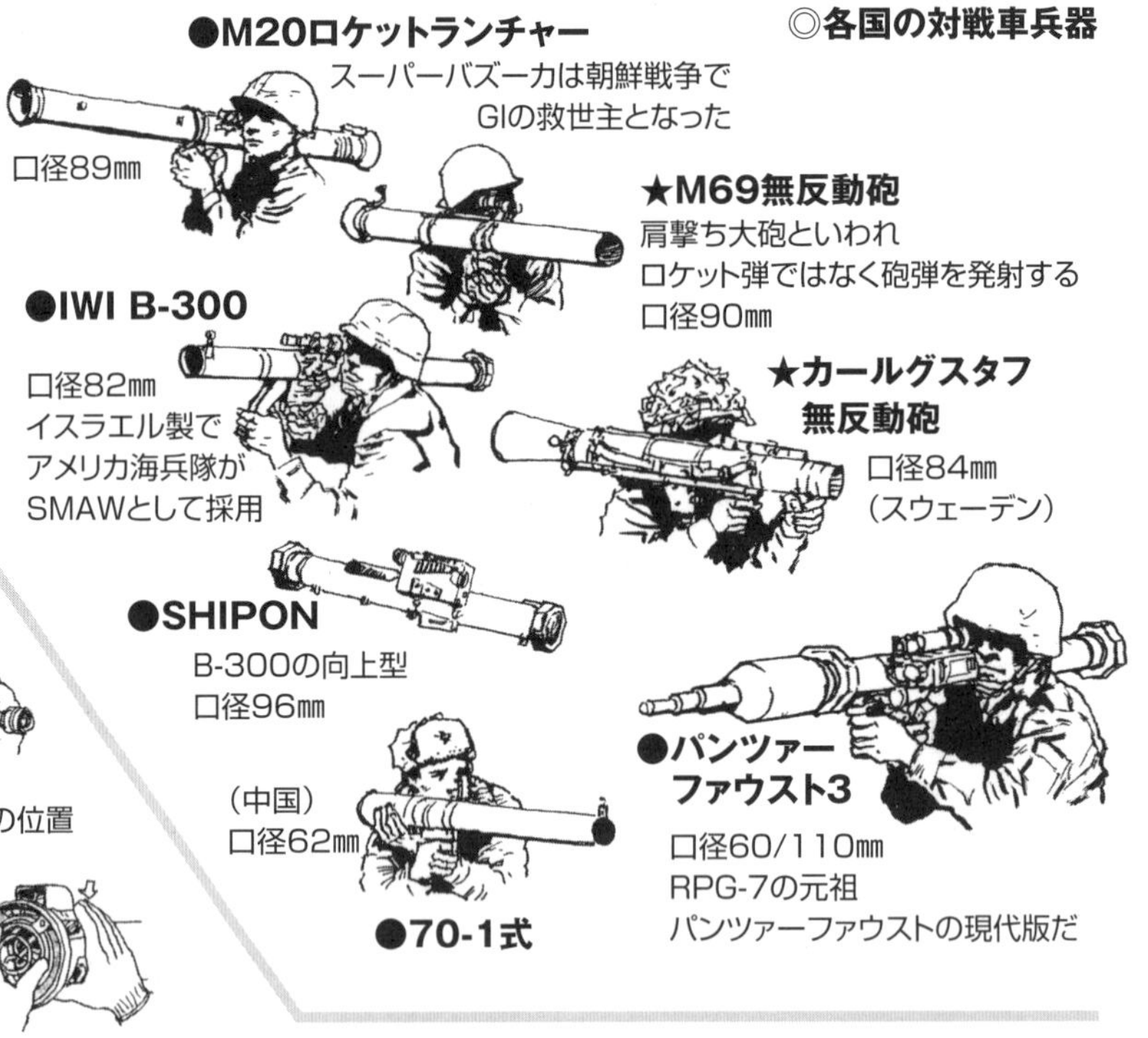

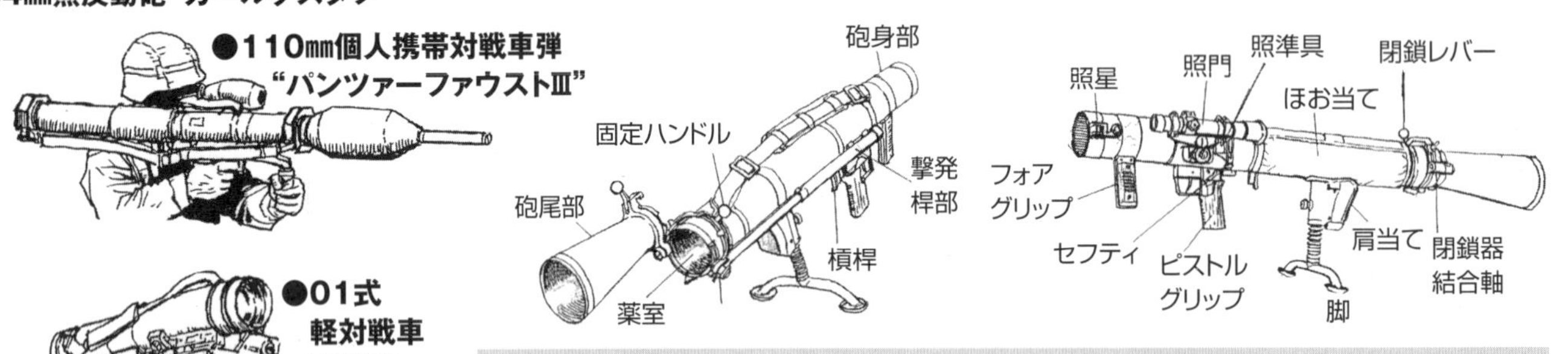

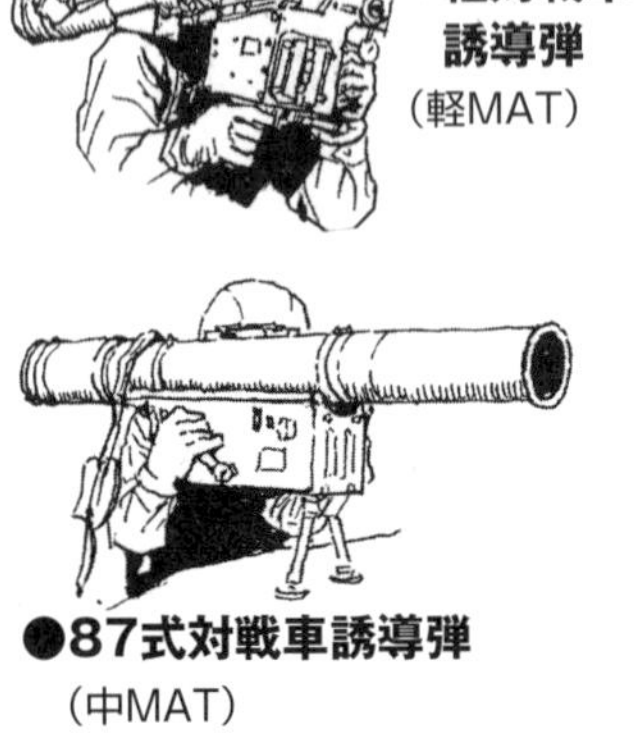

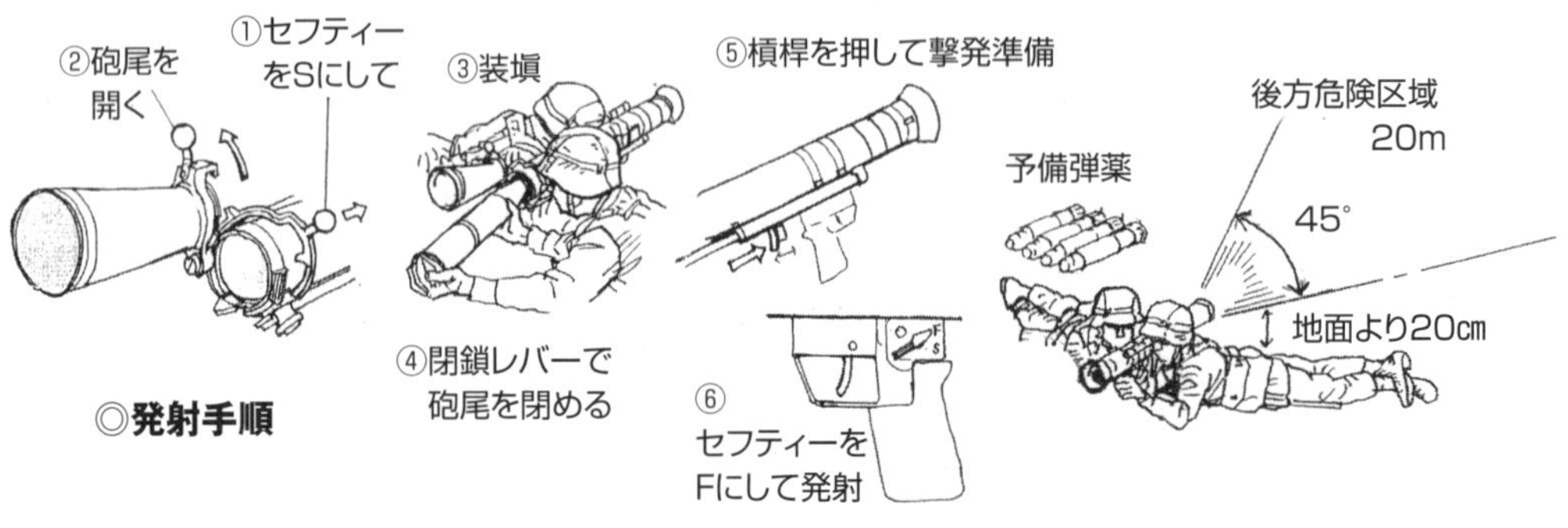

◎発射手順

■RPG-7ロケットランチャー

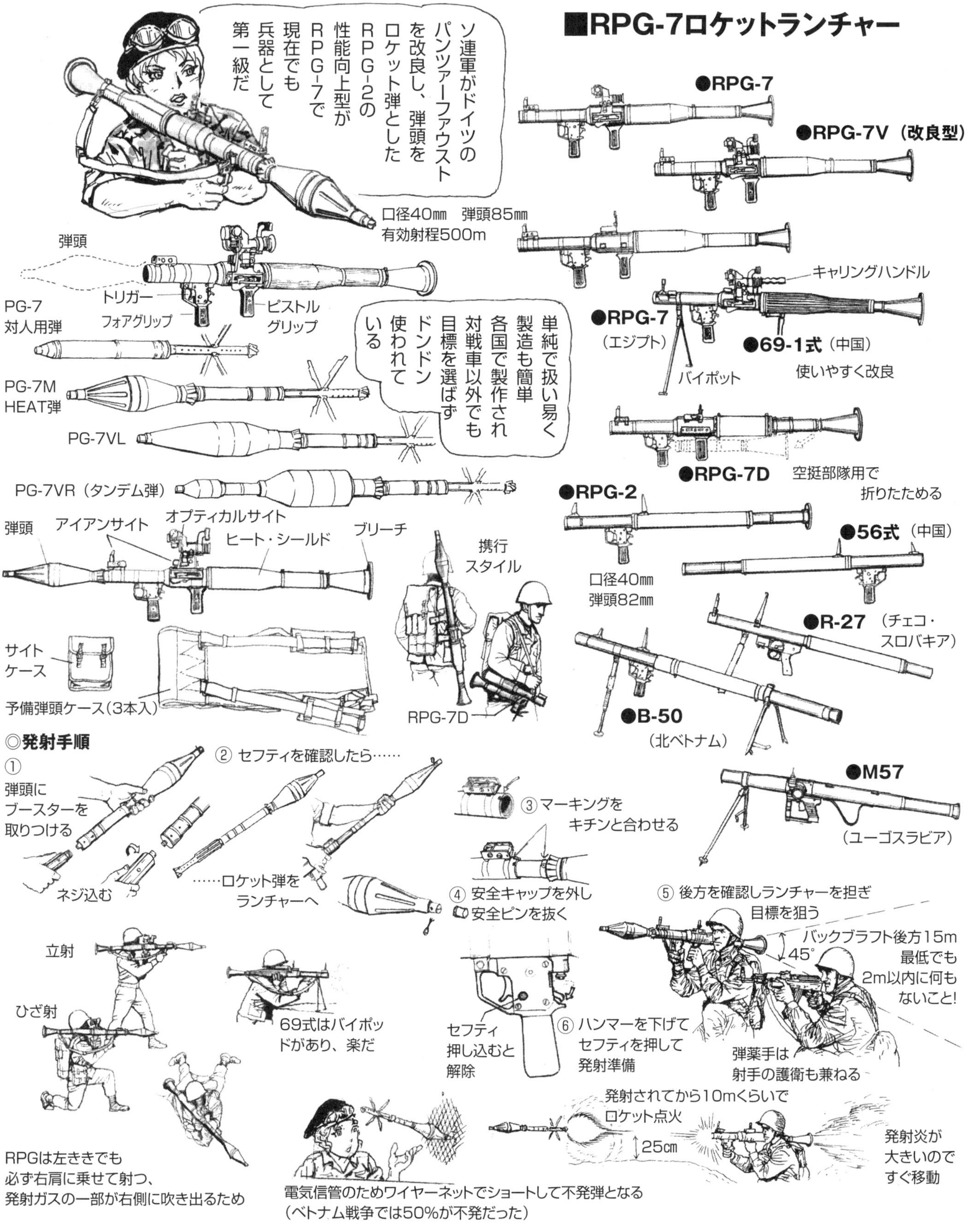

■使い捨て式ロケットランチャー

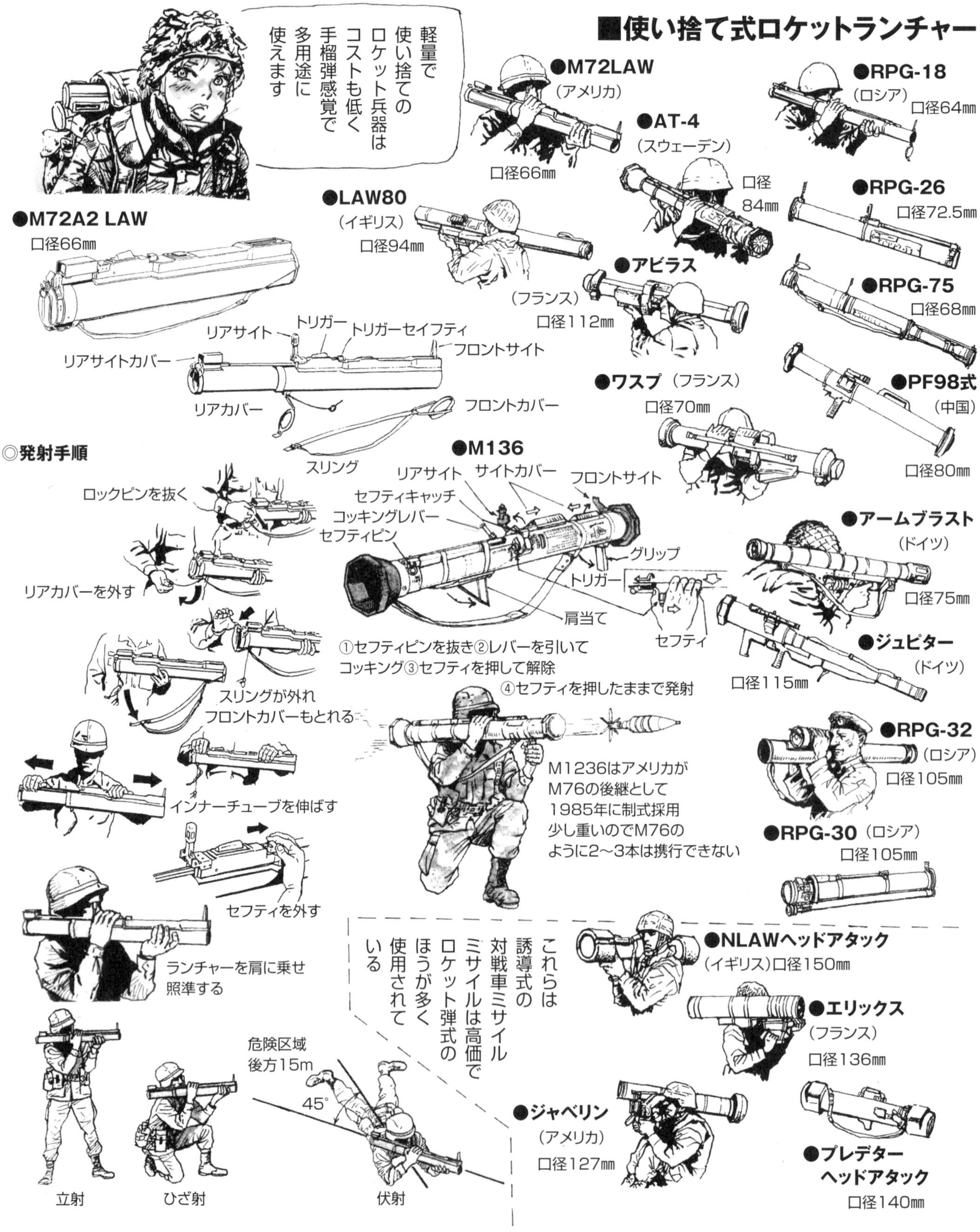

第２次世界大戦からしばらくすると歩兵用の対戦車兵器にミサイルが加わる。当初は射手により有線で誘導されていたが、現在では照準を合わせて発射すると自動追尾で目標へ命中するものまで出現している。

対戦車ミサイル

イスラエル軍第14機甲旅団殲滅

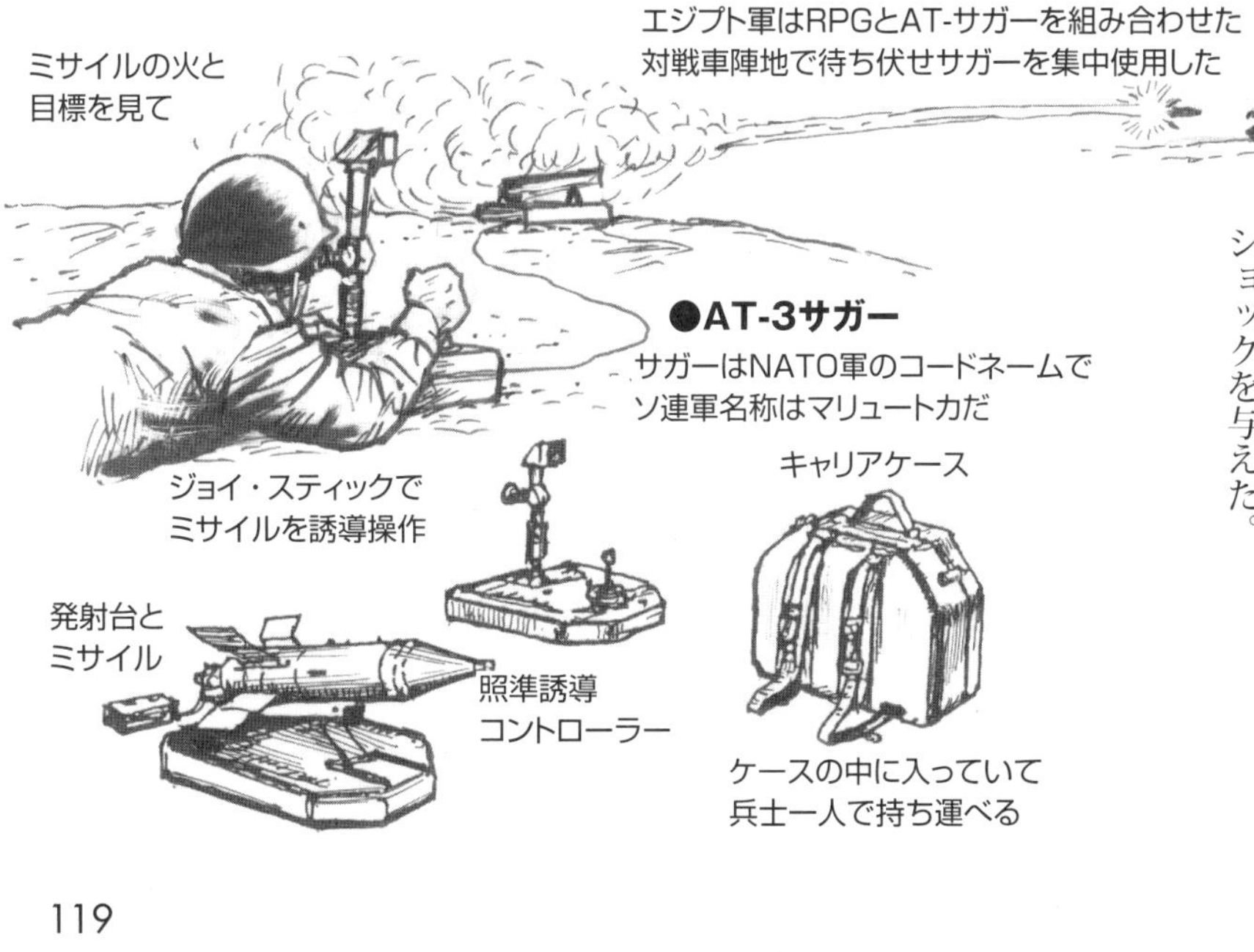
エジプト軍はRPGとAT-サガーを組み合わせた
対戦車陣地で待ち伏せサガーを集中使用した
ミサイルの火と
目標を見て
●AT-3サガー
サガーはNATO軍のコードネームで
ソ連軍名称はマリュートカだ
ジョイ・スティックで
ミサイルを誘導操作
キャリアケース
発射台と
ミサイル
照準誘導
コントローラー
ケースの中に入っていて
兵士一人で持ち運べる

■対戦車ミサイルの登場

歩兵にとっての一番のタンクキラー兵器は対戦車ミサイルだ。成型炸薬弾頭をもち、ロケット弾と違い、誘導できるのが利点。ミサイルは、戦車を確実に狙い撃破する。

初期のミサイルはコストも高く実用性に疑問を持つ声も多かったが、１９７３年からの第４次中東戦争で、その評価は一変する。

エジプト軍が使用したＡＴ‐３サガー対戦車ミサイルは、無敵イスラエル戦車隊を撃破、この結果、一時は戦車無用論も出るほど、世界の軍事関係者にショックを与えた。

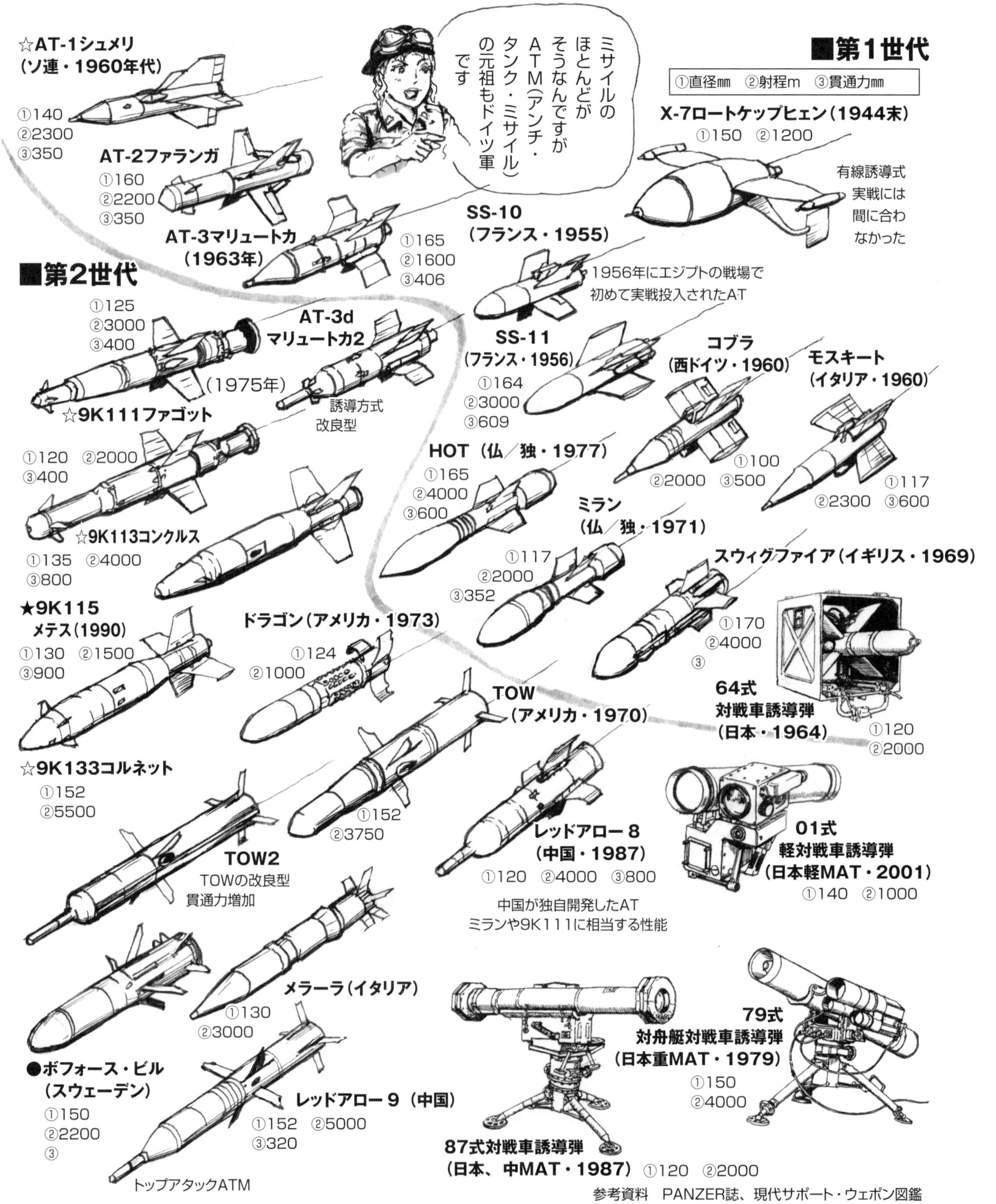

参考資料　PANZER誌、現代サポート・ウェポン図鑑

■対戦車ミサイル（ATM）の発達

AT-3の実績を見て、各国は一斉にATM開発競争に入る
これがATM発達の経過だ

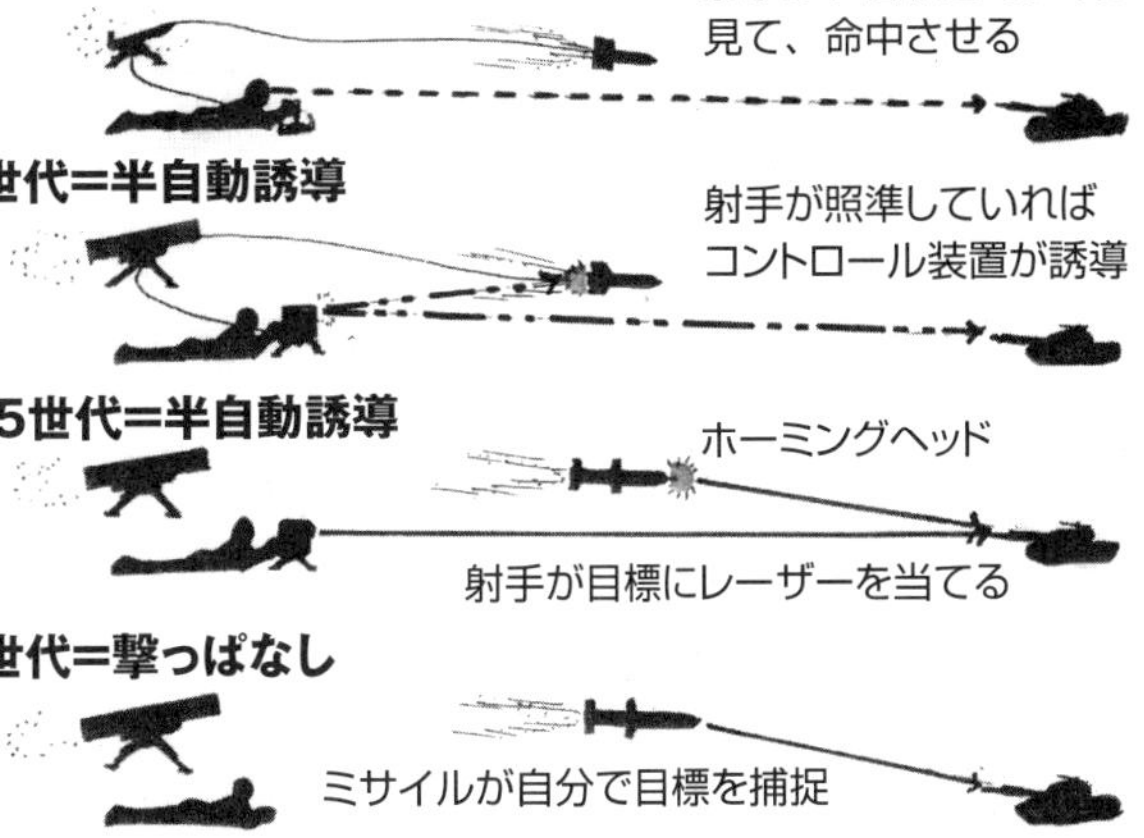

第1世代＝有線誘導
射手が、目標とミサイルを見て、命中させる
1955年

第2世代＝半自動誘導
射手が照準していればコントロール装置が誘導
1967年

第2.5世代＝半自動誘導
ホーミングヘッド
射手が目標にレーザーを当てる
1983年

第3世代＝撃っぱなし
ミサイルが自分で目標を捕捉
1990年後半

射程距離が伸び、命中率も上がって一発必中となるATM

○ドラゴン
長年アメリカ軍の
中射程ATMとして
使用されてきたが
ジャベリンに更新される

○TOW
世界各国で運用され
実戦を経た
ベストセラーATM
撃っぱなし方式に
改良する計画
もある

○ボフォースATM
成型炸薬のジェット噴流が
30度下向きに放出される
トップアタック
弾頭をもつ

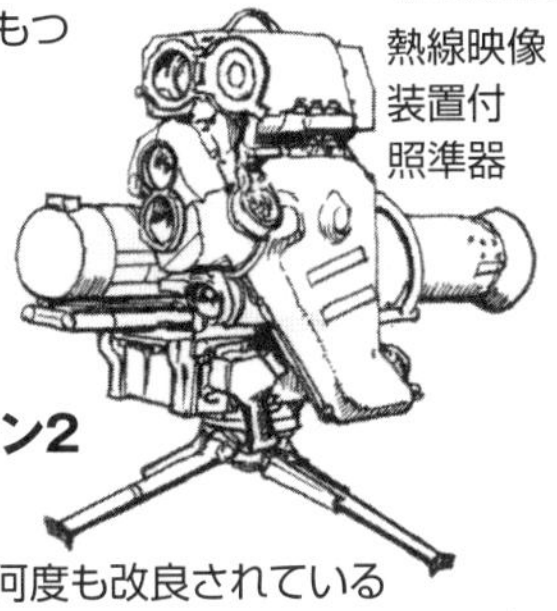

熱線映像
装置付
照準器

○ミラン2
何度も改良されている
歩兵用ATM

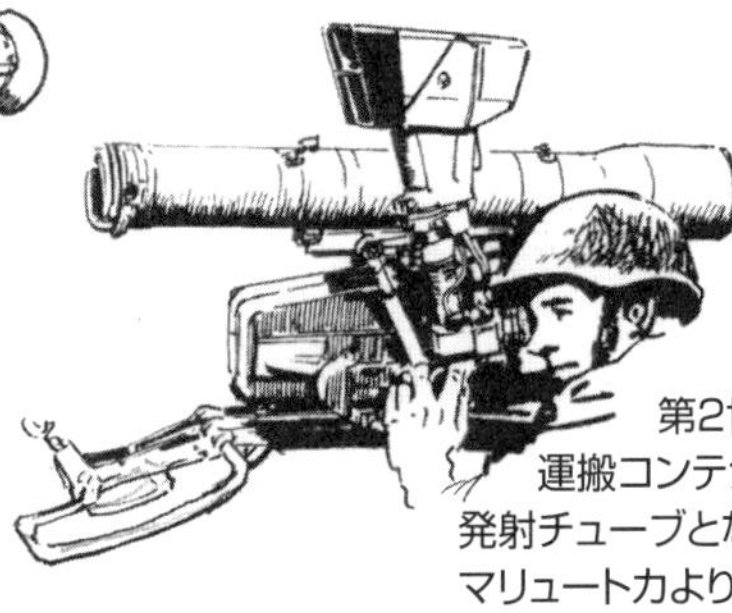

○9K113コンクルス
（西側名称AT-5スパンドレル）
第2世代で
運搬コンテナが
発射チューブとなり
マリュートカよりも
扱いやすくなっている

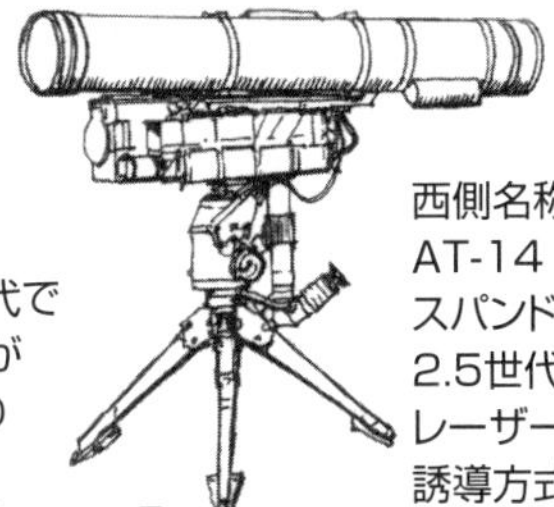

○9K133コルネット
西側名称
AT-14
スパンドレル
2.5世代
レーザービーム
誘導方式

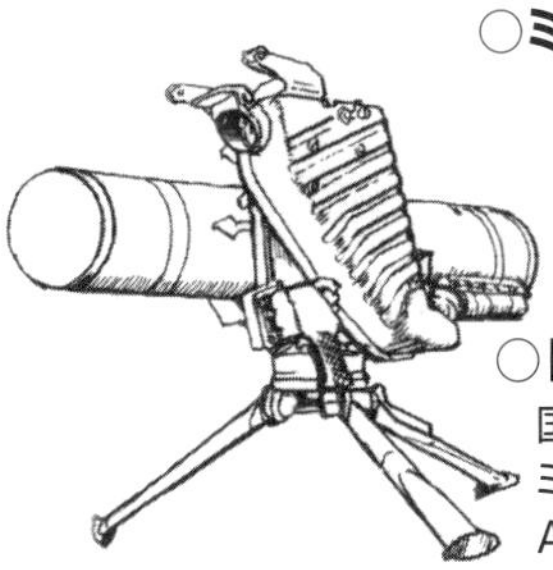

○トリガット
国際協同開発で
ミランに代わる
ATとして開発

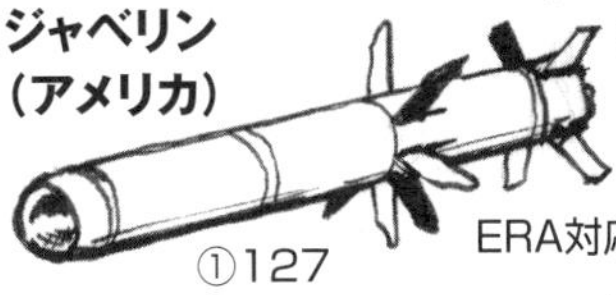

■ジャベリン
（アメリカ）
ERA対応
①127
②2500

■プレデター
（アメリカ・2002）
①140
②600

プレデターやエリックスは
ソフト・ローンチ方式の発射なので
狭い空間からでも発射できる

○ジャベリン
発射チューブは
使い捨て

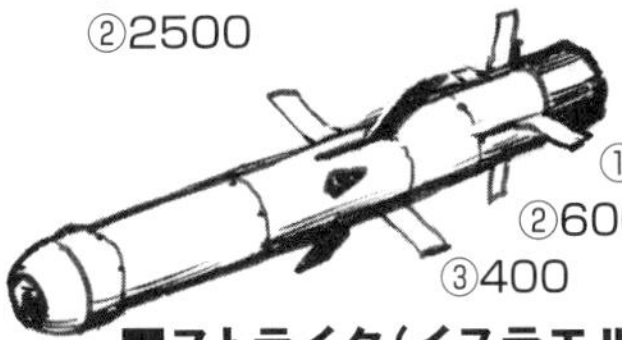

①136
②600
③400
■ストライク（イスラエル）
①115
②4000

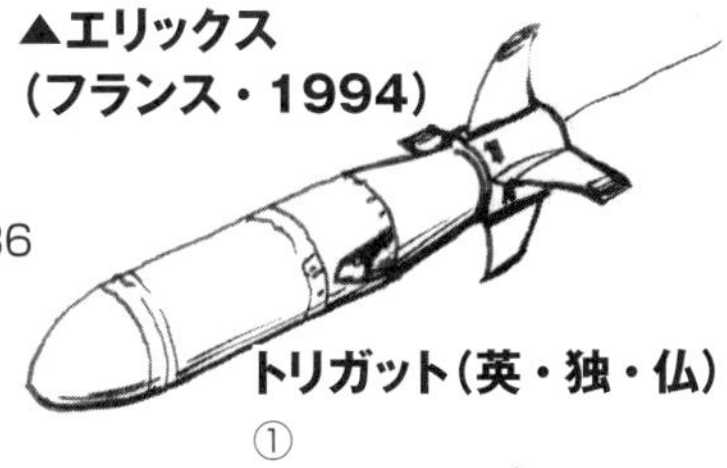

▲エリックス
（フランス・1994）

トリガット（英・独・仏）
①
②2000

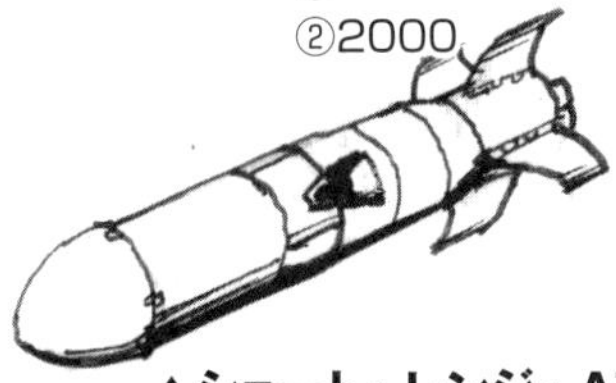

▲ショート・レンジ・ATM
現代戦車の装甲に対して、成型炸薬を
増強させた大口径ATミサイル

■ファイアー・アンド・フォーゲット
撃っぱなしATM

最新ATの貫通力は非公開が多い

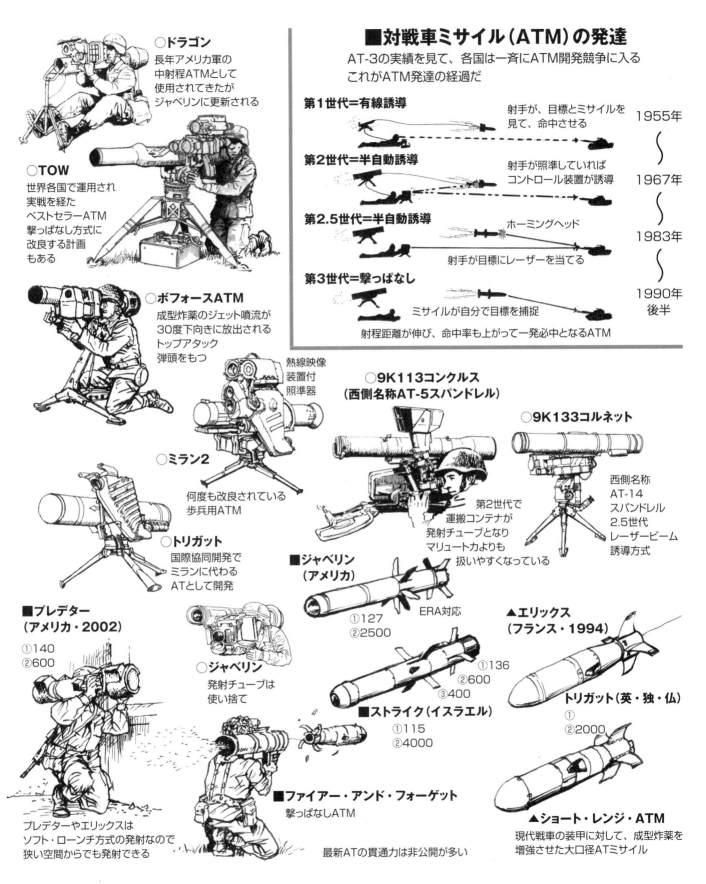

■盾と矛

戦車対対戦車兵器のイタチゴッコ

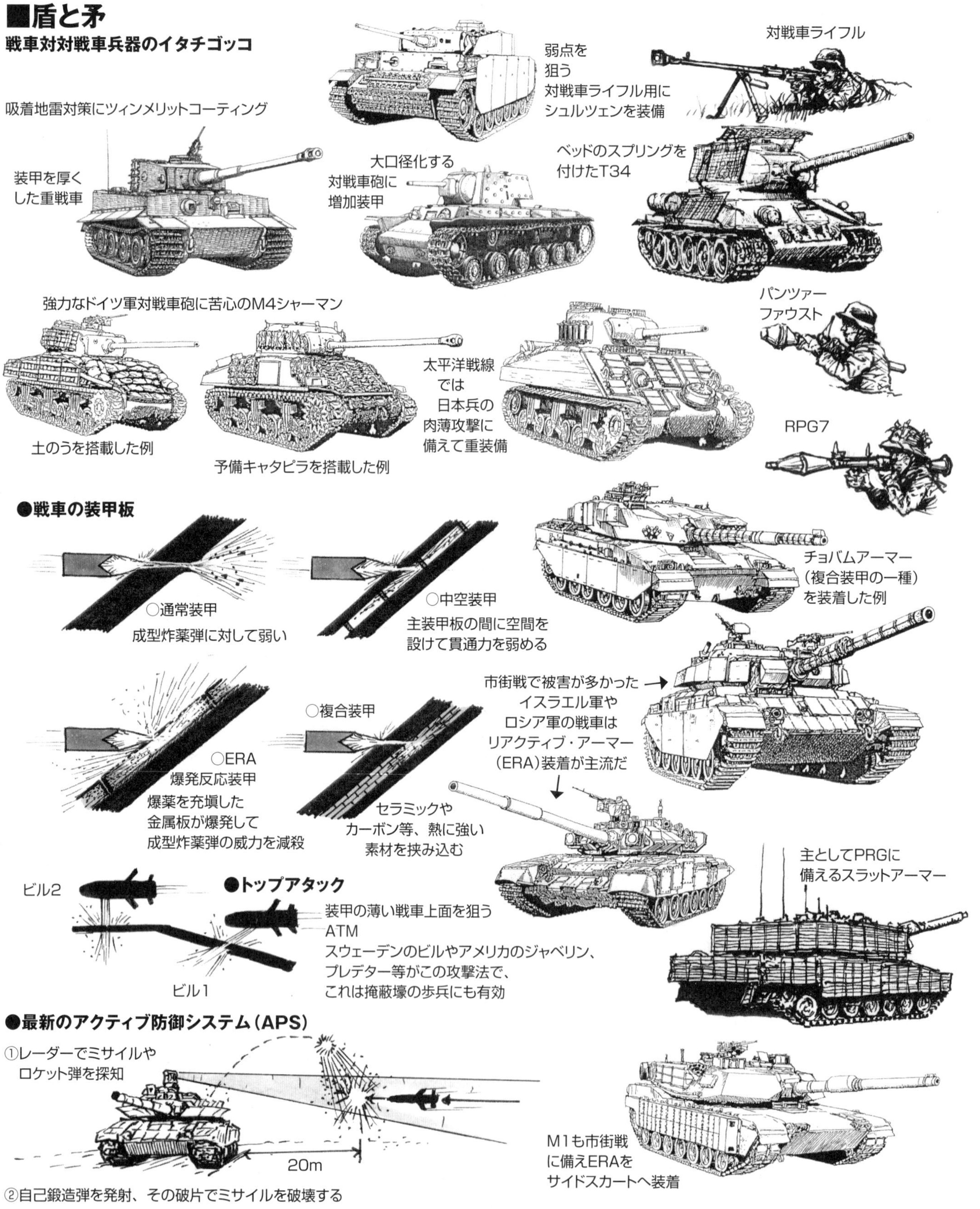

対戦車砲
陸の王者 戦車への刺客

敵の戦車に対抗する手段のひとつが対戦車砲によるもの。各国では各種の対戦車砲が開発されたが、なかでも目を引くのはドイツの口径漸減砲身と呼ばれるものだ。ここで各国の対戦車砲とその陣地について見てみよう。

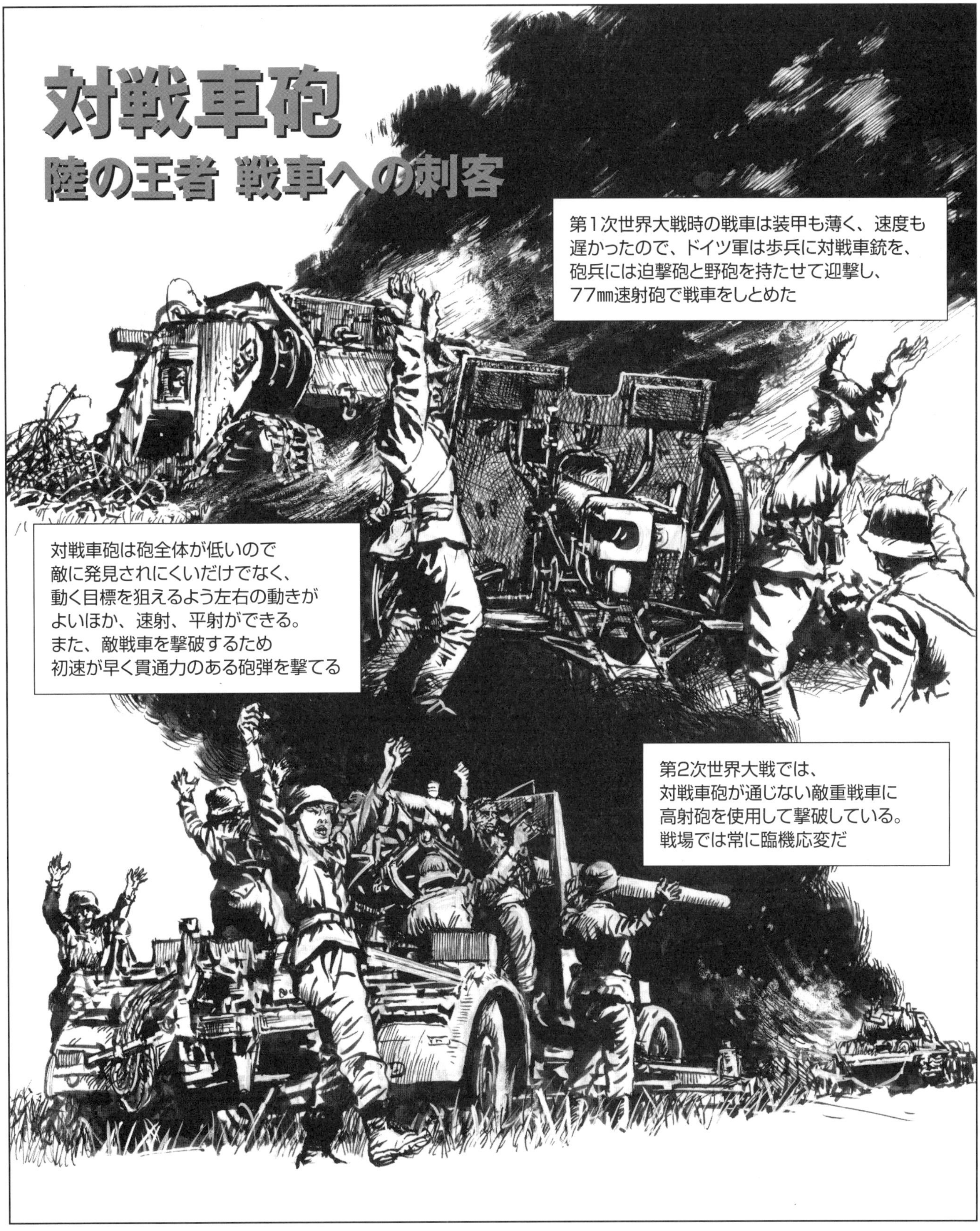
第1次世界大戦時の戦車は装甲も薄く、速度も遅かったので、ドイツ軍は歩兵に対戦車銃を、砲兵には迫撃砲と野砲を持たせて迎撃し、77㎜速射砲で戦車をしとめた
対戦車砲は砲全体が低いので敵に発見されにくいだけでなく、動く目標を狙えるよう左右の動きがよいほか、速射、平射ができる。また、敵戦車を撃破するため初速が早く貫通力のある砲弾を撃てる
第2次世界大戦では、対戦車砲が通じない敵重戦車に高射砲を使用して撃破している。戦場では常に臨機応変だ

第1次世界大戦で対戦車戦に苦労したドイツは
この分野で各国をリードしている。
ラインメタル社の37㎜砲は1934年に開発され
各国の対戦車砲のお手本となっている

■ドイツ

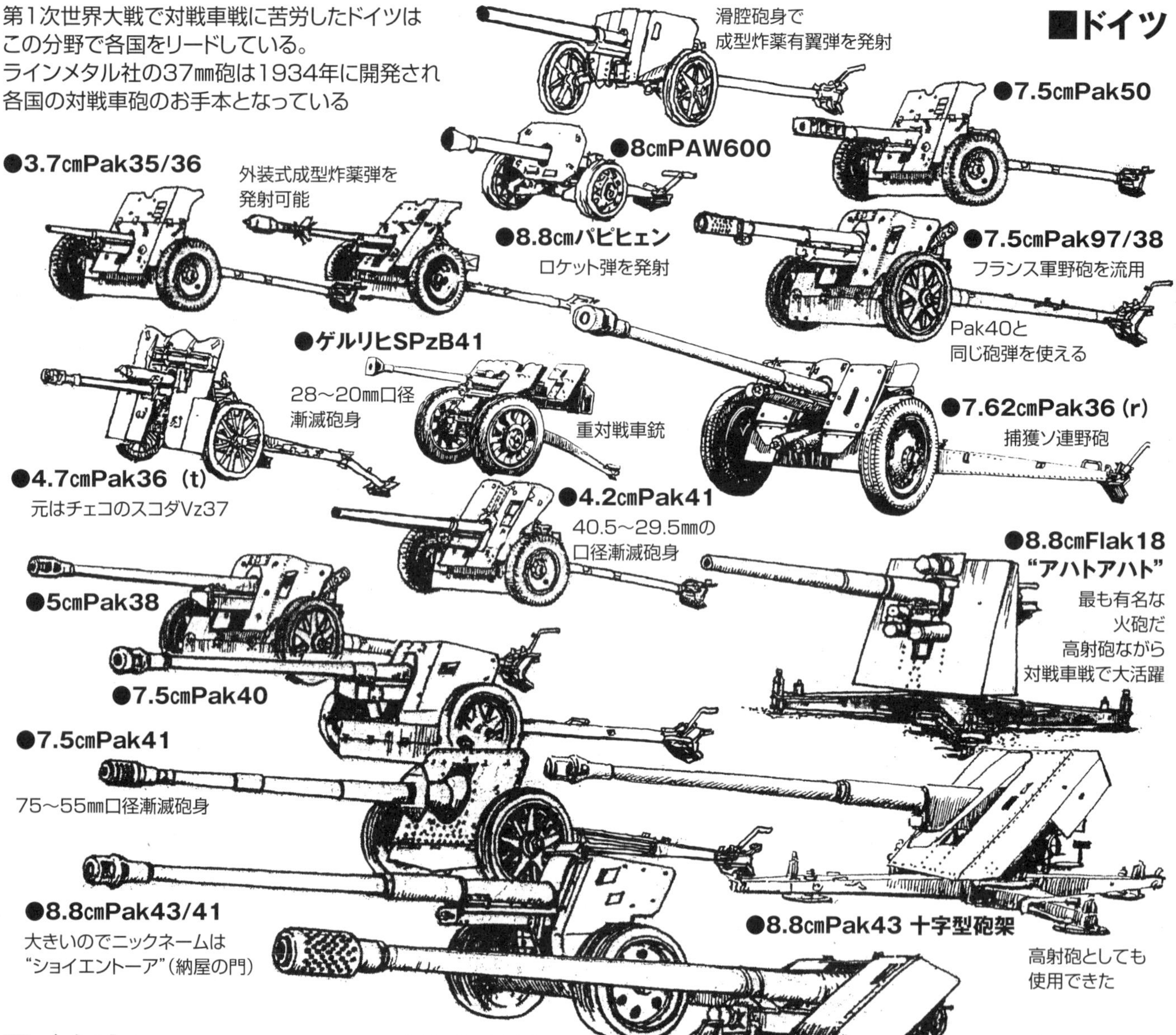

■イタリア

■日本

ノモンハンで戦車の脅威を知っていたはずの
日本軍も、対戦車砲の開発は遅れていた

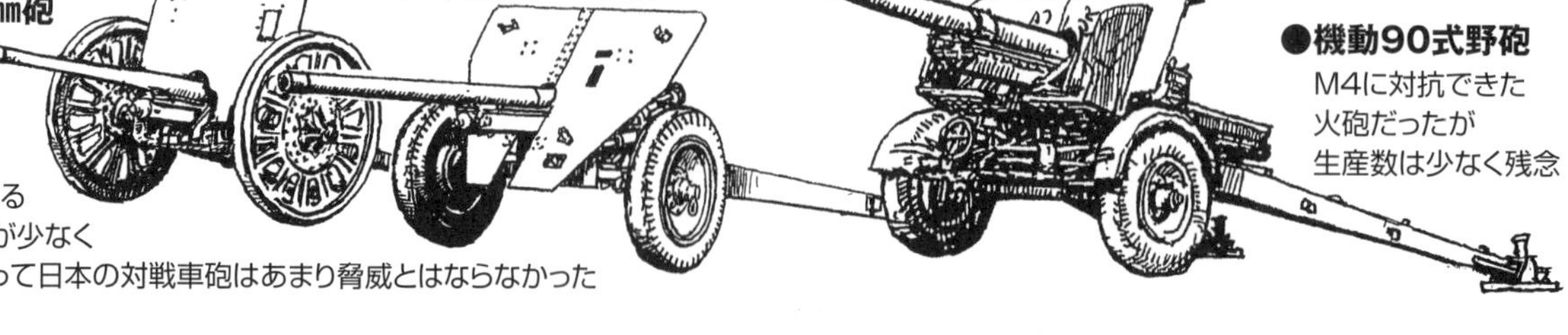

日本軍の
主力対戦車砲となる
47㎜砲は生産数が少なく
アメリカ戦車にとって日本の対戦車砲はあまり脅威とはならなかった

※「口径漸減砲身」とは、砲身が砲口に近づくにつれ細くなっており、砲弾は発射の圧力を受けて砲口を出る時は弾心だけとなる。大きなエネルギーを受け高速となった弾丸は装甲貫通力が高いが、タングステン硬芯弾が生産できず、生産数はどの砲も数少ない。

■イギリス

戦車を造りだしたイギリスも
開戦時には2ポンド砲しか
なかった

●Q.F.17Pr17ポンド砲（76.2㎜）

ドイツの重戦車をなんとかKOできた

●17PrMark2

砂漠の戦場
ではイギリスも
25ポンド野砲
を対戦車戦
に使用

アフリカの
ティーガー戦車に対処するため25ポンド砲の砲
架を利用して急遽100門だけ造られた

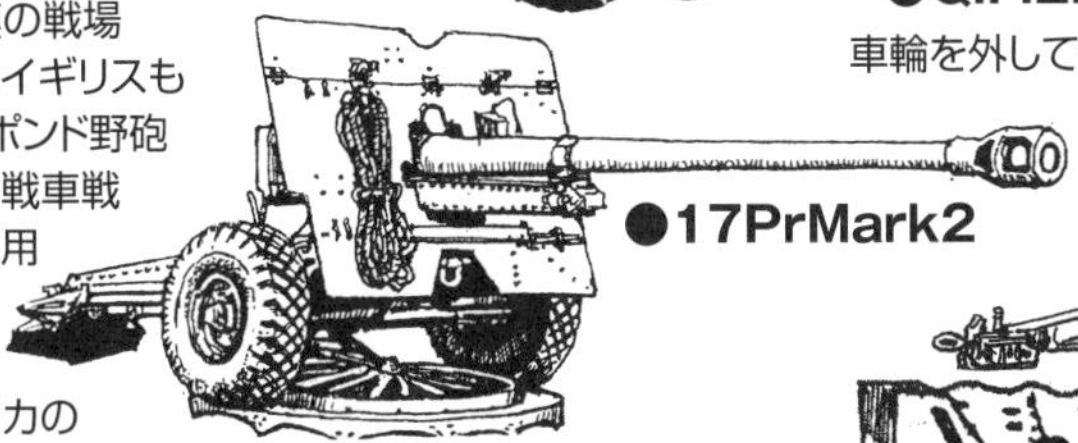

●Q.F.2Pr 2ポンド砲（40㎜）

車輪を外して全周射撃

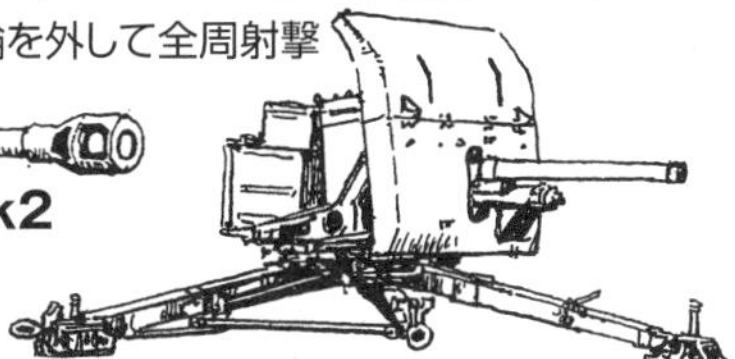

●Q.F.6Pr
6ポンド砲（57㎜）

威力向上型のMkⅣはマズルブレーキが付く

●25Pr
25ポンド
（87.6㎜）野砲

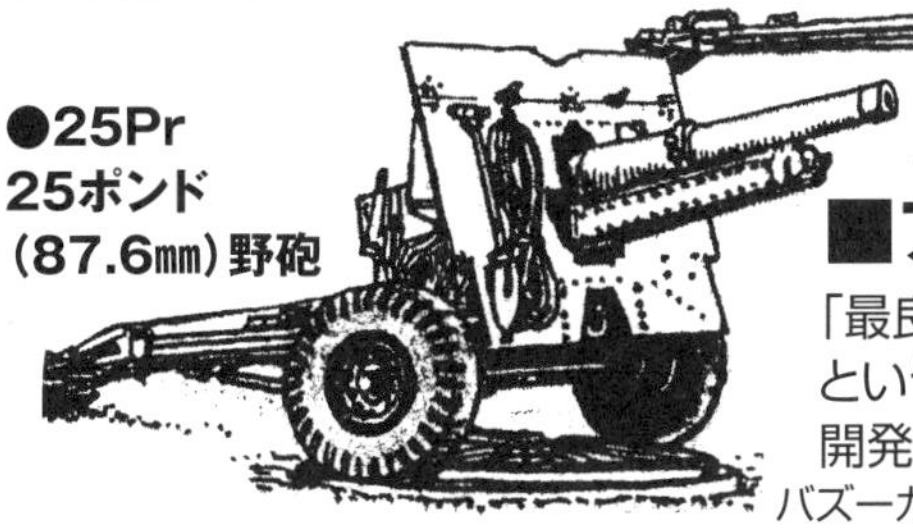

■スウェーデン

●3.7㎝ボフォース

広く各国へ輸出され
ポーランドや
デンマークなども
使用

■フランス

●ホチキス
SA-Lm/e1934

口径25㎜

●SAmle1937

口径47㎜

■アメリカ

「最良の対戦車兵器は戦車」
という観念があり
開発に熱心でない
バズーカを開発したので
必要なくなった？

●37㎜ M3A1

日本の
戦車には
この砲で充分だった

●3インチM5

3インチ
（76.2㎜）

高射砲の
砲身を改良

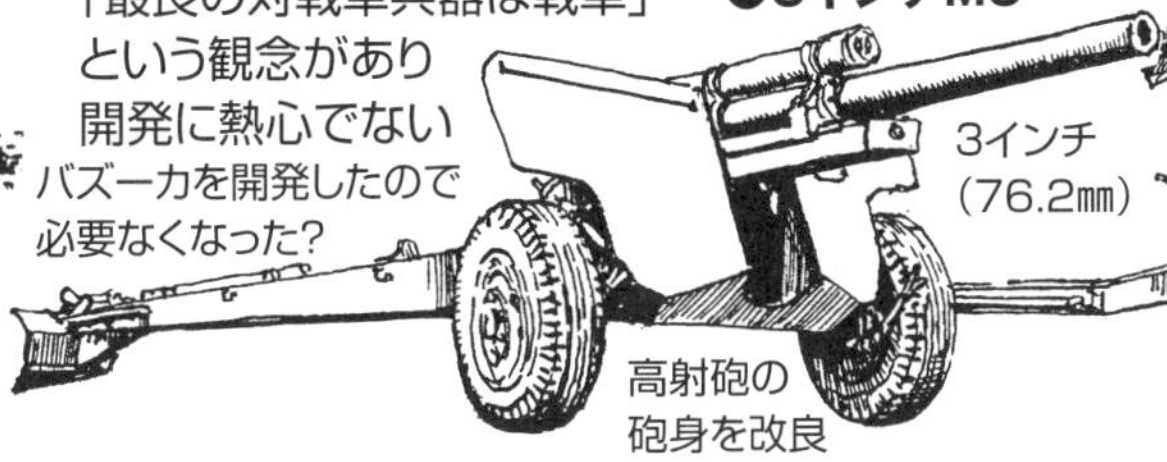

●57㎜ M1

イギリス6ポンド砲を
ライセンス生産

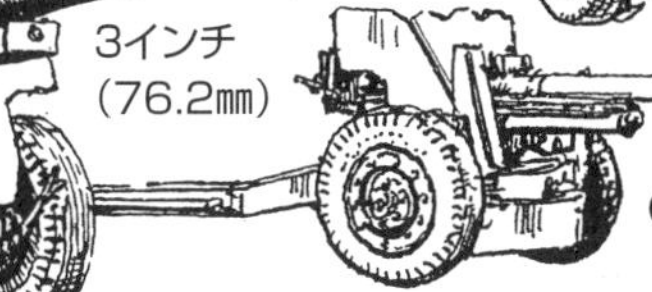

■ソ連

●37㎜ M1930

ドイツ
ラインメル社の
ライセンス生産

●45㎜ M1942

砲身をスケールアップ

●7.62㎜カノン砲 M1936

ラッチェバムとしてドイツ戦車隊から
目のカタキとされた
野砲
ドイツ軍も大量に
捕獲した本砲を
有効活用した

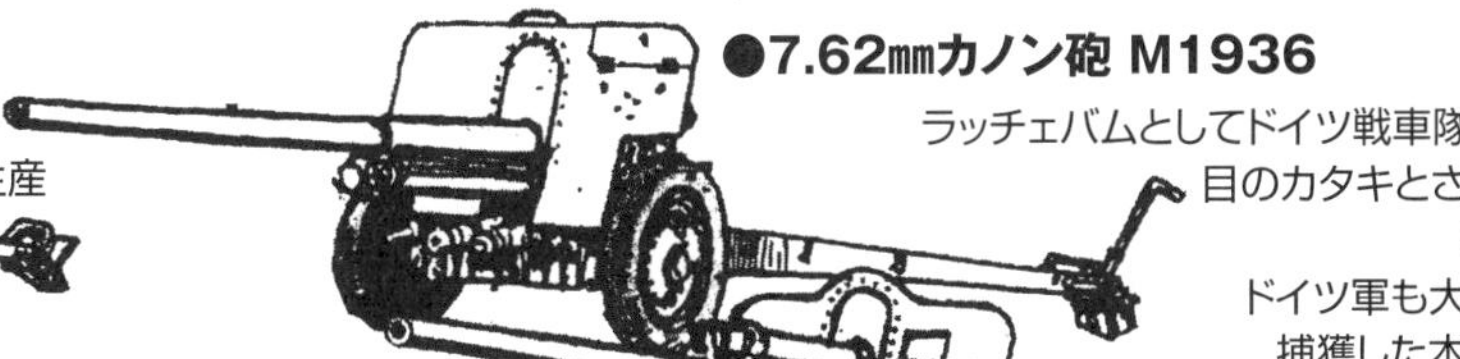

●57㎜ M1943

57㎜は威力不足とされた

野砲との共通砲架

●M1937

M1936の改良型

7.62㎜カノン砲シリーズはソ連野戦砲兵部隊の主力で、
高初速と長い射程は対戦車砲としても優秀だった

●M1942

●85㎜カノン砲 M1944

野戦カノン砲として
造られたが、
対戦車砲として使用された

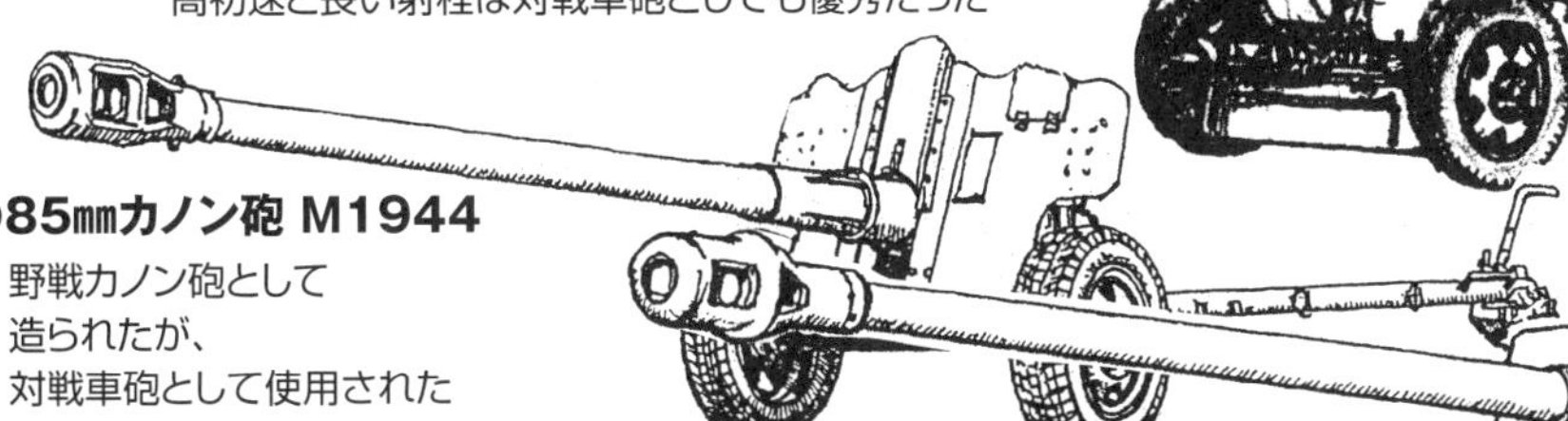

●100㎜ M1944

ソ連最大最強の対戦車砲
大重量のためダブルタイヤ

第二次大戦には間に合わず
戦後、ソ連軍師団の
対戦車砲として配備された

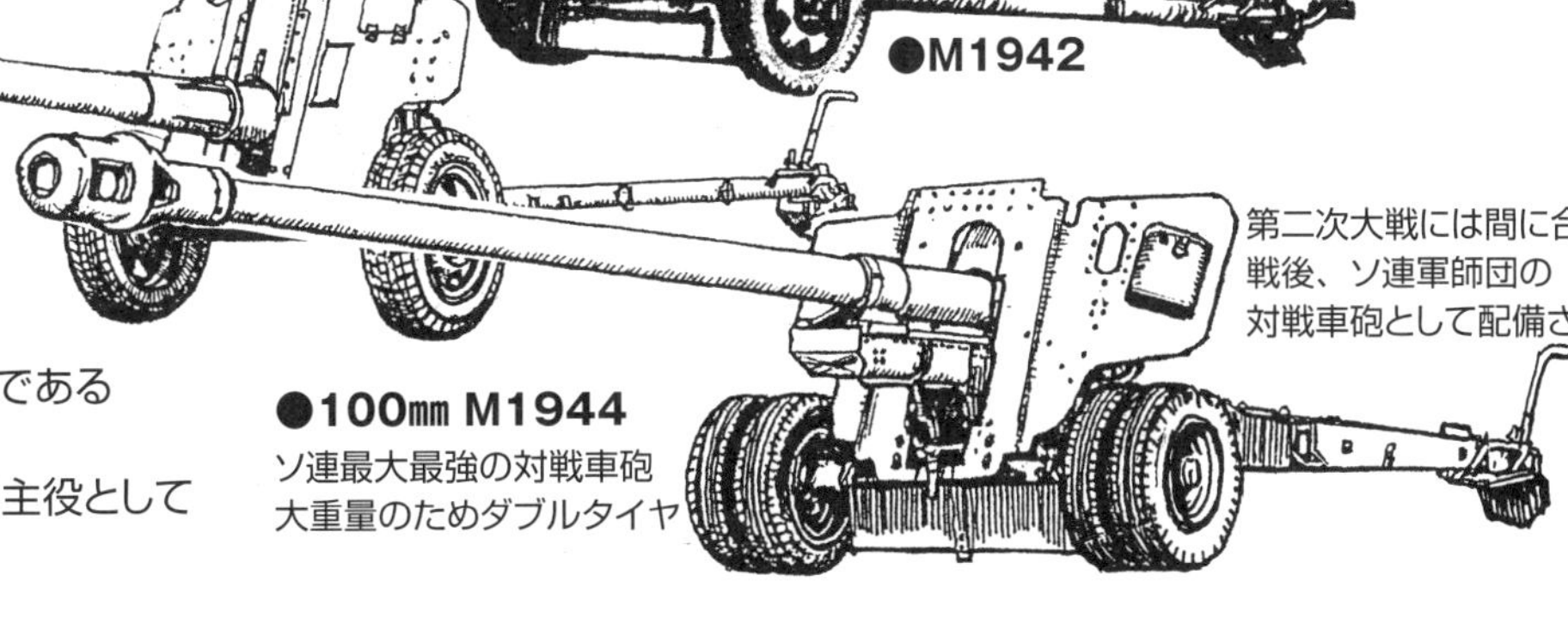

ソ連軍はすべての火砲は対戦車砲である
として野砲を大量生産
76.2㎜や85㎜野砲を対戦車戦の主役として
ドイツ軍を破った

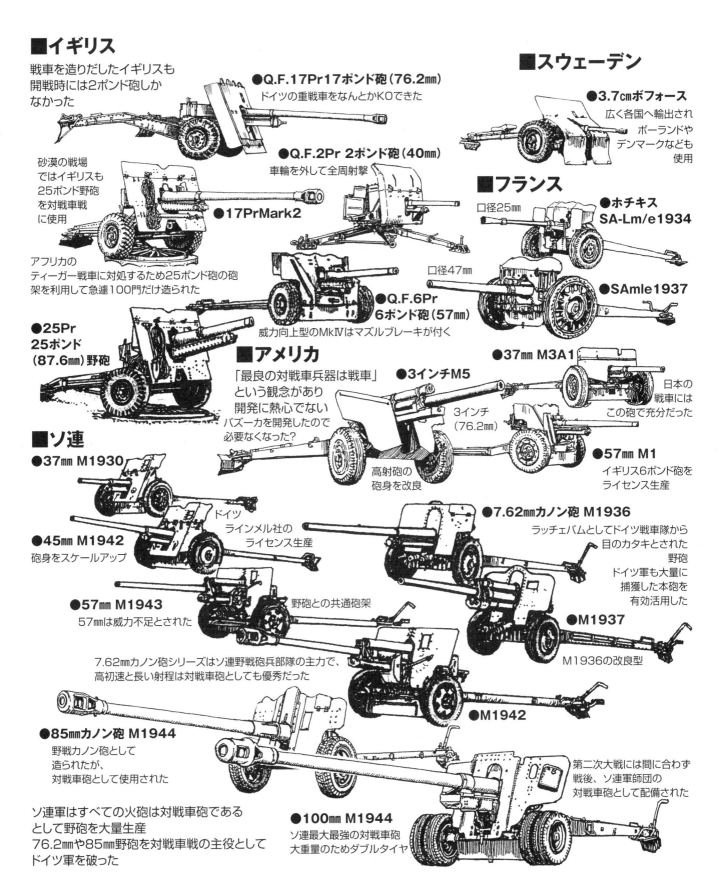

■対戦車砲陣地

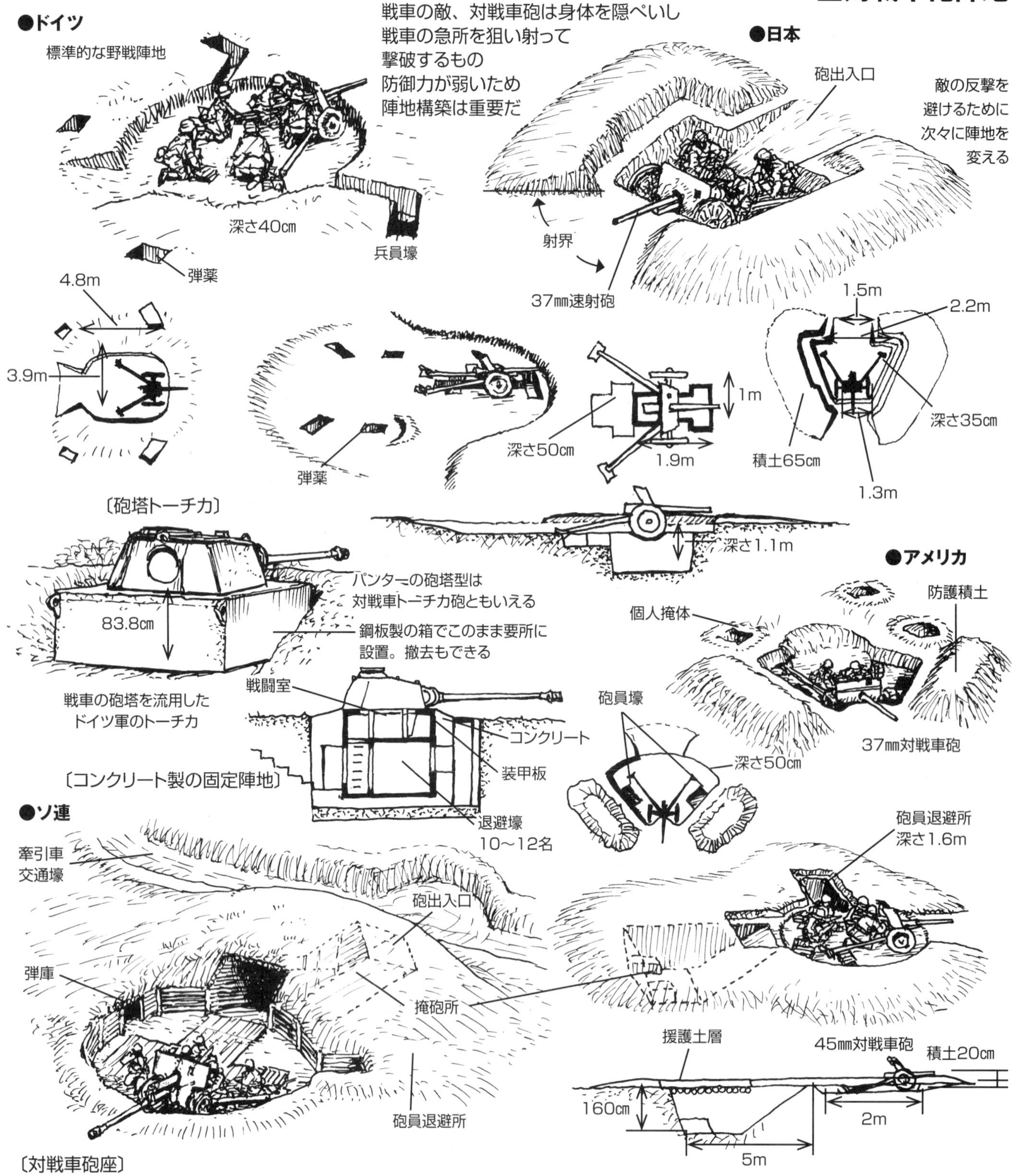

●ドイツ
標準的な野戦陣地
戦車の敵、対戦車砲は身体を隠ぺいし
戦車の急所を狙い射って
撃破するもの
防御力が弱いため
陣地構築は重要だ
深さ40cm
兵員壕
弾薬
4.8m
3.9m
弾薬
●日本
砲出入口
敵の反撃を
避けるために
次々に陣地を
変える
射界
37mm速射砲
1.5m
2.2m
1m
深さ50cm
1.9m
深さ35cm
積土65cm
1.3m
深さ1.1m
〔砲塔トーチカ〕
83.8cm
パンターの砲塔型は
対戦車トーチカ砲ともいえる
鋼板製の箱でこのまま要所に
設置。撤去もできる
戦車の砲塔を流用した
ドイツ軍のトーチカ
戦闘室
コンクリート
装甲板
〔コンクリート製の固定陣地〕
退避壕
10〜12名
●アメリカ
防護積土
個人掩体
37mm対戦車砲
砲員壕
深さ50cm
●ソ連
牽引車
交通壕
砲出入口
弾庫
掩砲所
砲員退避所
砲員退避所
深さ1.6m
援護土層
45mm対戦車砲
積土20cm
160cm
2m
5m

〔対戦車砲座〕
移動が楽なように板を敷き上方には偽装網をかける。大型になった対戦車砲は移動が大変なので防衛戦では頑丈な掩体を造り、相互に支援できるように砲列を敷いた（クルスク戦など）。

第4章

我が師、小松崎茂の世界

World Tank Museum Collection

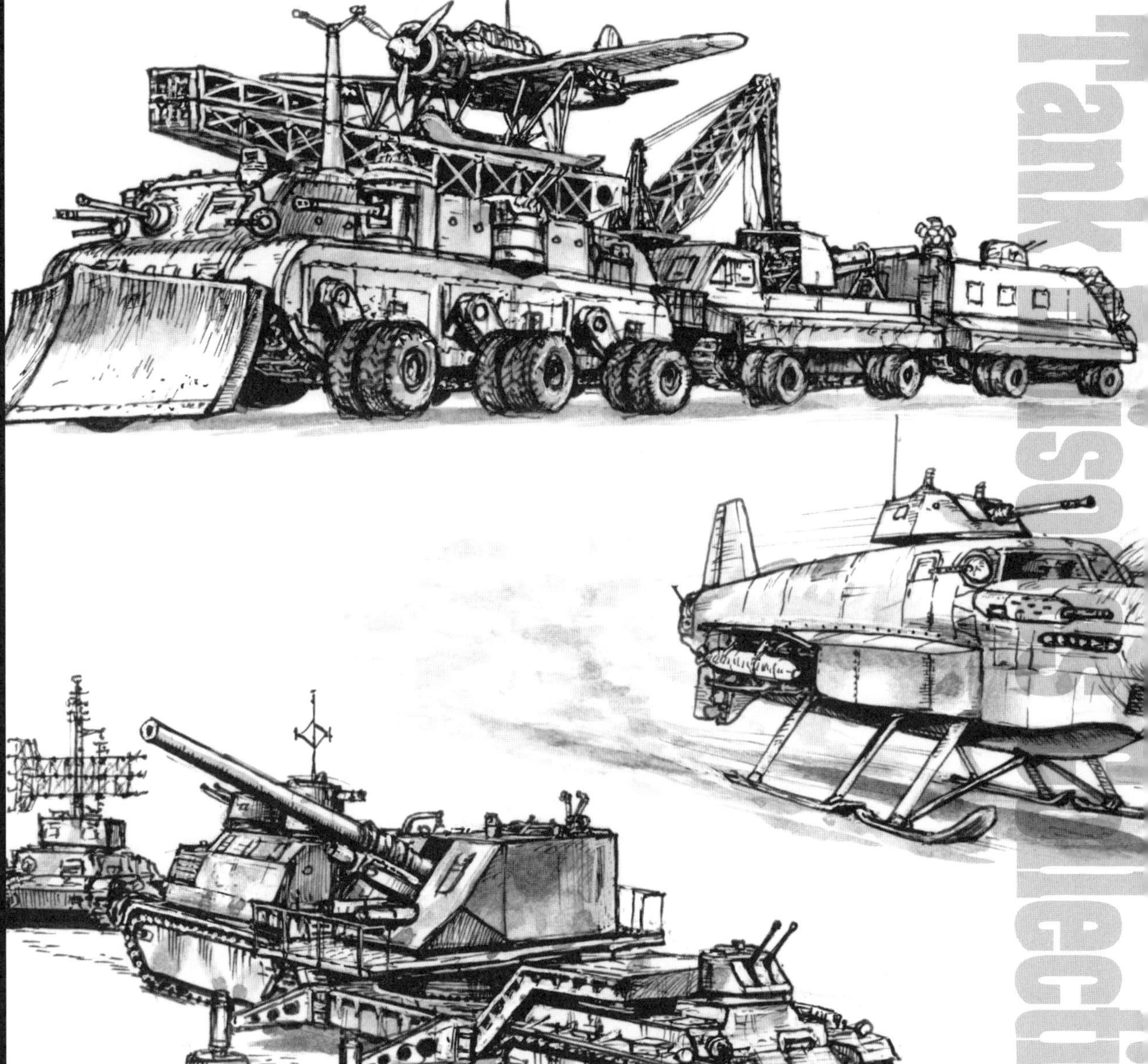

我が師、小松崎茂の世界

●先生の画集『ロマンとの遭遇』（国書刊行会）にいただいたサイン。もっと他の作品にもサインを書いてもらっておけばよかったなぁ（上田）

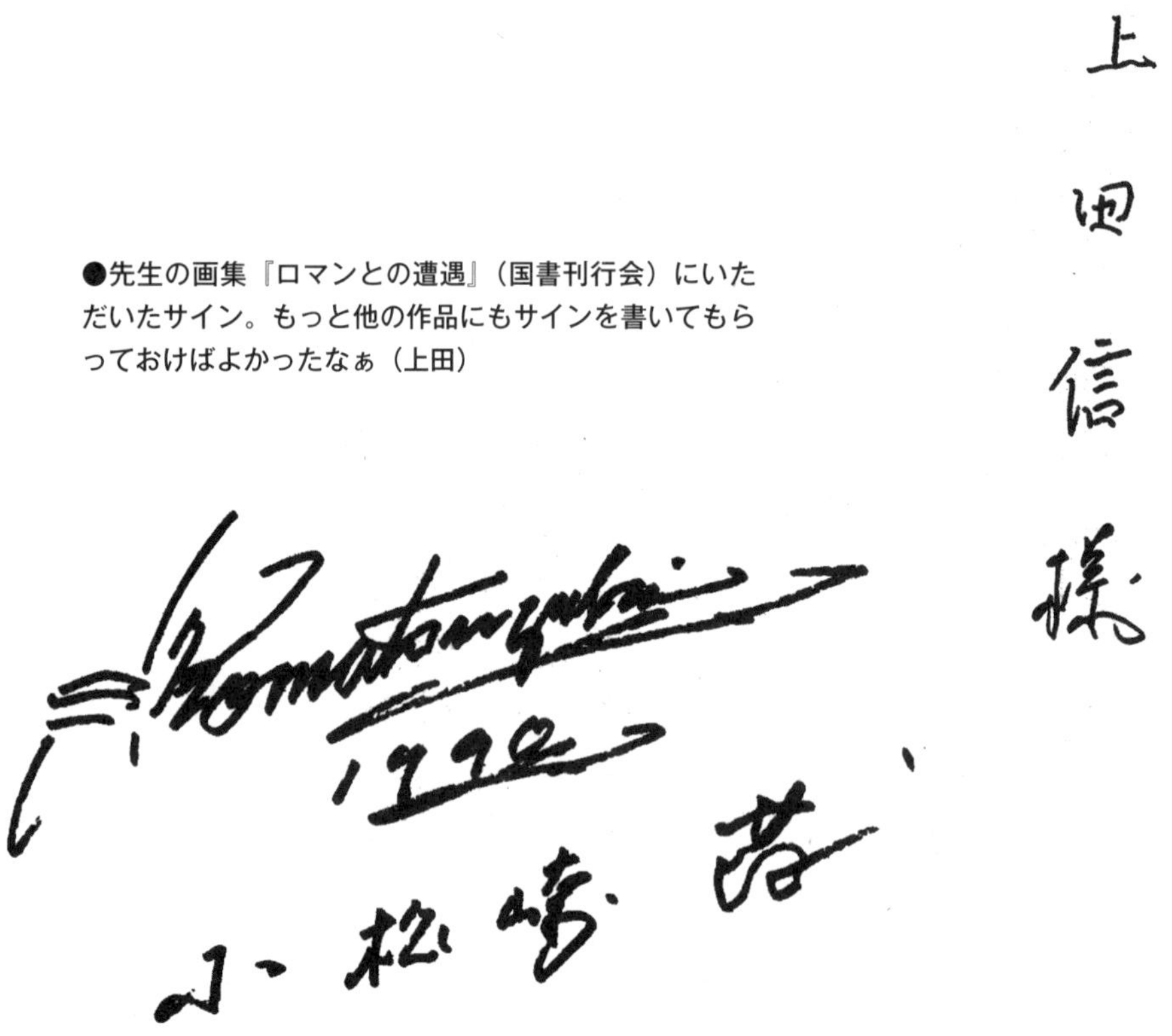

本書の著者である上田 信氏といえば、ミリタリーイラストレーターの先駆けであることはもちろんのこと、1970年代からプラモデルのボックスアートを手がけるなど、幅広い活躍が知られますが、戦前から平成13年に亡くなるまで常に第一線にあり続けた小松崎 茂画伯の最後の内弟子という肩書きも忘れてはならないでしょう。

映画DVD/BDの豪華版などにおける特典映像ともいえる第4章では、国防科学知識の普及などを目的に、昭和15（1940）年8月号から同20（1945）年3月号まで発行された月刊誌『機械化』に掲載された、小松崎画伯の発案による空想科学兵器などなどを上田氏が再構成・新考証を加えてご紹介します。

のちに少年漫画雑誌の巻頭イラスト図解や、『サンダーバード』、『謎の円盤UFO』などといったプラモデルのボックスアートで知られるようになる小松崎画伯の、ロマン溢れる「ぼくの考えたさいきょう兵器」の数々をお楽しみください。

（文／浪江俊明）

“機械化”の未来兵器
小松崎先生の世界 その1

このレーダー塔(測距儀)は
英軍艦を参考に?
主砲塔200㎜砲
副砲塔75㎜砲

●1000トン戦車(昭和18年11月)
ソ連が開発中という情報により、
日本軍も構想した動く要塞。

戦時中に発行されていた国防科学雑誌「機械化」が2012年に復刻されました。

　この本では我が師、小松崎茂先生が未来兵器を描きまくっていました。

　陸・海・空・すべての分野を発案されましたが、本書では戦車を集めて紹介いたします。

　いやはや、小松崎先生の発想は凄いですね～。

戦局を一気に挽回!! 敵を殲滅せよ!!

空中
アンテナ
ループアンテナ
アンテナ
スクリュー
浮きタンク

●**対空戦車(昭和17年8月)**
ダ・ヴィンチ連射砲装備
2連3列の銃身を順番に撃ち
連射速度を上げる。
(先生はガトリング銃を考えなかったかなあ……残念)

●**無線誘導戦車(昭和17年6月)**
(ラジオビーコン)
現在のGPSを利用したネットワーク構成をめざした無線装備戦車

●**高射砲戦車(昭和16年8月)**
小型聴音機
(まだレーダーができていない時に考案)
高射砲と高射機関砲を装備

●**カメレオン戦車(昭和16年)**
自然迷彩器装備
戦場で色を変える

対空機銃や水上用スクリュー等
自爆兵器には贅沢な装備をもちます

●**陸上魚雷(無線誘導式)(昭和16年9月)**
大型爆弾を積んだ自爆戦車
(ドイツ軍のゴリアテ?)
水陸両用で最大速度90㎞/h。

●**怪力線戦車(昭和17年6月)**
怪力線(レーザー?)とは電光線を応用して、敵兵器を撃破する放射線をいう。
これだけではよくわからない怪光線である

先生の未来戦車は
対空機銃塔(航空機タイプ)や
ステレオ式測距機、溶接や鋳造車体(これはリベットを描く手間が省けるのだ)等が
特徴ですが、
やはり日本戦車のイメージが強いですね

怪力線により熔かされて砲身が曲がったインチキ写真は見たことはあるが、先生もよくわからずフニャフニャ光線として描いておられます。2本の角(?)をもった電光送信砲塔に苦心の後が見られますね

新案兵器は優秀無比!! 無敵戦車で

強力な扇風機で
ガスや炎を敵陣へ
送り返す
すごいネ!
先生は航空機の攻
撃に備え未来戦車に
は対空機銃を必ず
装備しておりました
対空機銃塔
排気管
補助輪
アンテナ
対空監視窓
ペリスコープ
12.7㎜機銃
30㎜機関砲
大型ゴム転輪
(履帯、転輪ともクリステ
ィータイプ高速用として
先生が選んだもの)

●蹂躙戦車(昭和17年1月)
敵戦車を踏みにじるために造られた
前ページの1000トン戦車に近いが
ロードローラーみたいにキャタピラが
でかいのが特徴
武装も強力で動く城だね

●対火炎対毒ガス戦車(昭和16年4月)
英本土に上陸したドイツ軍が使用するかも
と考えたもの。対空・対戦車砲を装備

●全甲密戦車(昭和18年11月)
究極の被弾経始をもつ単独式履帯の戦車。死角の無い25㎜砲を2門。操縦手が回転式視察装置なのがおもしろい。方向転換は車体後部の尾ソリを使う

●一人乗り戦車(昭和19年4月)
兵士は横ばいで操縦。水陸両用で最大時速130㎞/h、30㎜機関砲は対空射撃も可能だ。水上作戦時は車体両側に格納してある浮具を装備する

空から海から反撃開始だ!!

●ロケット戦車（昭和17年7月）
これはジャンプ戦車でロケット
噴射で障害物を突破。
シュトゥルムティーガーばりの
ロケット砲を装備
●空中戦車（昭和19年11月）
オートジャイロを大型装甲化。
40㎜機関砲をもち空中戦も
可能。先生の絵ではB29の
格納庫を襲撃しておりました
主脚が
キャタピラ▶
揚力プロペラをもち
底部のゴムクッション
で着地
●滑走戦車（昭和17年9月）
こちらもジャンプ型
引込式緩衝器
着地もスムーズにできる。
司令塔
105㎜砲
◀ペリスコープとシュノーケ
ルは先生のにはないけど
付けました
後方補助輪
魚雷発射管
防潜網カッター
水中では仰角自在な
魚雷発射管、陸上は
履帯で行動でき、
105㎜砲、47㎜対
戦車砲、火炎放射
器、対空機銃を装備
●潜水戦車（昭和16年12月）
潜水艦と戦車のコラボ新兵器
これはすごすぎでしょう!
●水中潜行戦車（昭和19年8月）
連合軍のレーダー兵器に対抗す
る奇襲戦法用の重戦車。長時間
水中を行動できる。100㎜砲と対
空機銃塔装備。砲口制退器が新
しい
米兵がまだ皿型ヘルメットだ。
M1ヘルメットの情報が遅れていた

夢の陸軍機甲部隊

小松崎先生の世界 その2

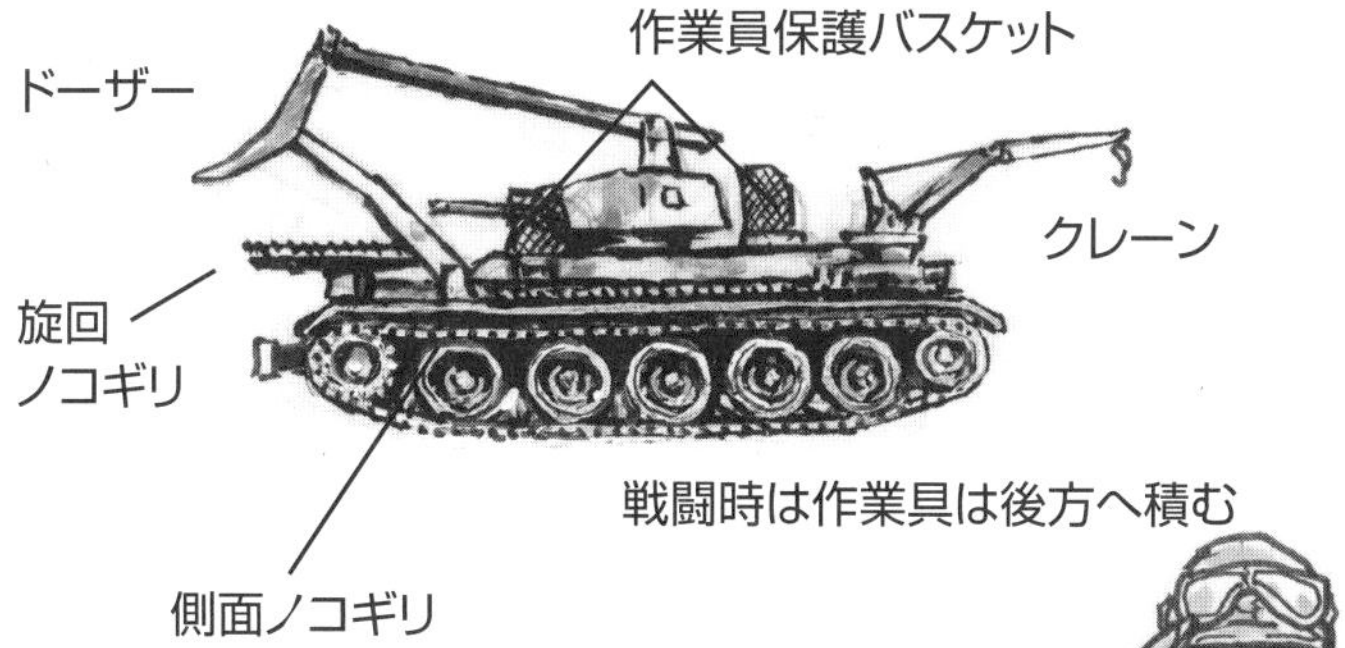

作業員保護バスケット
ドーザー
クレーン
旋回
ノコギリ
戦闘時は作業具は後方へ積む
側面ノコギリ

●密林突破戦車（昭和19年）
大密林地帯を切り開く、工作戦車
日本の南方作戦用に考案したもの
日本軍の苦戦が伝えられていたんだろうなあ

小松崎先生は第2次世界大戦の緒戦におけるドイツ軍の電撃戦に相当感銘を受けたらしく、機甲部隊用の新兵器をかなり考案されています。

例えば陸上戦車母艦や陸の航空母艦です。

これらはいわば合体兵器で、今日のオモチャ業界の先取りともいえる発想ですね。

ここでは先生が日本陸軍向けに考案した各種の秘密兵器を紹介しましょう。

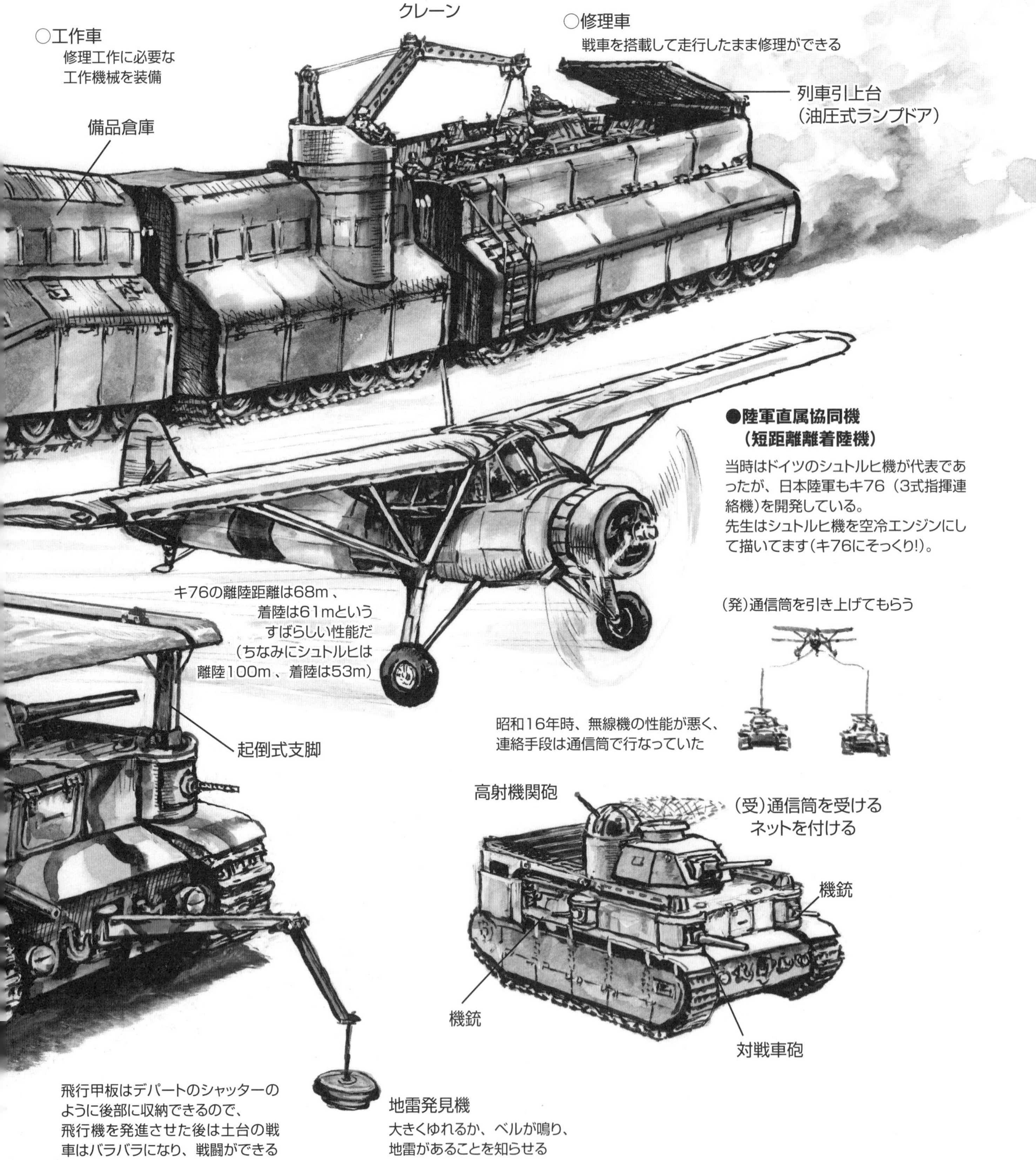

○工作車
修理工作に必要な
工作機械を装備
クレーン
○修理車
戦車を搭載して走行したまま修理ができる
列車引上台
（油圧式ランプドア）
備品倉庫
●陸軍直属協同機
（短距離離着陸機）
当時はドイツのシュトルヒ機が代表であったが、日本陸軍もキ76（3式指揮連絡機）を開発している。
先生はシュトルヒ機を空冷エンジンにして描いてます（キ76にそっくり!）。
キ76の離陸距離は68m、
着陸は61mという
すばらしい性能だ
（ちなみにシュトルヒは
離陸100m、着陸は53m）
（発）通信筒を引き上げてもらう
起倒式支脚
昭和16年時、無線機の性能が悪く、
連絡手段は通信筒で行なっていた
高射機関砲
（受）通信筒を受ける
ネットを付ける
機銃
機銃
対戦車砲
飛行甲板はデパートのシャッターの
ように後部に収納できるので、
飛行機を発進させた後は土台の戦
車はバラバラになり、戦闘ができる
地雷発見機
大きくゆれるか、ベルが鳴り、
地雷があることを知らせる

●陸上戦車母艦（昭和19年）

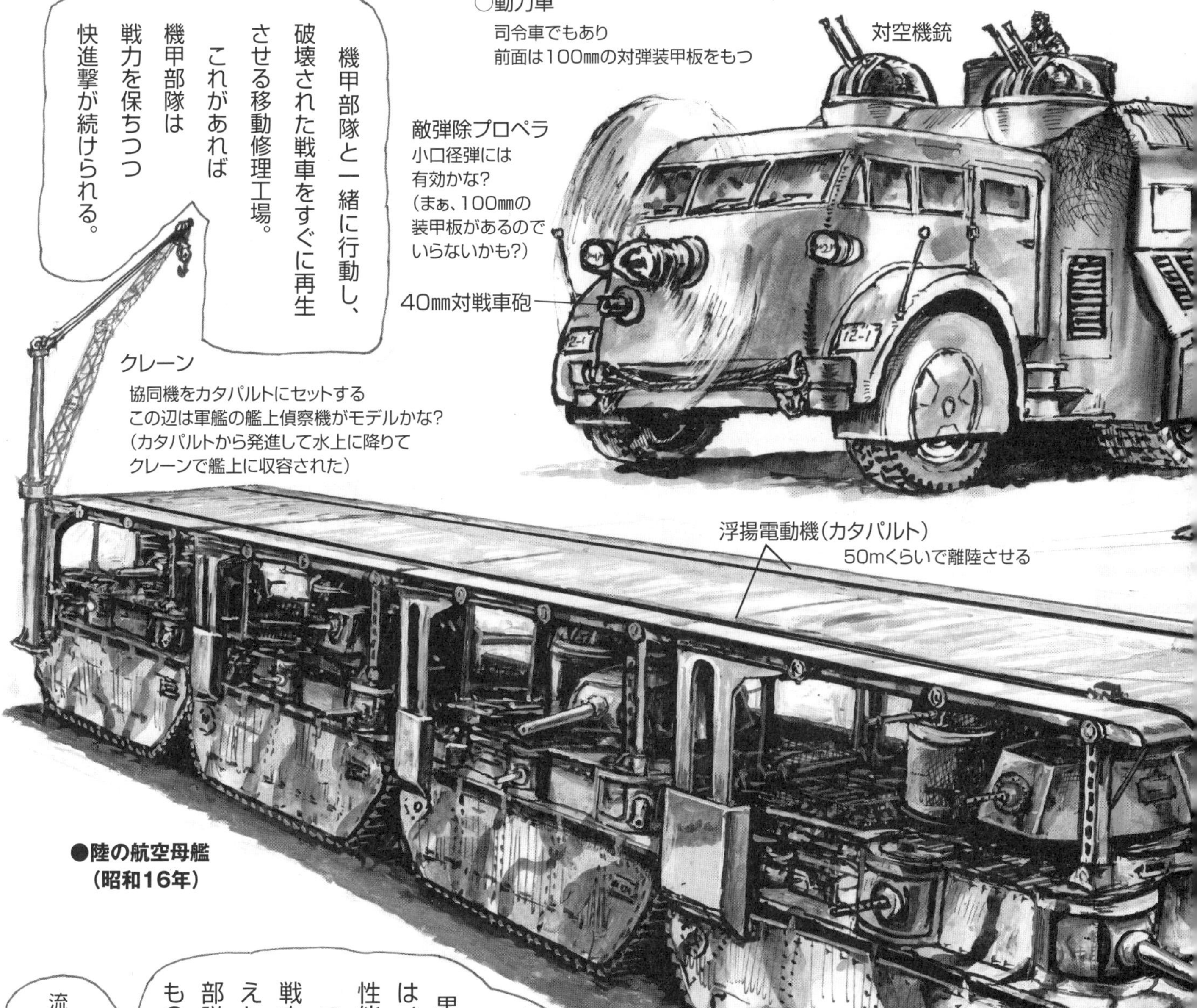

●陸の航空母艦
（昭和16年）

1台の戦車が約15mで4台を連結して60mの甲板をもつ。しかし、この甲板に着陸は無理で、近くに降りた飛行機をクレーンで回収して、甲板上にセットして、次の作戦を行なうものと考えられます。先生の記事にはこの点、何も説明ありませんが、きっとこうなんですよ

ドイツ軍の電撃戦で、航空機と戦車の協同作戦の戦果がすばらしいと感じた先生は、シュトルヒ機の短距離離着性能にも着目。

これを海軍の偵察機のごとく、戦車部隊にコラボさせようと考えた。空からの偵察情報が地上部隊の進撃に必要欠くべかざるものと、わかっておられたのです。

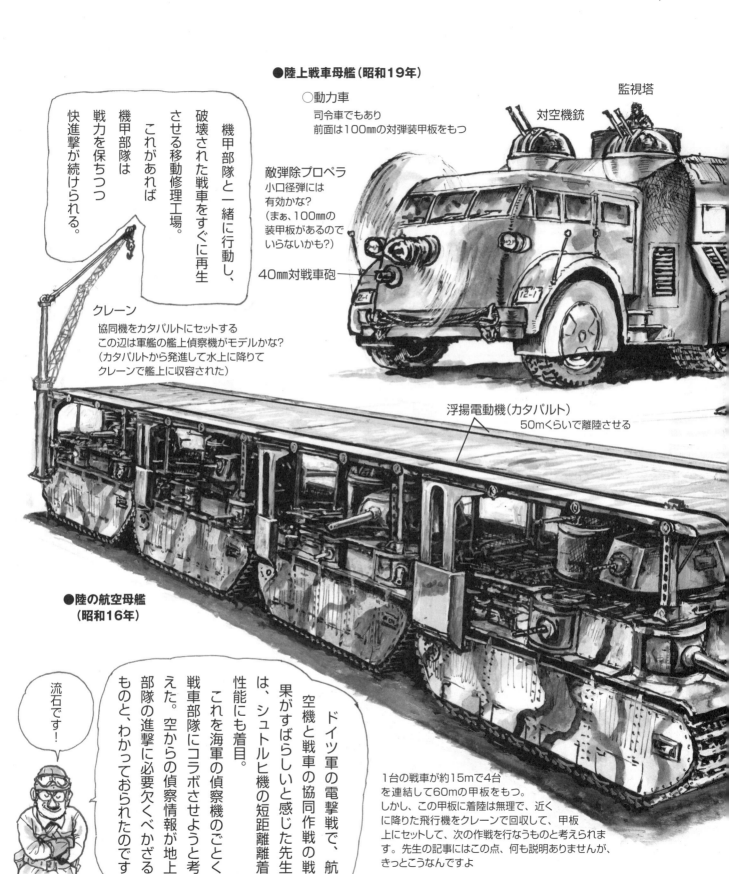

空中戦車兵団

落下傘部隊は近代戦の花形とされ、これに
戦車を装備できれば無敵の部隊となるのだ

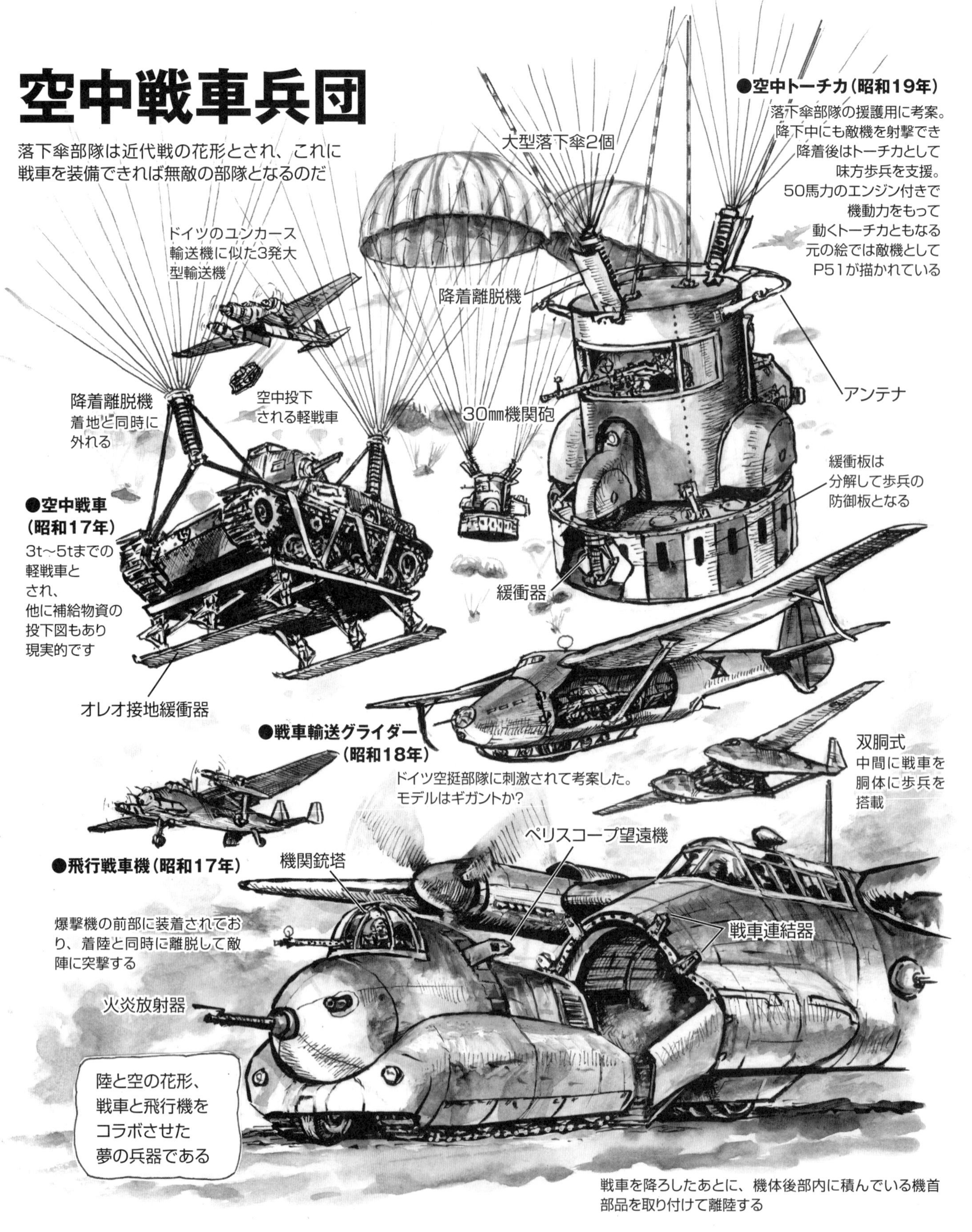

◎『機械化』と小松崎茂画伯◎

『國防科學雑誌　機械化』の世界

『機械化』は「青少年に国防科学知識を普及し更に国民機械化運動の普及を目的とし」て創刊され、昭和15年8月号より同20年3月号まで発行された月刊誌である。

その前身は昭和12年に陸軍の外郭団体として設立された機械化兵器協会の雑誌『機械化兵器』で、このためか『機械化』は創刊号より通巻表示が「第三巻第五号」となっている。委託発行元となった株式会社山海堂は明治29年に創業、当初は教科書、のちに工業や技術系の出版を中心として、平成19年に解散した老舗として知られている。

冒頭に記した創刊目的からは内容が想像しにくいが、『機械化』は陸海空の軍事技術や科学技術の啓蒙が中心とした誌面構成が特徴で、試みに太平洋戦争開戦も近い昭和16年11月号の目次からランダムに記事を拾うと、「戦時下国民の心得」「近代戦の特質」「大砲の出来るまで」「飛行機翼型の変遷」「航海計器の話」「イタリアの人間魚雷」と、実にバラエティに富んだ内容が見て取れる。

だが、最大の特徴は、ほぼ毎号カラーページに掲載された、新案兵器や近未来兵器の記事にある。いわば「ぼくのかんがえたさいきょうへいき」を具現化したものだが、こうした傾向はなにも『機械化』だけではなく、当時の雑誌では大なり小なり同趣向の記事が存在した。ただ『機械化』のそれは図抜けてレベルが高く、これを支えたのが本書の著者である上田信氏の師匠・小松崎茂画伯であった。

小松崎茂、参戦す

小松崎茂は大正4年、東京に生まれた。平成13年に逝去するまでの偉大な足跡はここでは割愛するが、上田氏が現在も「ウチの先生」と呼ぶ、日本が世界に誇る画伯である。新聞小説の挿絵でデビューした小松崎は、『機械化』創刊当時25歳にして表紙や新案兵器を描いた。

「新案兵器」のほんの一例を陸海空でみていくと、陸は「ロケット戦車」「千トン大戦車」「怪力線戦車」、海は「雷撃艇母艦」「新型対空戦闘艦」「大洋に浮かぶ大飛行場」、空は「空中戦車」「成層圏爆撃機」「空中トーチカ」など、心躍る兵器が並ぶ。驚くべきことに、これら超兵器群は小松崎自身が考案、解説も担当したものがほとんどで、しばしば「案・画　小松崎茂」とクレジットされている。むろん現在の視点では荒唐無稽なものもあり、ツッコミどころ満載だが、「新型対空戦闘艦」（小松崎案は18インチ砲、被弾時はコンクリートが凝固する飛行甲板、双発戦闘爆撃機を装備！）の「この様な無敵の戦艦が海上を走り、その威力を奮ふのも近い将来の事であらう。そしてその戦闘力は空中に砲撃に無敵の戦闘力を見せるであらう」とのケレン味に満ちた締めくくりは興奮必至であるし、その発想はかなりのスケールダウンながら、防空巡洋艦や防空駆逐艦などとして具現化している。毎号のように掲載される超兵器に、当時の読者が胸躍らせたことは想像にかたくない。

なお小松崎はその多作ゆえ三村武、最上三郎の別名義でも作品を発表しており、「一人乗戦車」などは「案・小松崎茂　絵・最上三郎」とされていてなにやら可笑しい。

しかし戦況の悪化に伴い『機械化』もページが減少、終戦を待たずして休刊を余儀なくされた。

戦後は復刊されることなく長らく「幻の雑誌」であったが、平成26年発行の『機械化　小松崎茂の超兵器図解』（左掲）で詳細な業績を知ることができるようになった。

小松崎画伯の生誕から１００年を過ぎ、新たに令和の時代を迎えた現在も、『機械化』と小松崎茂画伯が残したロマンはなお輝きを増している。

（文／松田孝宏）

◀『機械化 小松崎茂の超兵器図解』アーキテクト発行／ほるぷ出版発売 定価（本体3,200円+税）

盟邦ドイツ応援兵器
小松崎先生の世界 その3

■ロンドンへ向かうドイツ軍の電撃作戦（昭和16年4月～6月）

ポーランドやフランス侵攻で
ドイツ軍が展開した機械化部隊の威力を
イングランドの地でも見せつけるぞ！

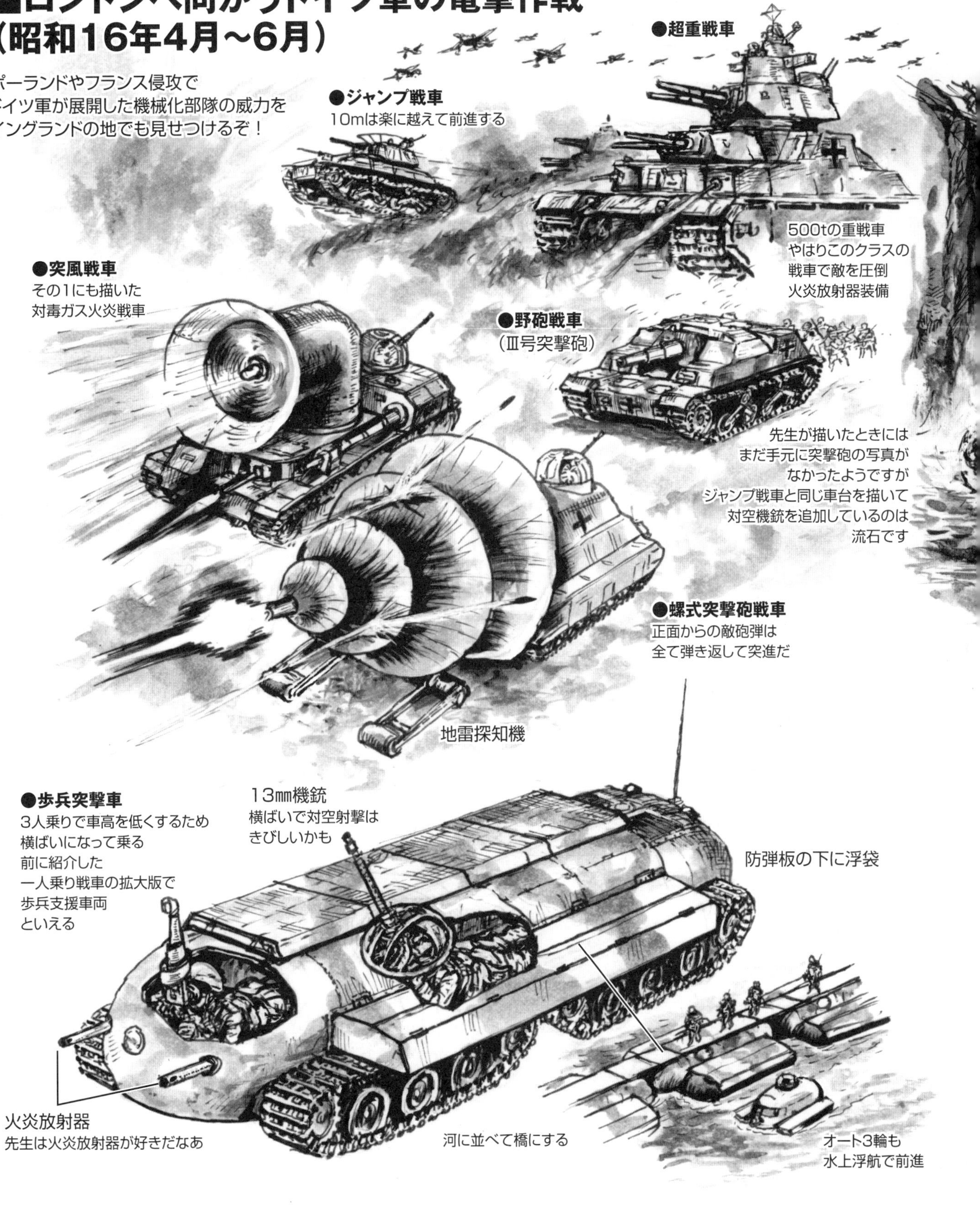

独ソ戦の冬期戦場で
凍結と寒冷に悩まされて
苦戦しているドイツ軍に
先生が提案した
水陸両用連結戦車

●氷上巡洋艦
（昭和16年3月）

車輪走行は120km/h
悪路ではキャタピラ走行となる

●雪上水雷艇
（昭和16年11月）

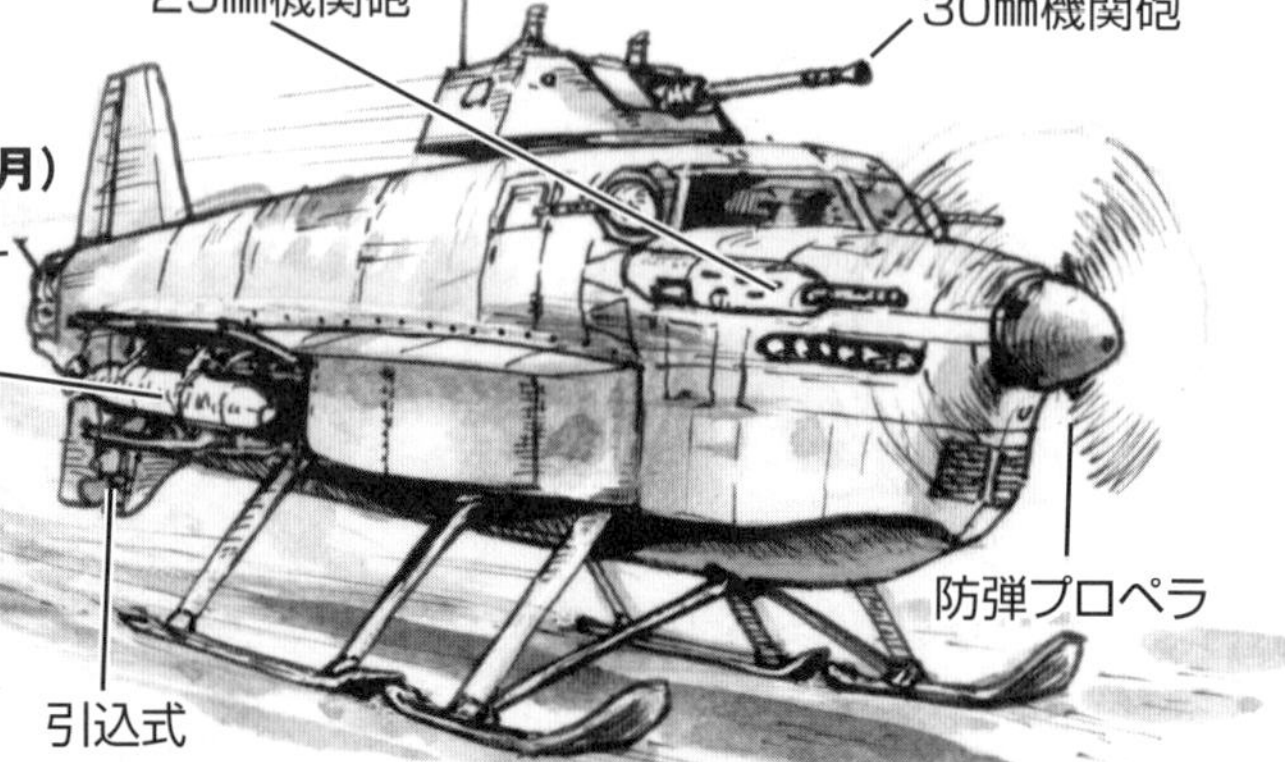

ソリ付だが
ロケット弾でも
良かったかも

氷上航行はもちろん
夏期はは車輪を付けて
装甲自動車としても使用できる
氷上は時速200km
雪上魚雷は無線操縦

●巨大自走砲（昭和19年1月）
40tクラスの2台の戦車の中間に
200㎜カノン砲を連結した動く砲台

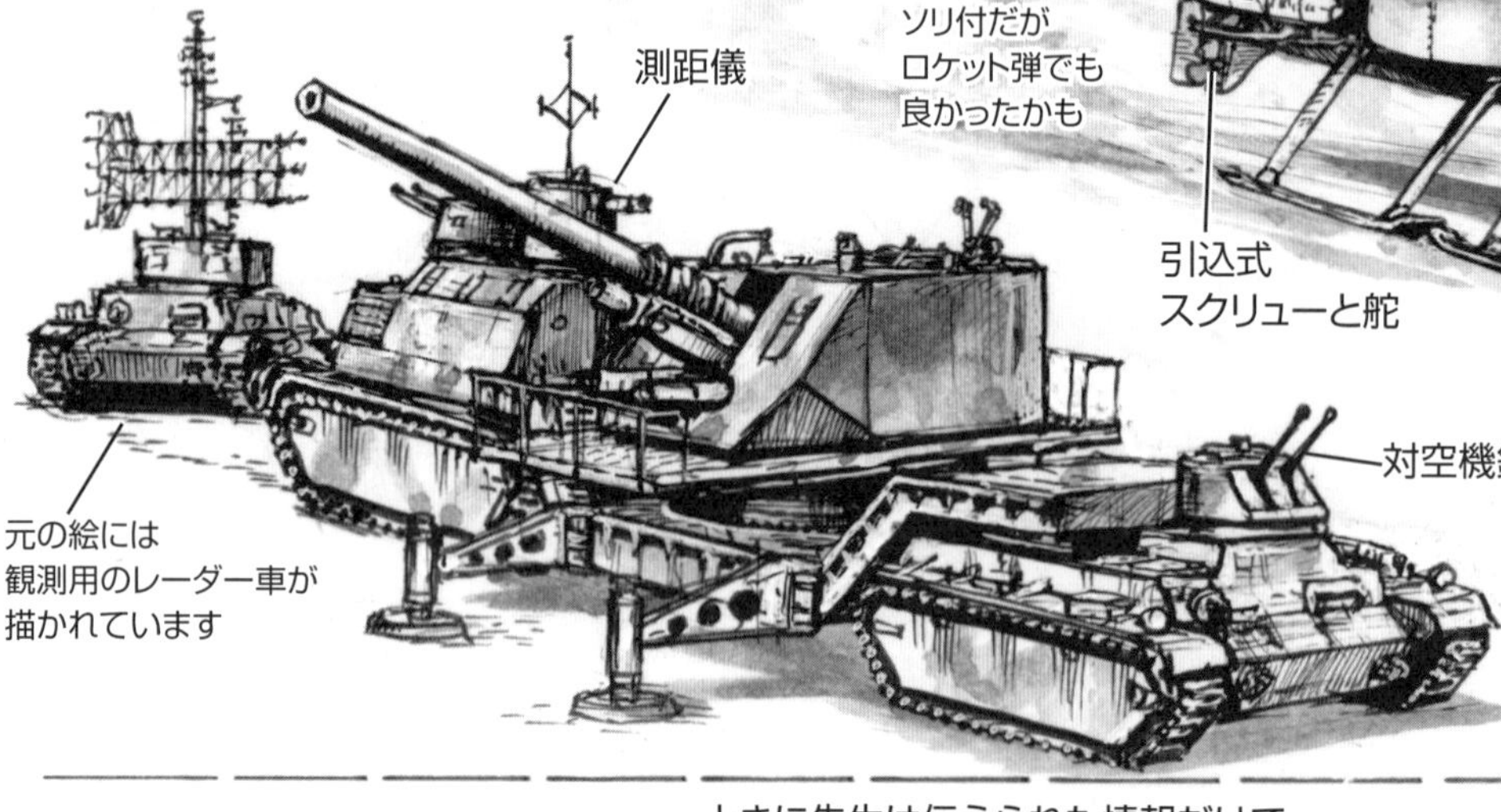

元の絵には
観測用のレーダー車が
描かれています

巨大自走砲はレールのいらない
列車砲をイメージしたものです

ときに先生は伝えられた情報だけで
ドイツの新兵器を描いていた
これらはそんな例だ

●防空塔（昭和18年7月）
「最近のドイツ各都市に造られた防空塔」

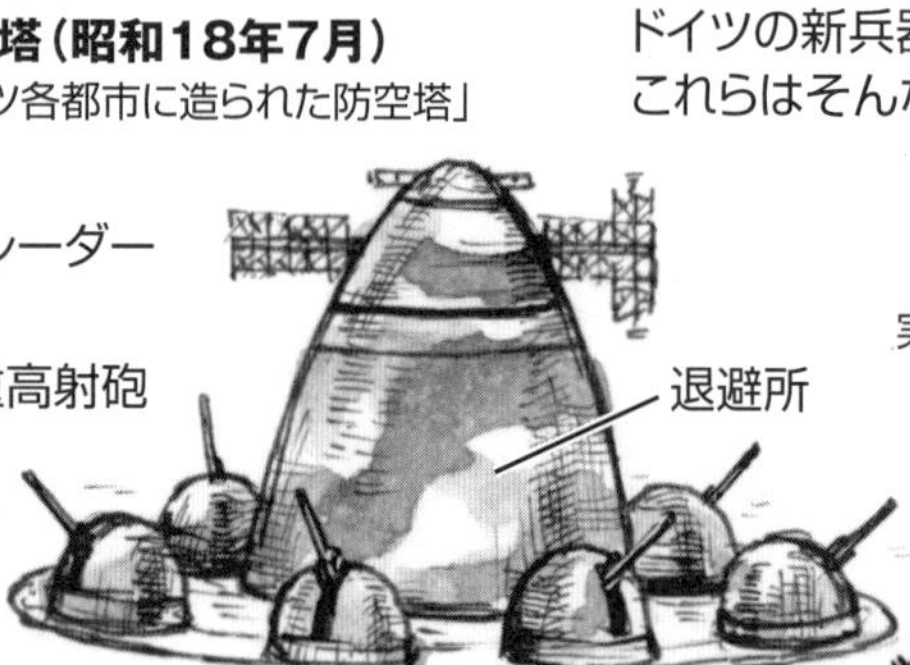

実際は四角にビルで屋上に連装砲4基だった（右図が実物▶）

●流線型戦車（昭和18年7月）
「最新情報でドイツ軍は北ア戦線で流線型戦車を使用、最新型のV型戦車と思われる」

実際のパンター戦車

V型戦車はパンターのことだけど、北アフリカは行ってない?

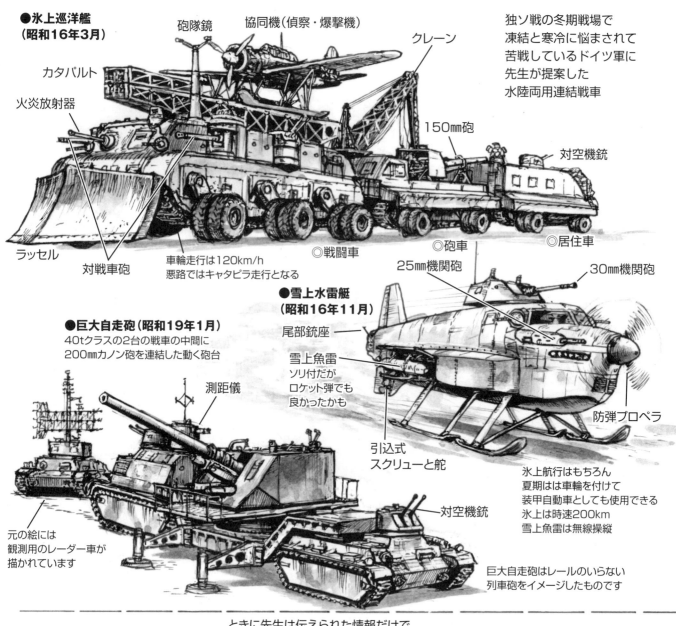

●大防空塔
回転する鋼鉄の頭部
爆弾も弾き返す
出撃する防空戦闘機 He162
先生の絵はHe100らしい
消火管槍
消火中
レーダーが
付いてます
大防空塔は
ぶ厚い装甲と
ベトンで造られ
その跳弾性で
爆弾は水壕へ
落ちてしまう
水壕
先生の絵では
サーチライトでしたが
ここは対空機関砲
でしょう!
車両通路
重高射砲
地下格納路
近くの飛行場へ着陸
ここでエレベーターにより
発進場へ
市民退避所
サーチライト
●戦車要塞
対戦車砲
電動で回転する
円筒とベトンで
造られた戦車障害
これで国境を
かためれば
一兵たりとも
進入できない
ロケット砲
パンツァーファウストか
ラケーテンヴェルファー
機銃穴
カモフラージュ
ネット
突破しても
この水壕に落下
動力室
先生の絵では要塞の前で
チャーチルやシャーマン戦車がやられてました

主要参考文献

新戦史シリーズ・戦車対戦車　三野正洋著　朝日ソノラマ
戦車と機甲戦　野木恵一著　朝日ソノラマ
戦車マニアの基礎知識　三野正洋著　イカロス出版
21 世紀の戦争　落合信彦訳　光文社
兵器最先端④機甲師団　読売新聞社
日本の戦車　原乙未生 / 栄森伝治 / 竹内昭著　出版協同社
平凡社カラー新書㊻世界の戦車　菊地晟著　平凡社
ジャガーバックス・戦車大図鑑　川井幸雄著　立風書房
学研の X 図鑑・戦車・図解戦車・装甲車　学習研究社
万有ガイドシリーズ⑰戦車　小学館
戦車名艦　1939 ～ 45　光栄
ミリタリー・イラストレイテッド⑩世界の戦車　光文社
M-IAI 戦車大図解　坂本明著　グリーンアロー出版社
大図解最新兵器戦闘マニュアル　坂本明著　グリーンアロー出版社
図鑑世界の戦車　アルミン＝ハレ／久米穣訳編　講談社
芸文ムックス・戦車　ケネス・マクセイ著　芸文社
メカニックブックス⑭レオパルト戦車　浜田一穂著　原書房
間違いだらけの自衛隊兵器カタログ　アリアドネ企画　三修社
ジャーマン・タンクス　富岡吉勝翻訳監修　大日本絵画
世界の戦車 1915 ～ 1945　ピーター・チェンバレン / クリス・エリス著　大日本絵画
M48/M60 パットン　モデルアート社
最新ソ連の装甲戦闘車輌　山崎重武訳　ダイナミックセラーズ
図解ドイツ装甲師団　高貫布士著　並木書房
プロファイルズスーパーマシン図鑑⑤世界の名戦車　講談社
陸戦の華戦車　藤田實彦 / 中村新太郎著　小学館
ヤンコミムック・戦車大図鑑　少年画報社
少年フロクゴールデンブック　光文社
機械化 小松崎茂の超兵器図解　アーキテクト発行　ほるぷ出版
ソビエト・ロシア戦闘車両体系（上・下）　ガリレオ出版
クビンカ戦車博物館コレクション　ロシア戦車編　モデルアート社
クビンカ戦車博物館コレクション　ドイツ戦車編　モデルアート社
コンバットコミック　日本出版社
「PANZER」誌　サンデー・アート社
「戦車マガジン」誌　デルタ出版
「グランドパワー」誌　デルタ出版
「軍事研究」誌　ジャパン・ミリタリー・レビュー
「丸」誌　潮書房
「モデルアート」誌　モデルアート社
「世界の戦車年鑑」　戦車マガジン
「自衛隊装備年鑑」　朝雲新聞社
週刊・少年サンデー図解百科特集　小学館
週刊・少年マガジン図解特集　講談社
週刊・少年キング図解特集　少年画報社
「タミヤニュース」誌　田宮模型
Tanks Illustrated Series, ARMS&ARMOUR
New Vanguard Series, OSPREY
Aero ARMOR SERIES, AERO PUBLISHERS
ARMOR IN ACTION Series, SQUADRON
Motorbuch Militärfahrzeuge Series, MOTORBUCH
PROFILE AFV WEAPON'S Series, PROFILE PUBLICATIONS
BELLONA Military Vehicle PRINTS Series, BELONA PUBLICATIONS
SHERMAN, PRESIDIO
United States Tanks World War Ⅱ by Geoge Forty, BLANDFORD
BRITISH&AMERICAN TANKS of WW Ⅱ , ARMS&ARMOUR
THE GREAT TANKS by Peter Chamberlain, HAMLYN
Modern Land Combat, SALAMANDER
TANKS AND ARMORED VEHICLES 1900-1945, WE.INC.PUBLISHERS
Tanks and Armoured Fighting Vehicles of the World NEW ORCHARD EDITIONS
Armoured Fighting Vehicles by John F.Milsom, HAMLYN

あとがき

冒頭の「はじめに」にも書きましたとおり、本書は、ミリタリー少年だった当時の私がスクラップしておいた、かつて戦記物が全盛期だった頃の少年誌の記事を読み返していて、その勢いのある筆致や誌面構成を現在の調子で再現したらおもしろいのでは？と思いたって始めた『月刊アーマーモデリング』の連載記事を加筆、修正してお届けする「戦車特集・図解」です。

巻末にまとめた、お師匠である小松崎茂先生の『機械化』の実物は近年まで私も知りませんでしたが、昭和の初めにこの発想とデザインをしていたとは……、改めて先生の凄さを再認識した次第であります。

そんなわけで『ドイツ陸軍戦史　ヴェアマハト』、『日本戦車隊戦史』、『現代戦車戦史』、そして『世界の戦車メカニカル大図鑑』とは異なる、カテゴリー別、あるいは派生車両についてをご紹介することができました。

末筆ながら、本書をお買い上げ頂いた皆様に心より御礼を申し上げます。ありがとうございました。

それにしても、Ｓ戦車やメルカバみたいな画期的な戦車が出てこないかなぁ。

２０１９年５月15日　上田信

著者紹介

上田　信（うえだ・しん）　SHIN UEDA

1949年、青森県生まれ。上京して小松崎茂氏に師事したのち、モデルガンで有名なMGC社の宣伝部に勤務し、その後、イラストレーターとして独立。以来30年以上にわたって活躍する。戦車をはじめとするミリタリー関係が中心で、『コンバットマガジン』『コンバットコミック』『アーマーモデリング』などで連載ページを持つ。著書に『大戦車』（ワールドフォトプレス）、『コンバットバイブル』（日本出版社）、『USマリーンズ・ザ・レザーネック』『ドイツ陸軍戦車隊戦史 ヴェアマハト』『日本陸軍戦車隊戦史』『現代戦車戦史』『世界の戦車メカニカル大図鑑』『ビジュアル合戦雑学入門（東郷隆／共著）』（いずれも大日本絵画）、『大図解世界の武器』（グリーンアロー出版社）などがある。

戦車大百科

戦車大百科

著者／上田 信

2019年7月19日　初版第一刷

発行人／小川光二

発行所／株式会社 大日本絵画

〒101-0054　東京都千代田区神田錦町１丁目７番地

Tel：03-3294-7861（代表）　Fax：03-3294-7865

http://www.kaiga.co.jp

編集人／市村 弘

企画・編集／株式会社 アートボックス

〒101-0054　東京都千代田区神田錦町１丁目７番地　錦町一丁目ビル4階

Tel：03-6820-7000　Fax：03-5281-8467

http://www.modelkasten.com

編集担当／千谷 総、佐藤南美、吉野泰貴

編集協力／浪江俊明、松田孝宏

装丁／丹羽和夫（九六式艦上デザイン）

DTP／小野寺 徹

印刷・製本／大日本印刷株式会社

内容に関するお問い合わせ先：03(6820)7000 ㈱アートボックス

販売に関するお問い合わせ先：03(3294)7861 ㈱大日本絵画

ISBN978-4-499-23269-2